浙江省普通高校“十三五”新形态教材
高职高专电子信息类教材

触摸屏组态控制技术简要教程

李庆海　主　编
胡　博　邓　华　副主编
王成安　主　审

電子工業出版社
Publishing House of Electronics Industry
北京 • BEIJING

内 容 简 介

本书是浙江省普通高校“十三五”第二批新形态规划教材，按照专业特色与重点课程、富媒体与纸质教材相结合的原则编写触摸屏组态控制技术的教学内容。全书分为两大部分，其中第一部分“基础知识篇”共8个项目，主要讲述触摸屏组态控制软件的各种功能，并针对性地结合组态工程实例讲解触摸屏静态画面组态，组态工程变量的连接，对设备编写控制脚本程序，主控窗口、用户窗口、实时数据库等的设置和创建，触摸屏与西门子PLC、欧姆龙PLC、三菱PLC的连接，报警、报表和曲线等的设置，以及MCGS嵌入版组态软件的安全管理等内容；第二部分“工程应用篇”共12个实际工程项目，对学习者知识掌握情况进行检验，针对不同的工程，使用不同的控制方法与脚本编程，使他们更好地从不同的开发角度做组态工程，提高他们的综合组态能力和独立解决实际问题的能力。

本书适合作为高职高专或本科院校的自动化、电子、机电类等专业计算机控制课程的教材，也可供相关领域的工程技术人员作为设计与实践应用的参考书。

图书在版编目（CIP）数据

触摸屏组态控制技术简要教程/李庆海主编. —北京：电子工业出版社，2021.10

高职高专电子信息类教材

ISBN 978-7-121-39173-6

Ⅰ. ①触… Ⅱ. ①李… Ⅲ. ①触摸屏－组态—自动控制－高等职业教育－教材 Ⅳ. ①TP334.1

中国版本图书馆CIP数据核字（2020）第109956号

责任编辑：张来盛（zhangls@phei.com.cn）
印　　刷：固安县铭成印刷有限公司
装　　订：固安县铭成印刷有限公司
出版发行：电子工业出版社
　　　　　北京市海淀区万寿路173信箱　邮编：100036
开　　本：787×1 092　1/16　印张：14.5　字数：375千字
版　　次：2021年10月第1版
印　　次：2025年1月第6次印刷
定　　价：59.80元

凡所购买电子工业出版社图书有缺损问题，请向购买书店调换。若书店售缺，请与本社发行部联系，联系及邮购电话：（010）88254888，88258888。

质量投诉请发邮件至zlts@phei.com.cn，盗版侵权举报请发邮件至dbqq@phei.com.cn。

本书咨询联系方式：（010）88254467；zhangls@phei.com.cn。

前　言

随着近年来我国智能制造产业的快速发展，许多企业对精通触摸屏、可编程逻辑控制器（PLC）和变频器等工控技术的复合型人才需求加大。在工控系统集成技术飞速发展的同时，行业新技术、新工艺和新设备在各大企业都得到广泛应用，企业对于从事现代化电气控制技术系统的设计、安装、调试、操作和维护等方面高技能人才的需求，在知识结构和技术技能提升上都有新的变化。在工业控制领域，触摸屏技术的应用越来越广泛。本书是专为触摸屏组态控制技术编写的入门教材，通过项目式教学编写方法，力图用实际工作任务来引导技能训练和知识学习，使触摸屏控制方法在明确的任务背景下展开。本书所有的教学内容都是在教、学、做相结合的情况下展开的，教学活动尽可能在理实一体化的实验室或生产现场进行，并通过信息化教学手段将理论、实验、习题、测试和答疑等教学环节结合起来，努力建立以学生为主体、以能力为中心、以分析和解决实际触摸屏组态工程问题为目标的高职教育模式。

本书以“教与练”为核心，以基础理论和典型案例为两翼，全书分为基础知识篇和工程应用篇两大部分。其中，基础知识篇共 8 个项目，主要讲述触摸屏组态控制软件的各种功能，并有针对性地结合组态工程实例讲解触摸屏静态画面组态，组态工程变量的连接，对设备编写控制脚本程序，用户窗口、实时数据库的设置和创建，触摸屏与西门子 PLC、欧姆龙 PLC 和三菱 PLC 的连接，报警、报表、曲线等的设置，以及组态软件的安全管理等；工程应用篇以 12 个实际工程项目作为案例进行分析，针对不同的工程，使用不同的控制方法与脚本编程，使学习者能更好更快地掌握如何做组态工程，提高他们的综合组态能力和独立解决实际问题的能力。

本书适合作为高职高专院校或本科院校的电气自动化、机电一体化、工业机器人、应用电子技术等专业学生的教材，或作为国家职业技能鉴定“维修电工”的考试辅导教材，也可供相关的工程技术人员作为设计与实践应用的参考书。

本书由浙江工贸职业技术学院李庆海主编，廊坊职业技术学院胡博、福州职业技术学院邓华为副主编，无锡商业职业技术学院申小中、无锡职业技术学院徐锋和浙江工贸职业技术学院沈德明参与编写。特别感谢珠海城市职业技术学院王成安教授担任本书主审工作，他在对本书进行详细审阅的同时还提出了许多很好的建议。在本书编写过程中，还得到了昆仑通态有限公司和亚龙智能制造装备集团的工程师们的大力支持，在此一并表示感谢。

由于编者水平有限，编写时间仓促，虽经多次修改，仍难免有不足之处，敬请各位同行和读者批评指正。

编　者

2021 年 5 月

前言

目　录

基础知识篇

工程应用篇

基础知识篇

项目 1　MCGS 嵌入版组态软件的构成及应用

学习目标

- 掌握 MCGS 嵌入版组态软件的系统构成；
- 掌握 MCGS 嵌入版组态软件的功能与特点；
- 掌握 MCGS 嵌入版组态软件的安装与运行。

能力目标

- 具备 MCGS 嵌入版组态软件安装与调试的能力；
- 具备建立 MCGS 嵌入版组态软件工程的思路；
- 具备利用 MCGS 嵌入版组态软件构件窗口的组态能力；
- 掌握 MCGS 嵌入版组态软件操作环境的参数设置；
- 具备 MCGS 嵌入版组态软件的软硬件调试能力。

随着工业自动化水平的迅速提高和计算机在工业领域的广泛应用，人们对工业自动化的要求越来越高。组态控制软件和触摸屏控制技术已成为自动化控制领域重要的一部分，正突飞猛进地发展着。特别是近几年，组态控制软件和触摸屏新技术、新产品层出不穷。在组态控制软件和触摸屏技术快速发展的今天，作为从事自动化相关行业的技术人员，了解和掌握组态控制软件和触摸屏技术是必备的技能。

本项目先介绍 MCGS 嵌入版组态软件的功能特点、体系结构和硬软件要求，以及安装过程和工作环境；然后介绍该软件主控窗口、设备窗口、用户窗口、实时数据库和运行策略。

任务 1-1　MCGS 嵌入版组态软件简介

MCGS（Monitor and Control Generated System）嵌入版组态软件是专门为触摸屏开发的一套组态软件。它包括组态环境和运行环境两部分：组态环境是基于 Microsoft 的各种 32 位或 64 位 Windows 平台而运行的环境；运行环境是在触摸屏的实时多任务嵌入式操作系统——Windows CE 上运行的环境。MCGS 嵌入版组态软件为用户提供了解决实际工程问题的完整方案和开发平台，能够完成现场数据采集，实时和历史数据处理，报警和安全机制，流程控制，动画显示，趋势曲线和报表输出，以及企业监控网络等功能。使用 MCGS 嵌入版组态软件的用户，无须具备计算机编程的专业知识就可以在短时间内学习该软件的使用和组态设计，并完成一个运行稳定、功能成熟、维护量小的触摸屏组态监控系统的开发工作。

使用 MCGS 嵌入版组态软件而开发的触摸屏监控系统，适用于对功能、可靠性、成本、体积、功耗等综合性能有严格要求的数据采集监控，通过对现场数据的采集处理，以动画显示、报警处理、流程控制和报表输出等多种方式向用户提供解决实际工程问题的方案，在自动化领域有着广泛的应用。

本任务课件请扫二维码 1-1，本任务视频讲解请扫二维码 1-2。

二维码 1-1

二维码 1-2

一、MCGS 嵌入版组态软件的主要功能

（1）简单而灵活的可视化操作界面：MCGS 嵌入版组态软件采用全中文、可视化、面向窗口的开发界面，符合中国人的使用习惯和要求。以窗口为单位构造用户运行系统的图形界面，使得 MCGS 嵌入版组态软件的组态工作既简单直观，又灵活多变。

（2）实时性强的并行处理性能：MCGS 嵌入版组态软件是 32 位系统，充分利用了触摸屏 32 位 Windows CE 操作平台的多任务、按优先级分时操作的功能，它以线程为单位，对在工程作业中实时性强的关键任务和实时性不强的非关键任务进行分时并行处理，使嵌入式触摸屏应用于工程测控领域成为可能。例如，嵌入式触摸屏在处理数据采集、设备驱动和异常处理等关键任务时，可在触摸屏的运行周期内插入数据，进行打印数据之类的非关键性工作，实现并行处理。

（3）丰富和生动的动态画面：MCGS 嵌入版组态软件以图像、图符、报表、曲线等多种形式，为操作员及时提供系统运行中的状态、品质及异常报警等相关信息；用大小变化、颜色改变、明暗闪烁、移动翻转等多种手段，增强画面的动态显示效果；对图元、图符对象定义相应的状态属性，实现动画效果。MCGS 嵌入版组态软件还为用户提供了丰富的动画构件，每个动画构件都对应一个特定的动画功能。

（4）完善的用户安全机制：MCGS 嵌入版组态软件提供良好的安全机制，可以为多个不同级别用户设定不同的操作权限。MCGS 嵌入版组态软件还提供工程密码功能，以便组态开发人员进行权限管理。

（5）网络通信功能：MCGS 嵌入版组态软件具有强大的网络通信功能，支持串口通信、Modem 串口通信、以太网 TCP/IP 通信，不仅可方便快捷地实现远程数据传输，还可与网络版组态软件相结合，通过 Web 浏览功能在整个系统范围内浏览和监测所有生产信息，实现设备管理和企业管理的集成。

（6）多样化的报警功能：MCGS 嵌入版组态软件提供多种不同的报警方式，具有丰富的报警类型，便于进行报警设置，而且系统能够实时显示报警信息，对报警数据进行应答，为工业现场安全可靠地生产运行提供有力的保障。

（7）组态软件运行平台：MCGS 嵌入版组态软件由主控窗口、设备窗口、用户窗口、实时数据库和运行策略 5 部分构成。其中，实时数据库是一个数据处理中心，即系统各部分及其各种功能性构件的公用数据区，是整个系统的核心。各部件独立地向实时数据库输入和输出数据，并完成差错控制。在生成用户组态应用系统时，各部分均可分别进行组态配置，做到独立建造而互不相干。

（8）支持多种硬件设备实现“设备无关”：MCGS 嵌入版组态软件针对外部设备特征建立设备工具箱以定义多种设备构件，建立系统与外部设备的连接关系，并赋予相关的属性来实现对外部设备的驱动和控制。用户可以在设备工具箱中选择各种设备构件，而所有设备构件均通过实时数据库建立联系。一个设备构件在操作时不影响其他构件和整个系统的结构，因此 MCGS 嵌入版组态软件是一个“设备无关”的系统。

（9）方便控制复杂的运行流程：MCGS 嵌入版组态软件开辟了“运行策略”窗口，用户可以选用系统所提供的各种条件和功能的策略构件。运行策略使用图形化的方法和简单的类 Basic 语言构造多分支的应用程序，按照设定的条件和顺序来操作外部设备。运行策略与实时数据库进行数据交换，实现对运行流程的控制，同时可以由用户创建新的策略构件来扩展系统的功能。

（10）管理数据存储提高了系统可靠性：MCGS 嵌入版组态软件不使用 Access 数据库来存储数据，而使用自建的文件系统来管理数据存储，其可靠性更高，在异常掉电的情况下也不会丢失数据。因采用数据库管理数据存储可使系统的可靠性提高，MCGS 嵌入版组态软件的数据存储不再使用普通的文件，而使用数据库来管理。组态时系统所生成的组态结果是一个数据库文件；运行时系统自动生成一个数据库文件，以保存和处理数据对象和报警信息的数据。MCGS 嵌入版组态软件利用数据库保存数据和处理数据，既提高了系统的可靠性和运行效率，也使其他应用软件系统能直接处理数据库中的存盘数据。

MCGS 嵌入版组态软件具有强大的组态与设备管理功能，其特点为操作简单、易学易用，普通工程人员经过短时间培训就能迅速掌握多数工程项目的设计和运行操作。使用 MCGS 嵌入版组态软件能够避开复杂的嵌入版计算机软硬件问题，从而可以将精力集中于解决工程问题和开发，根据工程的需要和特点来组态配置出高性能、高可靠性和高度专业化的触摸屏控制监控系统。

二、MCGS 嵌入版组态软件的体系结构

MCGS 嵌入版组态软件还包括组态环境和模拟运行环境，其中模拟运行环境用于对组态后的工程进行模拟测试，方便用户对组态过程进行调试。组态环境和模拟运行环境相当于一套完整的工具软件在计算机上运行，帮助工程人员设计和构造自己的组态工程并进行功能测试。

运行环境则是一个独立的运行系统，按照组态工程中用户指定的方式进行各种处理，完成工程人员组态设计的目标和功能；运行环境与组态工程一起作为整体构成完整的应用组态系统。组态工作完成后将组态工程文件通过串口或以太网下载到触摸屏的运行环境中，组态工程离开组态环境而独立运行在触摸屏上，实现控制系统的可靠性、实时性、确定性和安全性。

MCGS 嵌入版组态软件生成的用户应用系统，其结构由主控窗口、设备窗口、用户窗口、实时数据库和运行策略 5 部分构成。图 1-1 为 MCGS 嵌入版组态软件结构示意图。

在 MCGS 嵌入版组态软件的运行环境中应用最多的是窗口，这些窗口直接提供给用户使用。在窗口内用户放置不同的构件和创建图形对象，并通过调整画面的布局和配置不同的参数来完成不同的组态监控功能。MCGS 嵌入版组态软件中每个应用系统只能有一个主控窗口、一个设备窗口，但有多个用户窗口、多个运行策略与实时数据库建立多个数据对象。MCGS 嵌入版组态软件用主控窗口、设备窗口和用户窗口来构成应用系统的人机交互图形界面，组态和配置各种不同类型和功能的对象或构件，同时对实时数据进行可视化处理。

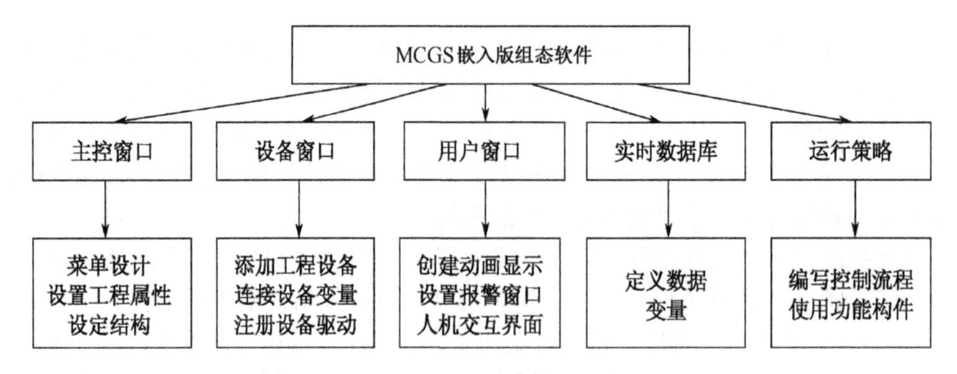

图 1-1 MCGS 嵌入版组态软件结构示意图

三、MCGS 嵌入版组态软件的系统要求

1. 计算机的最低配置

MCGS 嵌入版组态软件的系统要求在 IBM PC586 以上的微型机或兼容机上运行，以 Microsoft 的 Windows XP 或 Windows 7 为操作系统。计算机的最低配置要求如下：

- ▶ CPU：可运行于任何 Intel 及兼容 Intel x86 指令系统的 CPU。
- ▶ 内存：当选用 Windows 7 操作系统时，系统内存应在 128 MB 以上。
- ▶ 显卡：Windows 系统兼容，含有 128 MB 以上的显示内存，工作于 1280×768 分辨率、256 色模式以上。
- ▶ 硬盘：MCGS 嵌入版组态软件占用的硬盘空间最小为 40 GB。

低于以上配置要求的硬件系统，将会影响系统功能的完全发挥，目前市面上流行的各种品牌机和兼容机都能满足上述要求。

2. 触摸屏硬件要求

MCGS 嵌入版组态软件能够运行在 X86 和 ARM 两种类型 CPU 上的 TP171 和 TP171b 触摸屏上。

- ▶ 最低配置：RAM 64 MB；
- ▶ 推荐配置：RAM 64 MB。

3. 触摸屏运行环境软件要求

MCGS 嵌入版组态软件要求运行在实时多任务操作系统环境下，触摸屏支持 Windows CE 实时多任务操作系统。

思考题

（1）什么是 MCGS 嵌入版组态软件？

（2）MCGS 嵌入版组态软件由哪几部分组成？

（3）MCGS 嵌入版组态软件对系统有哪些要求？

任务 1-2　MCGS 嵌入版组态软件的安装与运行

本任务课件请扫二维码 1-3，本任务视频讲解请扫二维码 1-4。

二维码 1-3

二维码 1-4

一、组态软件的安装

MCGS 嵌入版组态软件是专为 Microsoft Windows 系统设计的 32 位和 64 位应用软件，可以运行于 Windows XP 或 Windows 7 及以上版本的操作系统中，其模拟环境也同样运行在 Windows XP 或 Windows 7 及以上版本的操作系统中。MCGS 嵌入版组态软件的运行环境：需要运行在装有 Windows CE 嵌入式实时多任务操作系统的触摸屏上。MCGS 嵌入版组态软件的具体安装步骤如下：

（1）启动 Windows 操作系统，在相应的驱动器中找到安装程序。

（2）自动弹出 MCGS 组态软件安装界面（如果没有窗口弹出，则从 Windows 的“开始”菜单中，选择“运行”命令，运行软件安装包中的 AutoRun.exe 文件），如图 1-2 所示。

图 1-2　组态软件安装界面

（3）在程序安装界面选择“安装组态软件”，启动安装程序以开始安装。在安装软件的过程中请关闭所有杀毒软件，因为在组态软件安装文件中杀毒软件被默认为病毒。等组态软件安装完成后打开杀毒软件就可以正常工作。

（4）单击程序安装欢迎界面的“下一步”按钮，如图 1-3 所示。

（5）安装程序将提示指定安装的目录，系统默认安装到 D:\MCGSE 目录下，如图 1-4 所示。建议使用默认安装目录。

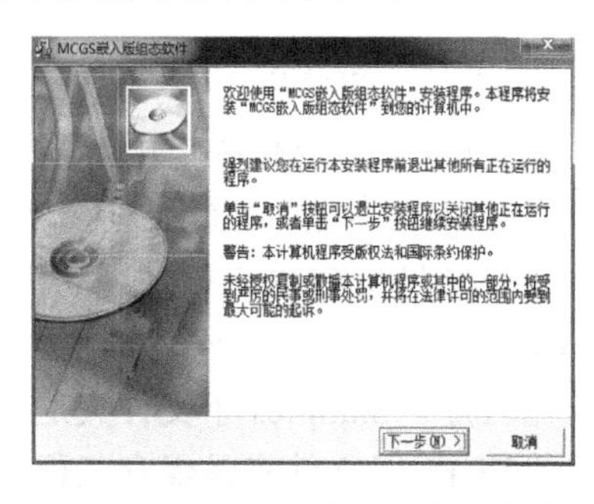

图 1-3　组态软件的安装欢迎界面

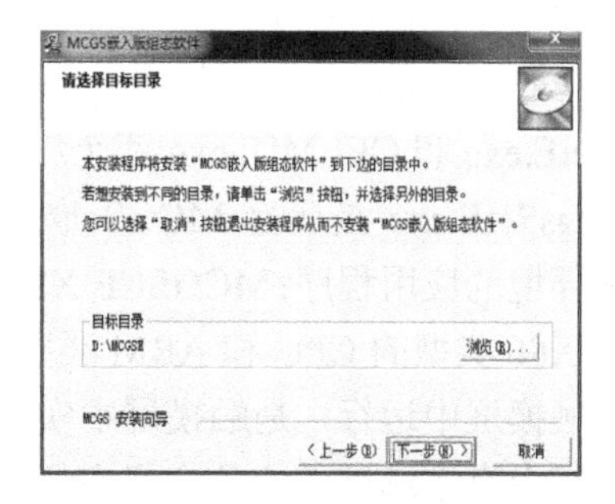

图 1-4　安装路径选择

（6）安装过程中会提示安装驱动程序，建议选择“始终安装此驱动程序软件”和“安装所有驱动”。驱动程序安装界面如图 1-5 所示。

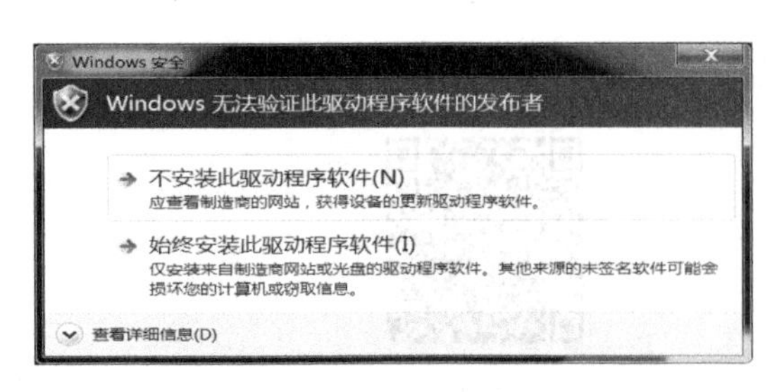

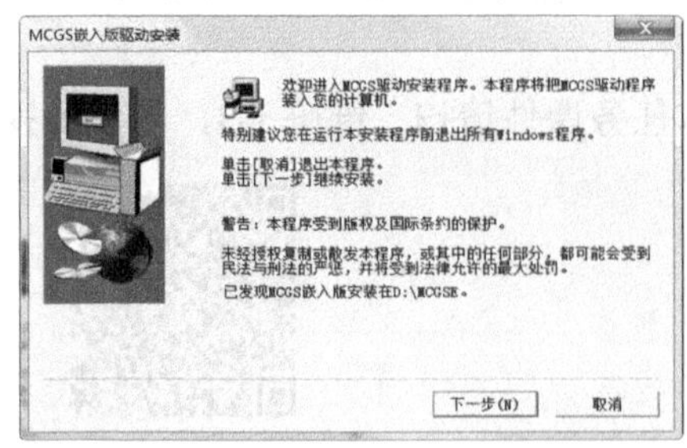

图 1-5　驱动程序安装界面

图 1-6　安装完成对话框

（7）安装过程持续数分钟后系统将弹出安装完成对话框，如图 1-6 所示。单击“完成”按钮结束安装，系统将提示重新启动或稍后重新启动计算机。建议重新启动计算机后再运行组态软件。

组态软件安装完成后，Windows 操作系统的桌面上会添加两个图标，用于启动 MCGS 嵌入版组态软件的模拟运行环境和组态环境，如图 1-7 所示。

图 1-7　组态软件的模拟运行环境图标和组态环境图标

同时，在 Windows“开始”菜单中会添加相应的 MCGS 嵌入版组态软件文件夹，此文件夹包括 5 项内容，即 MCGSE 电子文档、MCGSE 模拟运行环境、MCGSE 自述文档、MCGSE 组态环境以及卸载 MCGSE 组态软件，如图 1-8 所示。MCGSE 组态环境即 MCGS 嵌入版的组态环境，MCGSE 模拟运行环境即 MCGS 嵌入版的模拟运行环境；MCGSE 自述文件描述了 MCGS 嵌入版组态软件发行时的基本信息，MCGSE 电子文档则包含 MCGS 嵌入版组态软件最新的帮助信息。

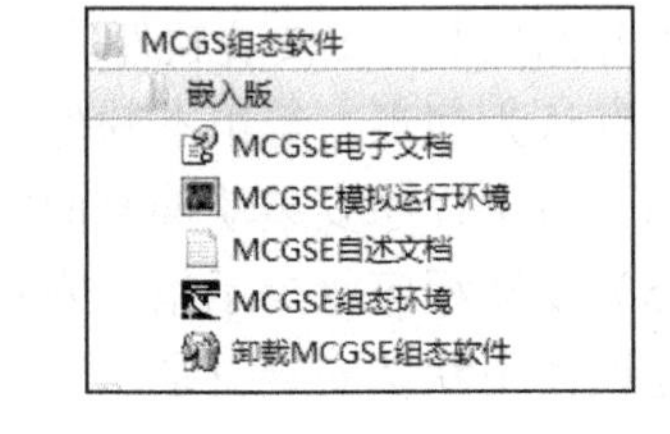

图 1-8　MCGS 嵌入版组态软件文件夹

组态软件安装完成后，还会在用户指定的目录（或者默认目录 D: \MCGSE）下产生了 3 个子文件夹：Program、Samples 和 Work。在 Program 子文件夹中，有 McgsSetE.exe 和 CEEMU. exe 两个应用程序，以及 MCGSCE.X86、MCGSCE.ARMV4 文件。其中，McgsSetE.exe 是运行 MCGS 嵌入版组态环境的应用程序；CEEMU.exe 是运行 MCGS 模拟运行环境的应用程序；MCGSCE.X86 和 MCGSCE.ARMV4 是 MCGS 运行环境的执行程序，分别控制 X86 类型的 CPU 和 ARM 类型的 CPU，通过 MCGS 组态环境中下载对话框的高级功能下载到触摸屏中运行，是触摸屏中实际运行环境的应用程序。Samples 子文件夹是实例工程文件夹，其中有系统提供的几个组态好的实例工程文件。Work 子文件夹是保存工程的默认文件夹，组态软件将组态完的工程默认保存到该文件夹。

二、组态软件的运行

MCGS 嵌入版组态软件包括组态环境、运行环境、模拟运行环境三部分，文件 McgsSetE.exe 对应组态环境，文件 McgsCE.exe 对应运行环境，文件 CEEMU.exe 对应模拟运行环境。组态环境和模拟运行环境安装在计算机中，运行环境安装在 MCGS 触摸屏中。组态环境是用户组态工程的平台；模拟运行环境在计算机上模拟工程的运行情况，用户可以不连接触摸屏对工程进行运行和检查；运行环境是组态软件安装到触摸屏内存后的环境。

MCGS 组态环境进入方法：单击桌面上的“MCGSE 组态环境”快捷图标，进入 MCGS 嵌入版的组态环境界面，如图 1-9 所示。在此环境中用户可根据需求建立工程。当组态工程完成后，可在计算机的模拟运行环境下试运行，以检查是否符合组态要求；也可将工程下载到触摸屏的实际环境中运行。在下载新工程到触摸屏时，若新工程与旧工程不同，将不会删除磁盘中的存盘数据；如果是相同的工程但同名组对象的结构不同，则会删除该组对象的存盘数据。在 MCGS 嵌入版组态软件的组态环境下选择工具菜单中的“下载配置”，在弹出“下载配置”对话框后选择背景方案。“下载配置”对话框如图 1-10 所示。

图 1-9　MCGS 嵌入版组态环境界面

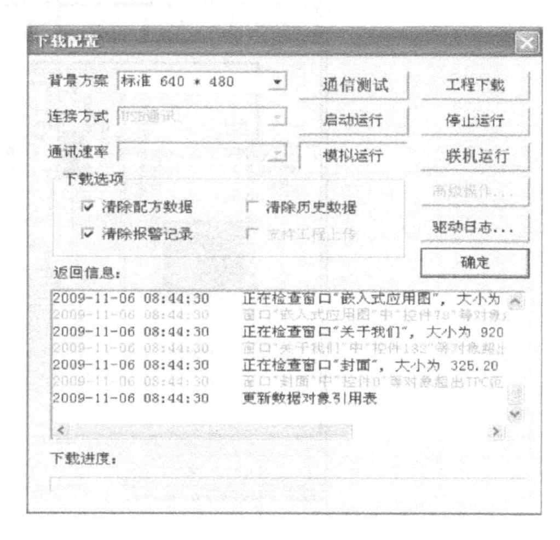

图 1-10　“下载配置”对话框

1.“下载配置”对话框说明

“背景方案”用于设置模拟运行环境屏幕的分辨率，用户可根据需要选择，有 8 个选项，分别为：标准 320×240、标准 640×480、标准 800×600、标准 1 024×768、晴空 320×240、晴空 640×480、晴空 800×600、晴空 1 024×768。根据所选择的不同型号触摸屏来确定运行环境屏幕的分辨率大小。

“连接方式”用于设置计算机与触摸屏的连接方式，包括下面两个选项：“TCP/IP 通讯”指通过 TCP/IP 网线连接，下方有显示目标机名称的输入框，用于指定触摸屏的 IP 地址；“USB 通讯”指通过串口通信线缆连接，下方有显示串口选择输入框，用于指定与触摸屏连接的串口号。

“通信测试”按钮用于测试通信情况，“工程下载”按钮用于将工程下载到模拟运行环境或触摸屏的运行环境；“启动运行”按钮用于启动嵌入式系统中的工程运行，“停止运行”按钮用于停止嵌入式系统中的工程运行；“模拟运行”按钮用于将工程在模拟运行环境下运行，“联机运行”按钮用于将工程在实际的触摸屏中运行。单击“高级操作”按钮后，将弹出图 1-11 所示的对话框。

图 1-11　“高级操作”对话框

2. “下载配置”对话框操作步骤

下面以 MCGS 嵌入版组态软件的演示工程为例，说明“下载配置”对话框的操作步骤。模拟运行环境窗口如图 1-12 所示。

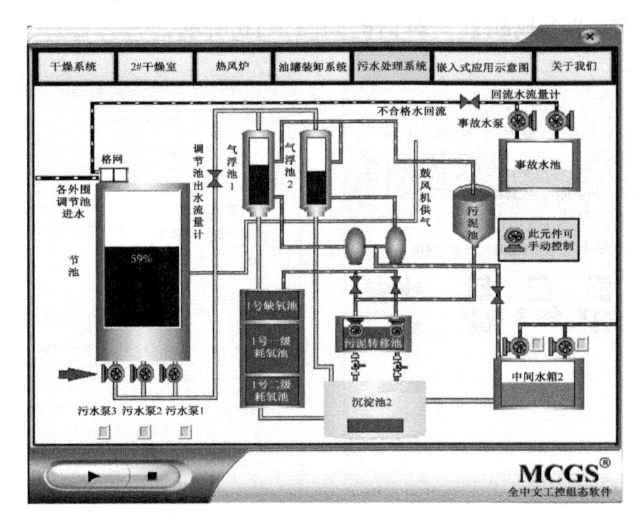

图 1-12　模拟运行环境窗口

（1）打开“下载配置”对话框，选择“模拟运行”。

（2）单击“通信测试”按钮，测试通信是否正常。如果通信成功，则在返回信息框中提示“通信测试正常”，同时弹出模拟运行环境窗口，以最小化形式在任务栏中显示；如果通信失败，则在返回信息框中提示“通信测试失败”。

（3）单击“工程下载”按钮，将工程下载到模拟运行环境中。如果工程正常下载，将提示：“工程下载成功！”

（4）单击“启动运行”按钮启动模拟运行环境，模拟运行环境将以最大化窗口显示，表示工程正在运行。

（5）单击“下载配置”对话框中的“停止运行”按钮，或者单击模拟运行环境窗口中的“停止”按钮▣，工程将停止运行；单击模拟运行环境窗口中的“关闭”按钮☒，该窗口将关闭。

（6）由于电脑操作系统版本的不同，有的安装好的组态软件在进入模拟运行环境时会提示“不兼容的错误信息”。此时，请关闭组态软件后用鼠标右键单击 MCGSE 模拟运行环境图标，选择“属性”，进入属性设置对话框（如图 1-13 所示）；再单击“兼容性”选项卡，勾选“以兼容模式运行这个程序”复选框即可。

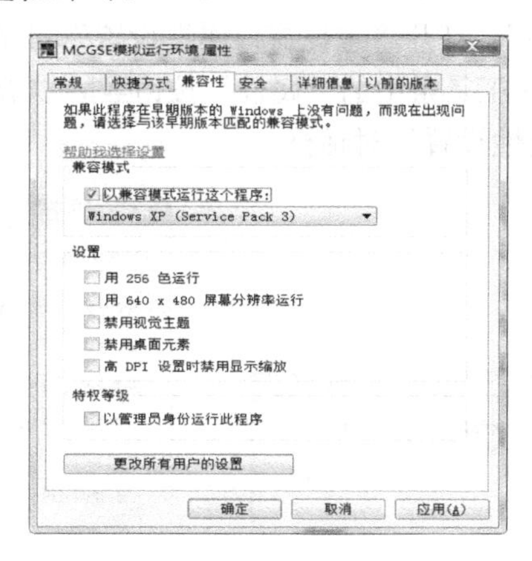

图 1-13　MCGSE 模拟运行环境属性设置对话框

任务 1-3　MCGS 嵌入版组态软件的主控窗口

一、主控窗口概述

MCGS 嵌入版组态软件的主控窗口是组态工程系统的主框架，它展现了工程系统的总体外观。主控窗口负责调控设备窗口的工作，管理用户窗口的打开与关闭，驱动组态动画图形的显示，启动安全机制和调用用户策略等。主控窗口的组态设计包括主控窗口的属性设置与菜单管理两方面内容。

主控窗口是组态工程的主窗口，是所有设备窗口和用户窗口的父窗口。通过主控窗口可以放置一个设备窗口和多个用户窗口，它负责所有窗口的管理和调控，并调度用户策略的运行。主控窗口内部设置了运行流程及特征参数，方便用户的组态操作。MCGS 嵌入版组态软件中一个组态工程文件只有一个主控窗口，主控窗口作为独立的对象存在，其功能和复杂的操作都被封装在组态系统的内部，组态过程中只需对主控窗口的属性进行设置。

本任务课件请扫二维码 1-5，本任务视频讲解请扫二维码 1-6。

二维码 1-5

二维码 1-6

二、主控窗口的属性设置

主控窗口是应用系统的父窗口和主框架，负责系统的调度与管理运行。主控窗口反映了应用工程的总体概貌，主控窗口的内容由其属性决定。进入 MCGS 组态软件工作台，单击“主控窗口”选项卡进入主控窗口，如图 1-14 所示。选中“主控窗口”图标并单击鼠标右键，在弹出的下拉菜单中选择“属性”，打开“主控窗口属性设置”对话框，进行主控窗口的属性设置，如图 1-15 所示。或者选择工具条中的“属性”按钮，执行“编辑”菜单中的“属性”命令，也可弹出“主控窗口属性设置”对话框。

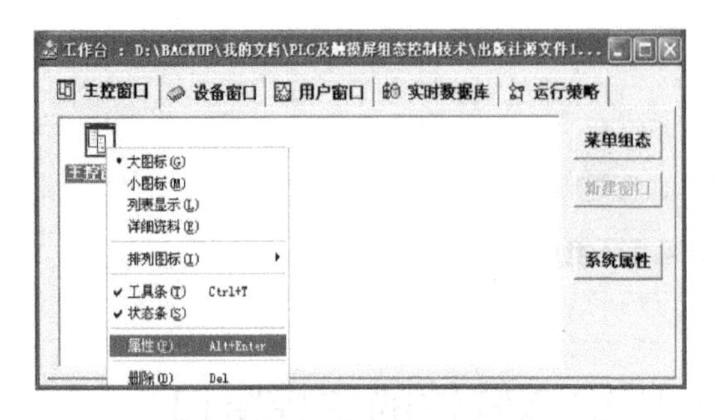

图 1-14 主控窗口

图 1-15 “主控窗口属性设置”对话框

1. 主控窗口基本属性

主控窗口属性设置包括基本属性、启动属性、内存属性、系统参数、存盘参数 5 个选项卡的设置，应用工程在运行时的总体概貌及外观完全由主控窗口的基本属性决定。单击“基本属性”选项卡，即进入基本属性设置窗口，参见图 1-15。

（1）窗口标题：设置工程运行窗口的标题。

（2）窗口名称：主控窗口的名称，默认为“主控窗口”，而且是灰显的，不可更改。

（3）菜单设置：设置工程是否有菜单。

（4）封面窗口：确定工程运行时是否有封面，可在下拉菜单中选择相应的窗口作为封面窗口。

（5）封面显示时间：设置封面持续显示的时间，以秒为单位。运行时单击窗口任何位置，封面自动消失。当封面时间设置为 0 时，封面将一直显示，直到用鼠标单击窗口任何位置时，封面方可消失。

（6）系统运行权限：设置系统的运行权限。单击“权限设置”按钮，进入“用户权限设置”对话框，如图 1-16 所示。

可将进入或退出工程的权限赋予某个用户组；无此权限的用户组中的用户，则不能进入或退出该工程。当选择“所有用户”时，相当于无限制。此项措施对防止无关人员的误操作，提高系统的安全性起到重要的作用。可以在“权限设置”按钮下面的下拉菜单中选择进入或退出时是否登录，其选项包括：

①进入不登录，退出登录：当用户退出 MCGS 运行环境时，需登录。

②进入登录，退出不登录：当用户启动 MCGS 运行环境时，需登录；退出时，则不必登录。

③进入不登录，退出不登录：进入或退出 MCGS 运行环境时，都不必登录。

④进入登录，退出登录：进入或退出 MCGS 运行环境时，都需要登录。

（7）窗口内容注释：起到说明和备忘的作用，对应用工程运行时的外观不会产生任何影响。

2. 主控窗口启动属性

在组态软件启动时，主控窗口应自动打开一些用户窗口，以即时显示某些图形动画，如反映工程特征的封面图形。主控窗口的这一特性称为启动属性。选择“启动属性”选项卡，进入启动属性设置窗口，如图 1-17 所示。

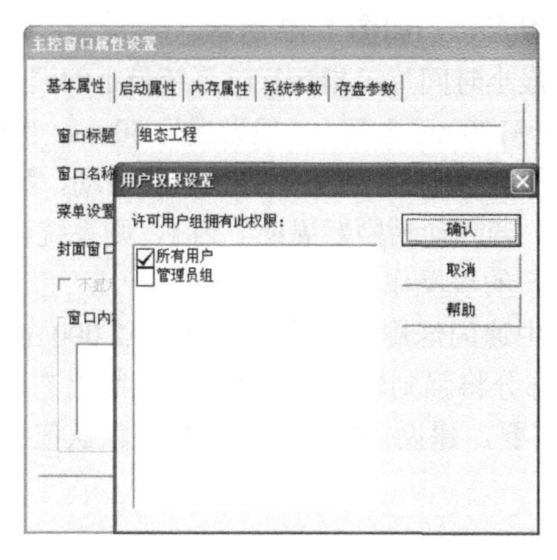

图 1-16　“用户权限设置”对话框

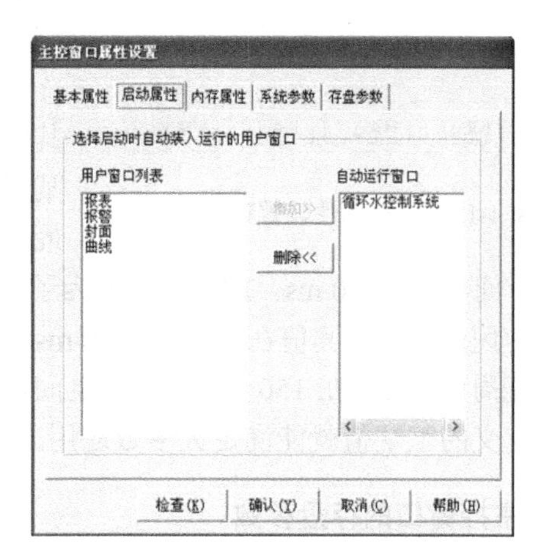

图 1-17　启动属性设置窗口

图 1-17 中左侧为用户窗口列表，列出了所有定义的用户窗口名称；右侧为启动时自动打开的用户窗口列表。利用“增加”和“删除”按钮，可以调整自动启动的用户窗口。

（1）单击“增加”按钮或用鼠标双击左侧列表内指定的用户窗口名称，把该窗口设置到右侧，成为系统启动时自动运行的用户窗口。

（2）单击“删除”按钮或用鼠标双击右侧列表内指定的用户窗口名称，将该用户窗口从自动运行窗口列表中删除。

启动时一次打开的窗口个数没有限制，但由于计算机内存的限制，一般只把最需要的窗口选为启动窗口；启动窗口过多，会影响系统的启动速度。

3. 主控窗口内存属性

在工程文件运行过程中，当需要打开一个用户窗口时，系统先把该窗口的特征数据从磁盘调入内存，然后执行窗口打开的指令。这样打开窗口的过程可能比较缓慢，满足不了工程的需要。为了加快用户窗口的打开速度，MCGS 嵌入版组态软件提供了直接从内存中打开窗口的机制，节省了磁盘操作的开销时间。可以将位于主控窗口内的某些用户窗口定义为内存窗口，这个特性称为主控窗口的内存属性。

利用主控窗口的内存属性，可以设置运行过程中始终位于内存中的用户窗口，不管该窗口是处于打开状态，还是处于关闭状态。若窗口被存入内存区域，打开时就不需要从硬盘上读取，因而能提高打开窗口的速度。运行时 MCGS 嵌入版组态软件最多可允许选择 20 个用户窗口装入内存。主控窗口受计算机内存大小的限制，运行时一般只将经常打开和关闭的用户窗口装入

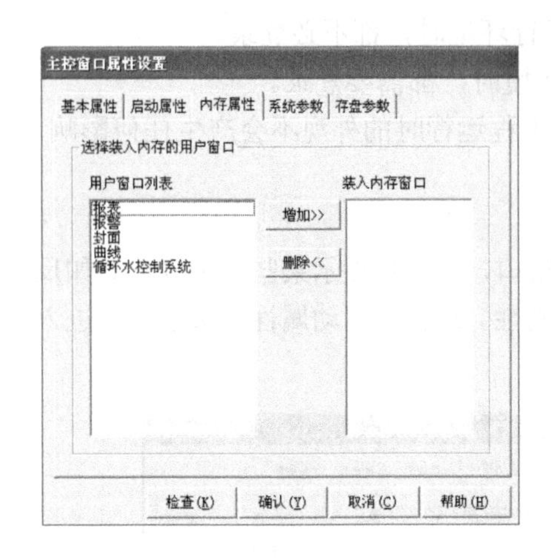

图 1-18　内存属性设置窗口

内存。预先装入内存的窗口过多，会影响系统装载的速度。单击“内存属性”选项卡，即进入内存属性设置窗口，如图 1-18 所示。

4. 主控窗口的系统参数

主控窗口的系统参数主要包括与动画显示有关的时间参数，如组态画面刷新的时间周期、图形闪烁动作的时间周期等。单击“系统参数”选项卡，进入系统参数设置窗口，如图 1-19 所示。

系统最小时间片：指运行时系统最小的调度时间，其值在 20～100 ms 之间，一般设置为 50 ms。当设置的某个周期的值小于 50 ms 时，该功能将启动，默认值为最小时间；若“动画刷新周期”为 1，则系统认为是 1 个最小时间，即为 50 ms。此功能主要为了防止用户的误操作。

快速闪烁周期：其值在 100～1 000 ms 之间；中速闪烁周期：其值在 200～2 000 ms 之间；慢速闪烁周期：其值在 150～2 000 ms 之间，超出部分将强制转换。MCGS 嵌入版组态软件中，由系统定义的默认值就能满足大多数应用工程的需要，建议一般不要修改这些默认值。

5. 主控窗口的存盘参数

主控窗口存盘参数设置包括工程文件配置和特大数据存储设置。通常情况下不必对此部分进行设置，保留默认值，具体设置如图 1-20 所示。

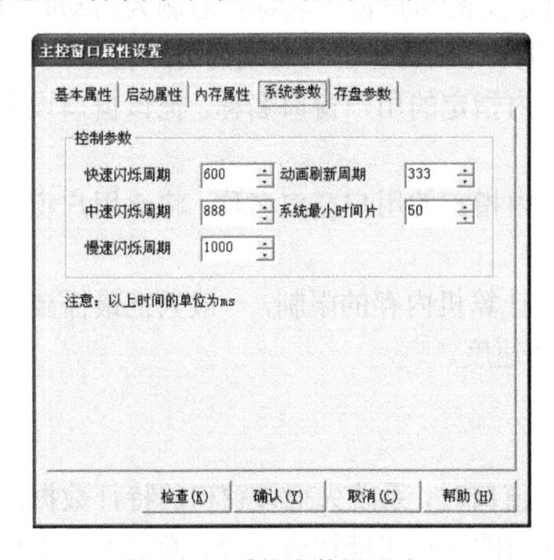

图 1-19　系统参数设置窗口

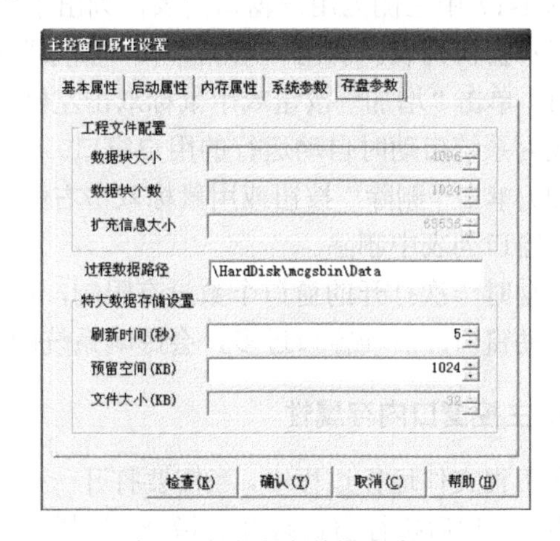

图 1-20　存盘参数设置窗口

（1）过程数据路径：系统默认的路径为“\HardDisk\mcgsbin\Data”；

（2）刷新时间：指向存储文件中写入新数据的时间周期；

（3）预留空间：直到存储空间大小为 0 KB 时，以前的存储文件才被自动删除，此部分不可设置。

三、主控窗口的菜单管理

MCGS 嵌入版组态软件的菜单管理是快捷调用窗口的方式，这里结合实例建立一个组态菜单。实例中设计了5个用户窗口，当系统运行时只有1个窗口显示在触摸屏的前面，其余的窗口是不可见的。当要打开其余的窗口时，可通过翻页按钮打开或者通过菜单管理的方法打开。下面介绍利用主控窗口中的菜单组态功能实现对菜单的管理。打开组态环境的工作台，选择“主控窗口”选项卡并双击“主控窗口”图标，进入菜单组态环境，如图1-21所示。

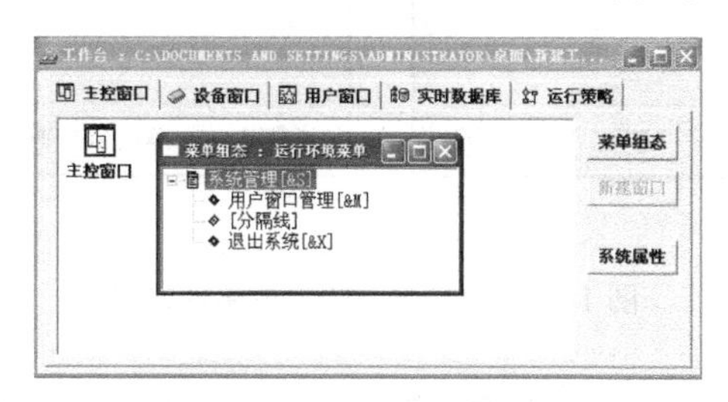

图1-21　进入菜单组态环境

菜单组态管理是以树形结构的形式进行发布的，使用时主要显示当前操作项与操作菜单的位置。单击工具条中的“新增下拉菜单”图标，产生“操作集0”的菜单；“操作集”相当于文件夹的作用。单击工具条中的“新增菜单项”图标，产生“操作0”；“操作”相当于独立文件的作用。通过工具条中的“向右移动”按钮可以把“操作0”放入到“操作集0”中去，使用“向左移动”按钮把“操作0”放回到“操作集0”的一层，并使用“向上移动”按钮和“向下移动”按钮进行相应的位置调整。以循环水控制系统的组态工程为例，用以上方法建立5个操作项，并分别命名为“循环水控制系统”“曲线”“报警”“报表”“封面”。然后建立1个操作集，命名为“安全管理”。

双击“循环水控制系统”操作项，进入“循环水控制系统”的菜单属性设置界面，进行相关的组态设计，如图1-22所示。其他4个操作项的设置分别如图1-23至图1-26所示。

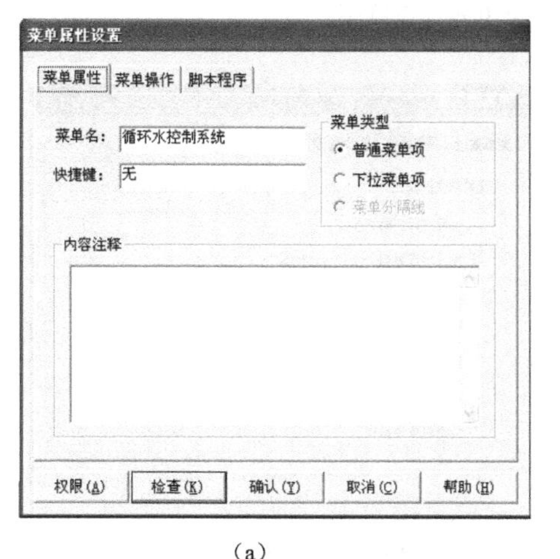

(a)

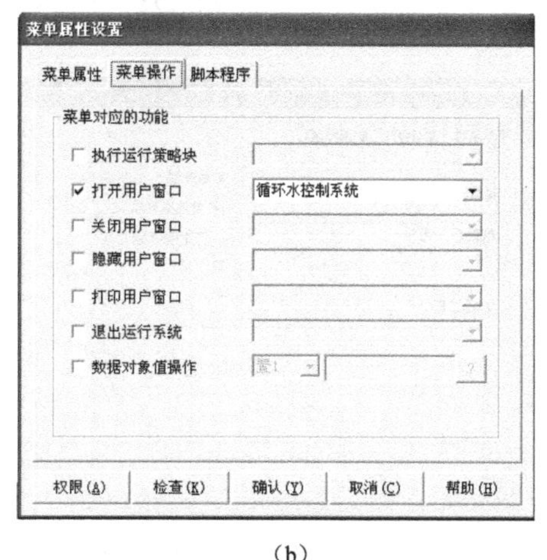

(b)

图1-22　“循环水控制系统”的菜单属性设置

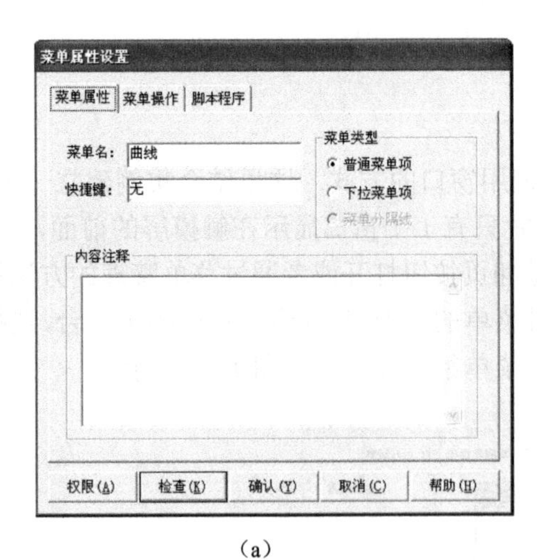

(a)

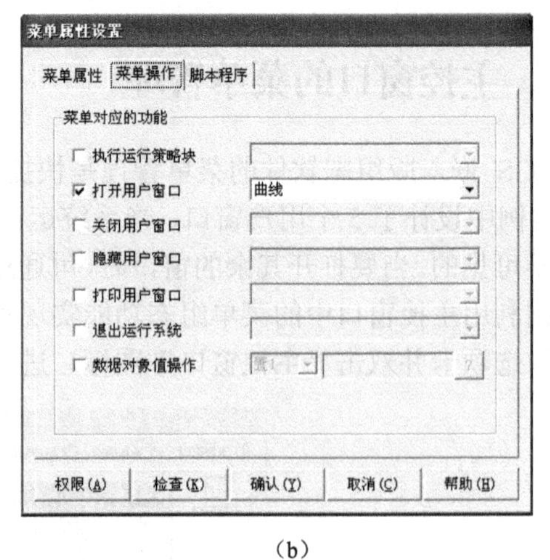

(b)

图 1-23 “曲线”的菜单属性设置

(a)

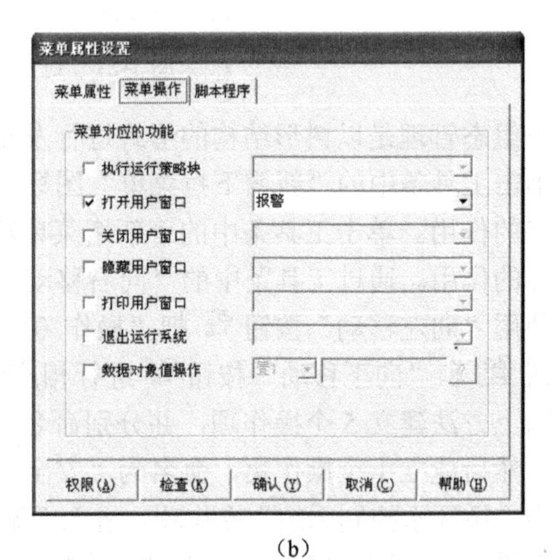

(b)

图 1-24 “报警”的菜单属性设置图

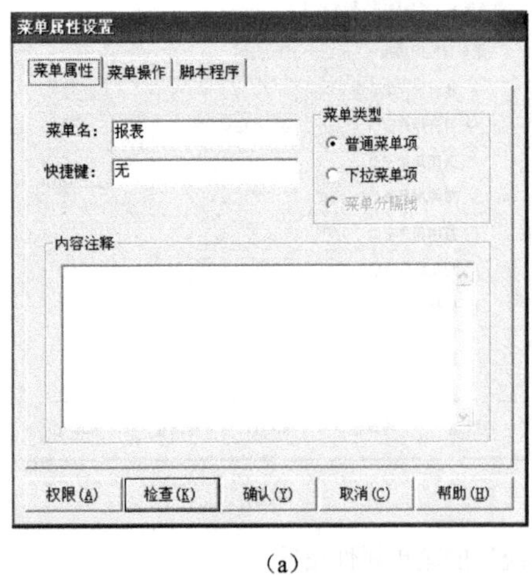

(a)

(b)

图 1-25 “报表”的菜单属性设置

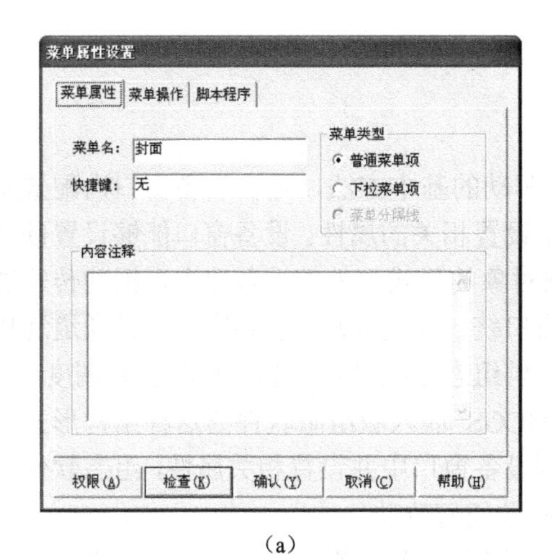

（a）

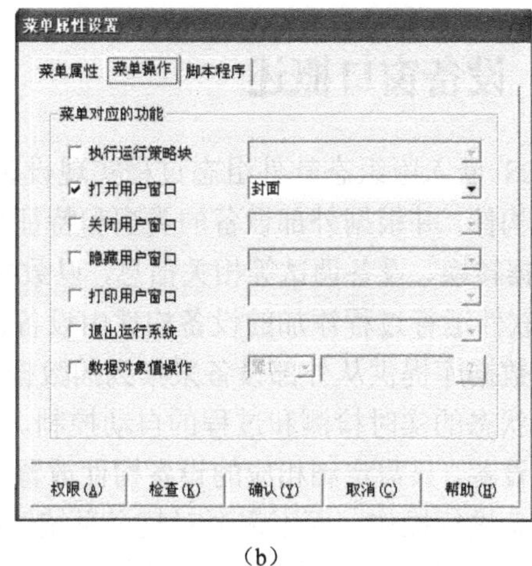

（b）

图 1-26　“封面”的菜单属性设置

组态软件的“安全管理”的操作设置如下：打开主控窗口，双击“主控窗口”图标进入菜单组态环境；在工具条中单击图标 新增 1 个操作集，单击图标 新增 4 个操作项，将菜单组态设置为图 1-27 所示的效果即可。

图 1-27　菜单组态设置效果

思考题

（1）什么是 MCGS 嵌入版组态软件的主控窗口？

（2）如何使用 MCGS 嵌入版组态软件进行菜单管理？

（3）MCGS 嵌入版组态软件主控窗口的作用是什么？

任务 1-4　组态软件的设备窗口

设备窗口是 MCGS 嵌入版组态软件系统的重要组成部分。在设备窗口中建立系统与外部硬件设备的连接关系，使系统能够从外部设备读取数据并控制外部设备的工作状态，实现对工业过程设备的实时监控与操作。

本任务课件请扫二维码 1-7，本任务视频讲解请扫二维码 1-8。

二维码 1-7

二维码 1-8

一、设备窗口概述

MCGS 嵌入版组态软件组态过程实现设备驱动的基本方法，是在设备窗口内配置不同类型的设备构件，并根据外部设备的类型和特征来设置相关的属性。设备窗口能够设置硬件参数配置、数据转换、设备调试等相关信息，以数据对象的形式与外部设备建立数据的传输通道连接。组态软件运行过程添加的设备构件由设备窗口统一调度管理。设备窗口通过通道连接的形式向实时数据库提供从外部设备采集到的数据，供组态系统进行控制运算和流程调度，实现对设备工作状态的实时检测和过程的自动控制。MCGS 嵌入版组态软件的这种结构形式对于不同的硬件设备，只需定制相应的设备构件放置到设备窗口中并设置相关属性，组态软件系统就可以对设备进行操作，而不需要对整个系统结构做任何改动。

MCGS 嵌入版组态软件中一个用户工程只允许有一个设备窗口。运行时，由主控窗口负责打开设备窗口；而设备窗口是不可见的，在后台独立运行。设备窗口负责管理和调度设备构件的运行。对编好的设备驱动程序，MCGS 嵌入版组态软件使用设备构件管理工具进行管理。单击 MCGS 嵌入版组态软件组态环境中“工具”菜单下的“设备构件管理”项，将弹出设备窗口管理界面，如图 1-28 所示。

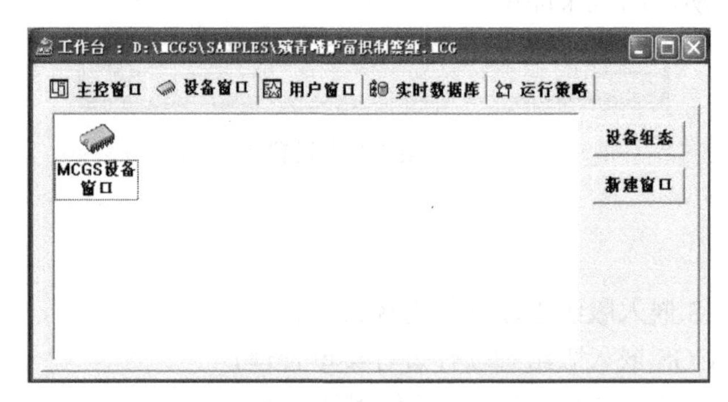

图 1-28　设备窗口管理界面

1. 外部设备的添加

设备窗口提供了常用的设备驱动程序，方便用户快速找到适合自己的设备驱动程序，完成所选设备在 Windows 中的登记和删除登记等工作。在使用设备或用户自己新添加设备之前，必须按下面的方法完成设备驱动程序登记工作，否则会出现错误与警告提示信息：在设备管理窗口左边列出系统现在支持的所有设备，右边列出所有已经登记的设备；在设备管理窗口左边的列表框中选中需要使用的设备，单击“增加”按钮即完成 MCGS 嵌入版组态软件设备的登记工作。可选设备目录如图 1-29 所示。在窗口右边的列表框中选中需要删除的设备，单击“删除”按钮即完成 MCGS 嵌入版组态软件设备的删除登记工作。

MCGS 嵌入版组态软件设备驱动程序的选择：在设备管理窗口左边的列表框中列出了系统目前支持的所有设备（驱动程序在“\MCGSE\Program\Drivers”目录下），设备是按一定分类方法分类排列的，用户可根据分类方法去查找自己需要的设备。例如，用户要查找西门子 S7-200 PLC 的驱动程序，可在 Drivers 目录下先找到 PLC 目录，然后在 PLC 目录下的“西门子”目录下找到“西门子_S7200 PPI”。选择该驱动程序，如图 1-30 所示。

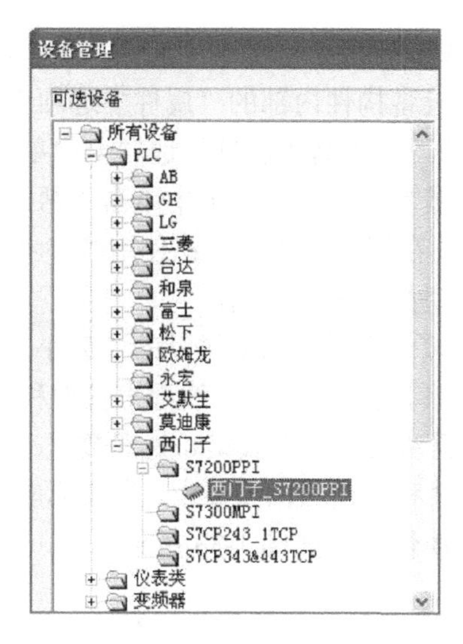

图 1-29　可选设备目录

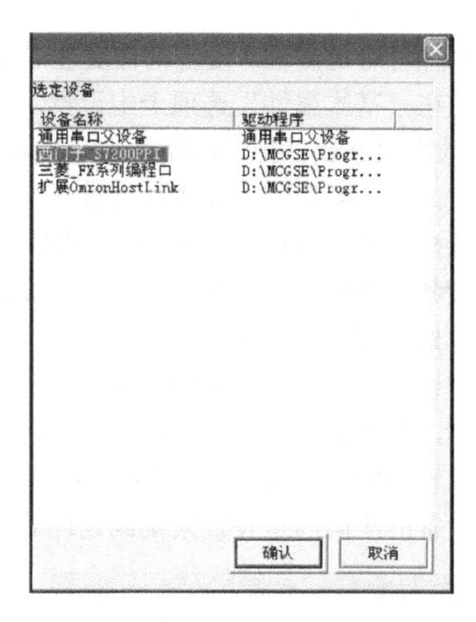

图 1-30　选择设备驱动程序

2. 外部设备的选择

MCGS 嵌入版组态软件的设备构件是系统对外部设备实施设备驱动的中间媒介，通过所建立的数据通道在实时数据库与测控对象之间实现数据交换，达到对外部设备工作状态进行实时检测与控制的目的。MCGS 嵌入版组态软件系统内部设立有设备工具箱，该工具箱内提供了与常用硬件设备相匹配的设备构件。

这里以西门子 S7-200 PLC 设备与触摸屏的连接为例。在进行 PLC 设备的通信连接时，要在“通用串口父设备”的下级目录进行。先将左边的“通用串口父设备”放到设备窗口中，在设备工具箱中选取西门子 S7-200 PLC 设备并放到“通用串口父设备”的子集中，完成对西门子 S7-200 PLC 设备的选择，如图 1-31 所示。

图 1-31　通用设备的选择

3. 设备构件的属性设置

在设备窗口内配置了设备构件后，根据外部设备的类型和性能，对相应的设备构件进行以下各项组态操作：

（1）设置设备构件的基本属性；

（2）建立设备通道和实时数据库之间的连接；

（3）设备通道数据处理内容的设置；

（4）硬件设备的调试。

在 MCGS 嵌入版组态软件中，设备构件的基本属性分为两类：一类是各种设备构件共有的属性，包括设备名称、设备内容注释、运行时设备初始工作状态、最小数据采集周期；另一类是每种构件特有的属性。设备构件属性的设置在“基本属性”选项卡中完成；有些设备构件的属性无法在“基本属性”选项卡中设置，而需要在设备构件内部的“属性”选项卡中设置，MCGS 嵌入版组态软件把这些属性称为设备内部属性。在“基本属性”选项卡中单击“内部属性”按钮，弹出对应的内部属性设置对话框。在“基本属性”选项卡中单击“帮助”按钮，可弹出设备构件的使用说明。每个设备构件都有详细的在线帮助供用户在使用时参考，建议用户在使用设备构件时一定先看在线帮助。设备编辑窗口如图 1-32 所示。

MCGS 嵌入版组态软件对设备构件的读写操作是按一定时间周期进行的,“最小采集周期”指系统操作设备构件的最小时间周期。运行时，设备窗口用一个独立的线程来管理和调度设备构件的工作，在系统后台按照设定的采集周期，定时驱动设备构件采集和处理数据，因此设备采集任务以较高的优先级执行，保证数据采集的实时性和严格的同步要求。在实际应用中，根据需要对设备的不同通道设置采集或处理周期。设备属性窗口如图 1-33 所示。

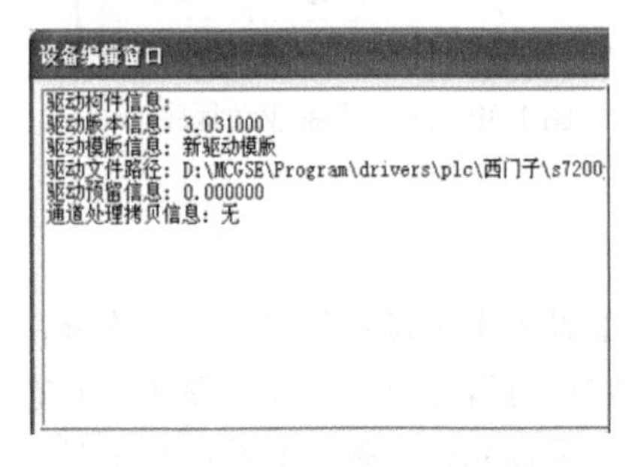

图 1-32　设备编辑窗口

设备属性名	设备属性值
[内部属性]	设置设备内部属性
采集优化	1-优化
设备名称	设备0
设备注释	西门子_S7200PPI
初始工作状态	1 - 启动
最小采集周期(ms)	100
设备地址	2
通讯等待时间	500
快速采集次数	0
采集方式	0 - 分块采集

图 1-33　设备属性窗口

二、TPC7062 型触摸屏简介

TPC7062 型触摸屏是北京昆仑通态自动化科技有限公司生产的面向工业自动化领域的一款触摸屏，MCGS 嵌入版组态软件就是专门针对触摸屏来组态使用的一款组态软件。北京昆仑通态自动化科技有限公司的触摸屏种类繁多，并且尺寸大小也不尽相同，在此以工业现场应用较多的 TPC7062 型触摸屏为例对触摸屏的特点以及使用注意事项进行说明。TPC7062 型触摸屏的屏幕尺寸为 7 英寸（1 英寸=2.54 cm），其外观图如图 1-34 所示。

（a）正视图

（b）背视图

图 1-34　TPC7062 型触摸屏外观图

TPC7062 型触摸屏在安装时一定要注意使用现场的实际温度。当现场温度过高时，

TPC7062 型触摸屏会损坏，其最大工作温度范围为 0～50℃。安装时还要注意安装的角度，角度不同也会影响触摸屏的正常使用。该触摸屏的最大安装角度范围为 0°～±30°。TPC7062 型触摸屏的工作温度与安装角度示意图如图 1-35 所示。

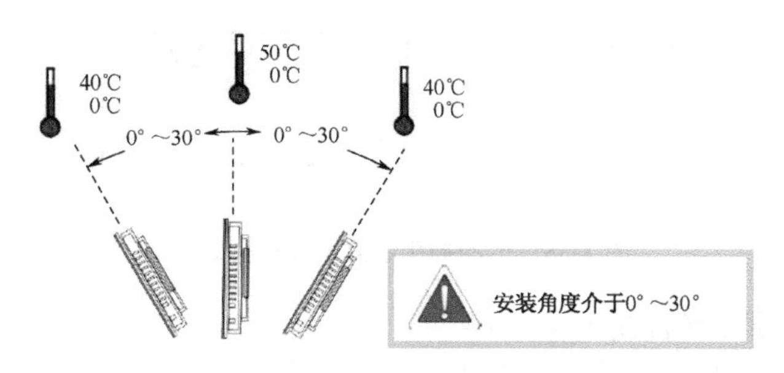

图 1-35　触摸屏的工作温度与安装角度示意图

TPC7062 型触摸屏在实际现场安装时，按照实际的开孔尺寸进行安装，其外形尺寸及安装开孔尺寸如图 1-36 所示。

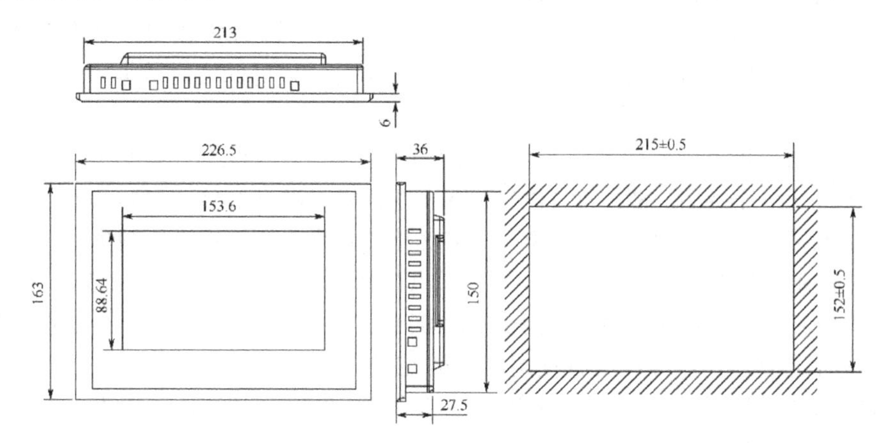

图 1-36　TPC7062 型触摸屏外形尺寸及安装开孔尺寸（单位：mm）

在安装时要注意先把触摸屏安放到开孔面板上，反面使用与触摸屏配套的挂钩和挂钩螺钉进行固定。安装方法及说明如图 1-37 所示。

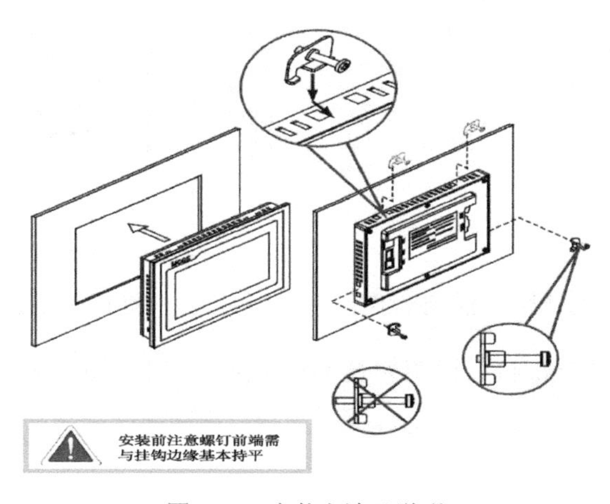

图 1-37　安装方法及说明

TPC7062 型触摸屏使用的直流电源，24 V（±20%）的直流电源都可以供触摸屏正常工作。触摸屏的供电一般在工厂由变压器电源提供，或者由 PLC 的电源提供。触摸屏的电源接口在配件袋中已给出，电源接口需要用户自行连接。电源插头示意图及引脚定义如图 1-38 所示。

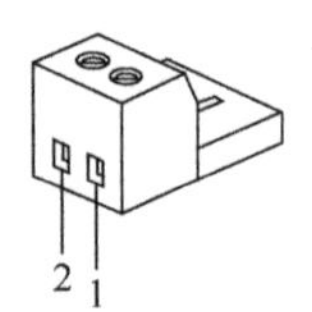

PIN	定义
1	+
2	−

图 1-38　电源插头示意图及引脚定义

TPC7062 型触摸屏电源接线步骤如下：

① 将 24 V 电源线剥线后插入电源插头接线端子中；

② 使用一字螺丝刀将电源插头螺钉拧紧；

③ 将电源插头插入产品的电源插座。

注意：采用直径为 1.25 mm（AWG18）的电源线。

TPC7062 型触摸屏与计算机连接方式：触摸屏反面有两个 USB 接口，其中 USB2 接口是用来与计算机进行数据通信用的，而 USB1 接口用来备份触摸屏的实时数据库的数据。触摸屏与计算机连接示意图如图 1-39 所示。

TPC7062 型触摸屏外部接口共有 5 个。其中 LAN 接口是选配的：TPC7062K 型触摸屏有网线接口，实现网络连接的功能；而 TPC7062KS 型触摸屏没有 LAN 接口。如上所述，USB1 接口用来备份触摸屏的实时数据库的数据，USB2 接口用来与计算机进行数据通信。24　V 的电源接口用来给触摸屏提供外部电源供电。串口（COM）使用 RS-232 串口或者 RS-485 串口实现触摸屏与外部设备的连接，比如西门子 S7-200 PLC 就使用西门子公司专门配备的 RS-232 串口通信线进行连接。不同 PLC 设备使用的通信连接线是不同的，比如西门子 S7-200 PLC 与欧姆龙 PLC 的连接线外部封装相同，但连接线的内部接线完全不同，所以不能互换使用。触摸屏外部接口如图 1-40 所示。

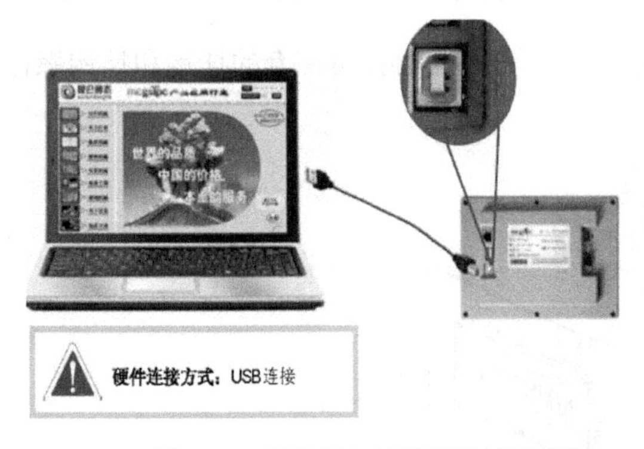
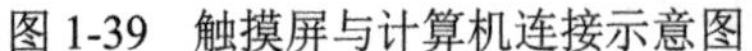

图 1-39　触摸屏与计算机连接示意图

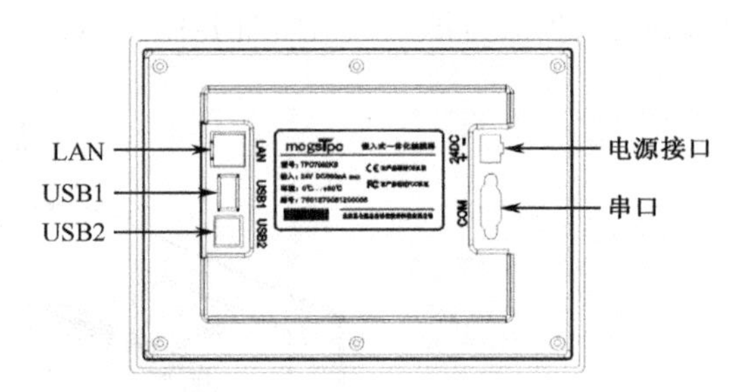

图 1-40　触摸屏外部接口

TPC7062 型触摸屏的外部接口说明如表 1-1 所示，串口引脚定义如表 1-2 所示。

表 1-1　触摸屏外部接口说明

项　目	TPC7062KS	TPC7062K
LAN（RJ45）	无	以太网接口
串口（DB9）	1×RS-232, 1×RS-485	
USB1	主口，USB1.1 兼容	
USB2	从口，用于下载工程	
电源接口	24 V（DC）±20%	

表 1-2　触摸屏串口引脚定义

接　口	引脚	引 脚 定 义
COM1	2	RS-232 RXD
	3	RS-232 TXD
	5	GND
COM2	7	RS-485 +
	8	RS-485 −

TPC7062 型触摸屏在使用 COM2 终端匹配电阻跳线时，若将 1、2 脚跳接在一起，则表示 COM2 口 RS-485 通信方式无匹配电阻；若将 2、3 脚跳接在一起，则表示 COM2 口 RS-485 通信方式有匹配电阻。不进行设置的状态为无匹配电阻模式，默认设置是无匹配电阻模式。只有当 RS-485 通信距离大于 20 m，且出现通信干扰现象时，才考虑对终端匹配电阻进行设置。跳线设置方法是：关闭触摸屏电源，取下产品后盖，根据所使用的 RS-485 终端匹配电阻要求设置跳线开关，盖上后盖即完成操作。COM2 终端匹配电阻跳线示意图如图 1-41 所示。

J400

1　2　3

跳线设置	终端匹配电阻
	无
	有

图 1-41　COM2 终端匹配电阻跳线示意图

三、设备构件的连接实例

西门子 S7-200 PLC 在设备连接时要对其进行通信协议的设置，双击“西门子_S7200PPI”进入设备编辑窗口，检查驱动构件信息是否正确。单击 … 图标，对设备的通道属性进行设置，弹出“西门子_S7200PPI 通道属性设置”窗口，如图 1-42 所示。以 PLC 的位操作变量为例进行添加，操作如下：单击“全部删除”按钮，把系统默认的位变量删除；然后单击“增加通道”按钮添加设备通道，弹出“添加设备通道”对话框。“通道类型”选择 M 或者 V 寄存器作为输入寄存器，默认的 I 寄存器无法使用，所以全部删除；“通道地址”选为 0 地址；“数据类型”选为 0 位；“通道个数”选为 1；“读写方式”选择“读写”。完成后单击“确认”按钮，完成新添加通道的属性设置，如图 1-43 所示。

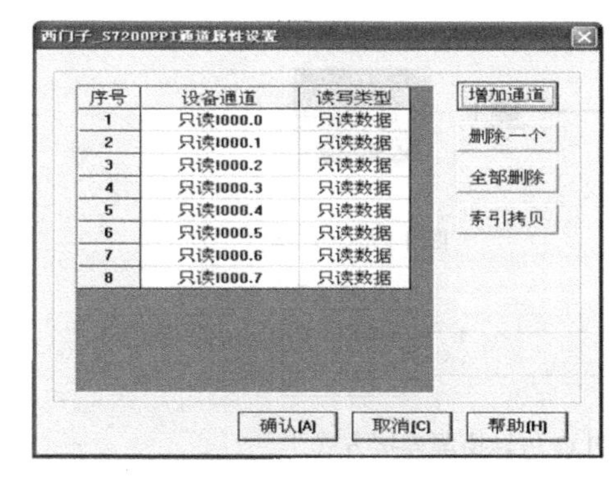

图 1-42　通道属性设置

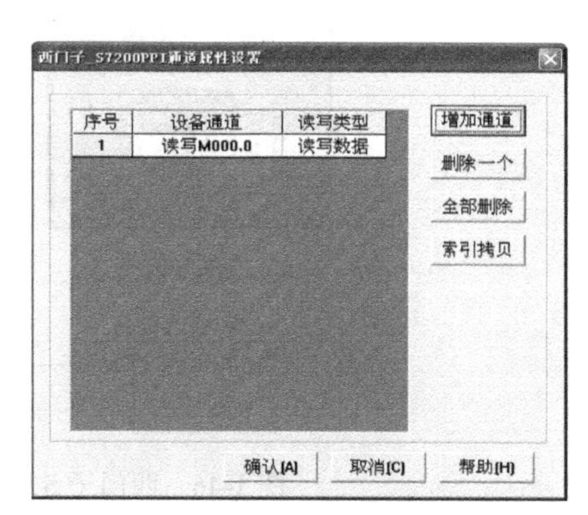

图 1-43　新添加通道的属性设置

进行通道连接：单击“快速连接变量”按钮，弹出“快速连接”对话框，选择“默认设备变量连接”后，单击“确认”按钮，如图 1-44 所示。回到设备编辑窗口查看设备变量连接情况，完成后单击“确认”按钮退出设备编辑窗口，在弹出的“添加设备对象”对话框中选择“全部添加”即完成全部操作。设备变量连接图如图 1-45 所示。

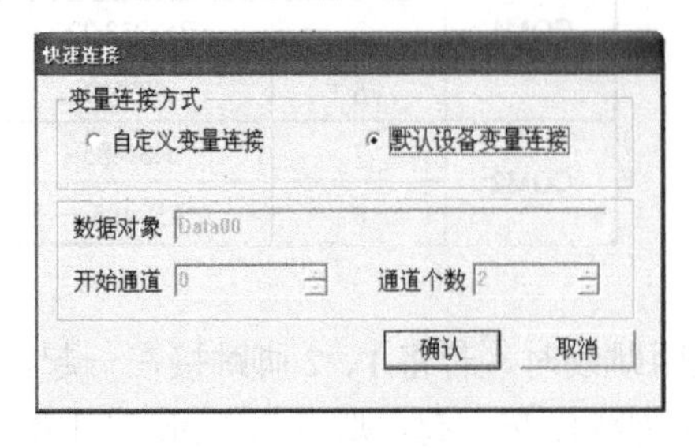

图 1-44　快速连接变量

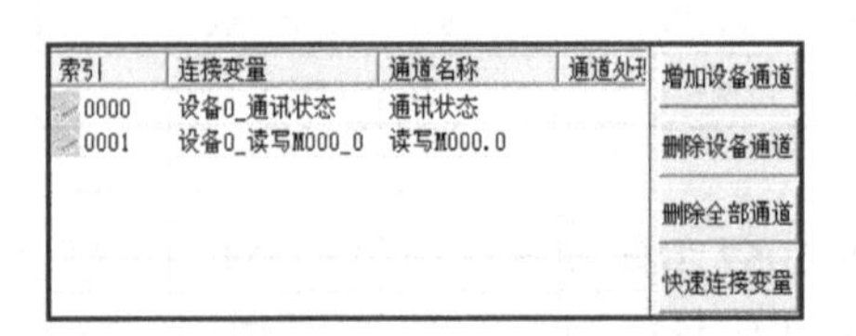

图 1-45　设备变量连接图

1. 触摸屏与西门子 PLC 设备的连接

触摸屏与西门子 PLC 设备的连接驱动构件，用于 MCGS 嵌入版组态软件读写西门子 S7-200 系列（CPU210、CPU212、CPU214、CPU215、CPU216、CPU221、CPU222、CPU224、CPU226 等型号）PLC 设备的各种寄存器的数据，其通信协议采用西门子 PPI 协议。PLC 设备地址表如表 1-3 所示。

表 1-3　PLC 设备地址表

寄存器类型	可操作范围	表 示 方 式	说　明
I	0～015.7	DDD.O	输入映像寄存器
Q	0～015.7	DDD.O	输出映像寄存器
M	0～031.7	DDD.O	中间存储器
V	0～5119.7	DDD.O	数据存储器

通信连接方式：西门子 S7-200 系列 PLC 都可以通过 CPU 单元上的编程通信口（PPI 端口）与 TPC7062 型触摸屏连接。其中 CPU224 有 2 个通信端口，都可以用来连接触摸屏；但需要分别设定通信参数。通过 CPU 直连时需要注意软件中通信参数的设定。西门子 S7-200 PLC 与触摸屏连接方式如图 1-46 所示。

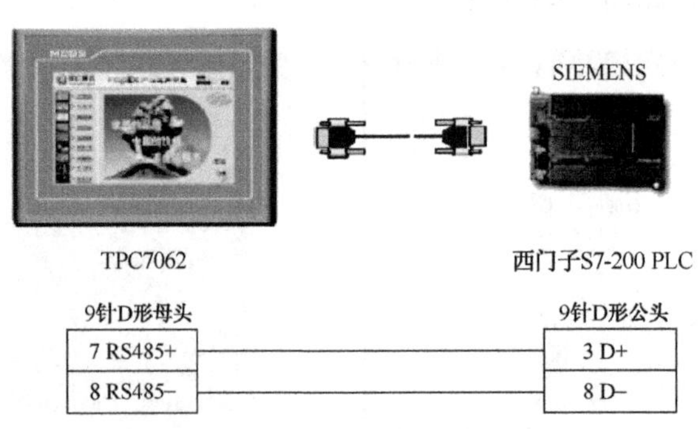

图 1-46　西门子 S7-200 PLC 与触摸屏连接方式

2. 触摸屏与欧姆龙 PLC 设备的连接

触摸屏与欧姆龙 PLC 设备的连接驱动构件，用于 MCGS 嵌入版组态软件通过 HostLink 串口读写欧姆龙 PLC 设备各种寄存器的数据，支持欧姆龙 C、CV、CS/CJ、CP 系列部分型号的 PLC，其通信协议采用欧姆龙 HostLink（C-Mode）协议。触摸屏的连接父设备设置表 1-4 所示。

表 1-4　触摸屏的连接父设备设置

参 数 项	推 荐 设 置	可 选 设 置	注 意 事 项
串口端口号	COM1	COM1/COM2/COM3/COM4	支持 RS-232 通信
通信波特率	9 600	9600/19.200/3.400/57.600/112	必须与 PLC 通信口设定相同
数据位位数	7	7/8	必须与 PLC 通信口设定相同
停止位位数	1	1/2	必须与 PLC 通信口设定相同
数据校验方式	偶校验	偶校验/奇校验/无校验	必须与 PLC 通信口设定相同

欧姆龙 PLC 连接子设备设置如表 1-5 所示。

表 1-5　欧姆龙 PLC 连接子设备设置

参 数 项	推 荐 设 置	可 选 设 置	注 意 事 项
设备地址	0	0～31	必须与 PLC 通信口设定相同
通信等待时间	200	正整数	当采集数据量较大时，设置值可适当增大

欧姆龙 PLC 设备地址范围如表 1-6 所示。

表 1-6　欧姆龙 PLC 设备地址范围

寄存器类型	可操作范围	表示方式	说　明
IR/SR	0～6143.15	DDDD.BB	内部继电器
LR	0～0063.15	DDDD.BB	链接继电器
HR	0～1535.15	DDDD.BB	保持继电器
AR	0～0959.15	DDDD.BB	辅助继电器
TC	0～4595	DDDD	定时器/计数器状态
PV	0～4595	DDDD	定时器/计数器寄存器
DM	0～9999.15	DDDD.BB	数据寄存器

通信连接方式：

（1）采用欧姆龙串口编程电缆与 PLC 的 HostLink 串口或 RS-232 扩展串口通信；

（2）采用 RS-422 方式与 PLC 的 RS-422 扩展通信板通信；

（3）欧姆龙（Omron）系列 PLC 的 RS-232 扩展串口与 TPC7062 型触摸屏的连接方式如图 1-47 所示。

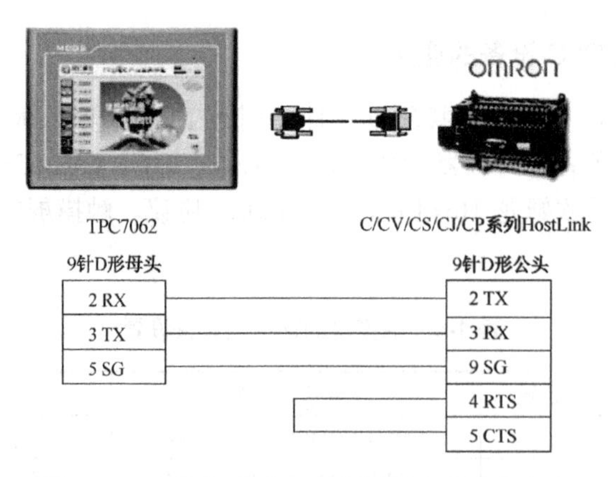

图 1-47 欧姆龙系列 PLC 与触摸屏的连接方式

3. 触摸屏与三菱 FX 系列 PLC 设备的连接

MCGS 嵌入版组态软件通过三菱 FX 系列 PLC 编程口读取三菱 FX 系列 PLC 设备的各种寄存器的数据，支持 FX0N、FX1N、FX2N、FX1S 等型号的 PLC，通信协议采用三菱 FX 编程口专有协议。三菱 FX 系列 PLC 设备的设置如表 1-7 所示。

表 1-7 三菱 FX 系列 PLC 设备的设置

参 数 项	推荐设置	可 选 设 置	注 意 事 项
设备地址	0	0～15	必须与 PLC 通信口设定相同
通信等待时间	200	正整数	当采集数据量较大时，设置值适当增大
PLC 类型	FX0N	FX0N/FX1N/FX2N/FX1S	必须与实际 PLC 类型一致

三菱 FX 系列 PLC 设备对应触摸屏组态软件的使用地址范围如表 1-8 所示。

表 1-8 三菱 FX 系列 PLC 设备地址范围

寄存器类型	可操作范围	表示方式	说 明
X	0～0377	OOOO	输入寄存器
Y	0～0377	OOOO	输出寄存器
M	0～8511	DDDD	辅助寄存器
S	0～4095	DDDD	状态寄存器
T	0～0511	DDDD	定时器触点
C	0～0255	DDDD	计数器触点
D	0～8511	DDDD	数据寄存器
TN	0～0511	DDDD	定时器值
CN	0～0255	DDDD	计数器值

三菱 FX 系列 PLC 设备与触摸屏的连接方式如图 1-48 所示。

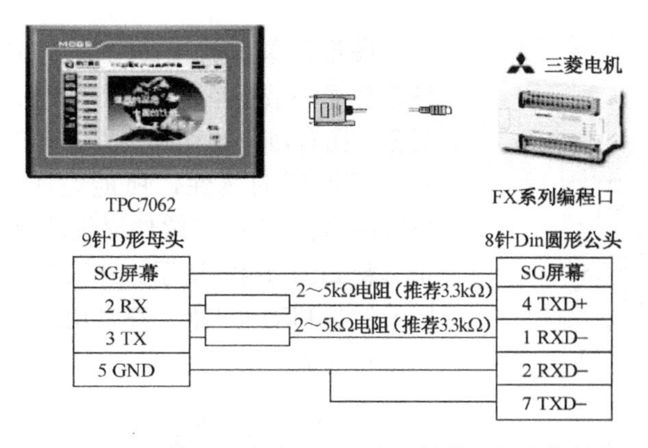

图 1-48　三菱 FX 系列 PLC 设备与触摸屏的连接方式

思考题

（1）什么是 MCGS 嵌入版组态软件设备窗口的属性设置？
（2）MCGS 嵌入版组态软件的设备窗口能够添加哪些外部设备？
（3）MCGS 嵌入版组态软件设备工具箱中有哪几种设备工具？

任务 1-5　组态软件的用户窗口

本任务课件请扫二维码 1-9，本任务视频讲解请扫二维码 1-10。

二维码 1-9

二维码 1-10

一、用户窗口概述

MCGS 嵌入版组态软件系统组态的重要工作，是用生动的图形界面、逼真的动画效果来描述实际工程问题。在用户窗口中，通过对多个图形对象的组态设置，建立相应的动画连接，可实现反映工业控制过程的动态画面。本任务介绍 MCGS 嵌入版组态软件用户窗口的基本概念，详细说明在组态环境下如何利用软件系统所提供的组态构件建立图形界面，并实现组态动画效果。

MCGS 嵌入版组态软件的用户窗口是由用户来定义的构成软件图形界面的窗口。用户窗口是组成组态软件图形界面的基本单位，所有的图形界面都是由一个或多个用户窗口组合而成的，用户窗口的显示和关闭由各种功能构件来控制实现。用户窗口相当于一个“容器”，用来放置图元、图符和动画构件等各种图形对象；通过对图形对象的组态设置来建立与实时数据库的连接，完成图形界面的设计工作。

图 1-49 绘图工具箱和常用图符工具箱

图形对象是放置在用户窗口中组成用户应用系统图形界面的最小单元，组态软件中的图形对象包括图元对象、图符对象和动画构件 3 种类型。不同类型的图形对象有不同的属性，所能完成的功能也各不相同。MCGS 嵌入版组态软件提供的绘图工具箱和常用图符工具箱如图 1-49 所示。在绘图工具箱中提供了常用的图元对象和动画构件，在常用图符工具箱中提供了常用的图符对象。

（一）图元对象

图元对象是构成图形对象的最小单元，多种图元对象的组合构成复杂的图形对象。MCGS 嵌入版组态软件为用户提供了 8 种图元对象：直线、弧线、矩形、圆角矩形、椭圆、折线或多边形、标签、位图。其中折线或多边形图元对象是由多个线段或点组成的图形元素：当起点与终点的位置不相同时，该图元对象为一条折线；当起点与终点的位置相重合时，构成一个封闭的多边形。

文本图元对象是由多个字符组成的一行字符串，该字符串显示于指定的矩形框内。位图图元对象即后缀为“.bmp”的图形文件，其中所包含的图形对象是一个空白的位图图元，组态软件要求所插入的位图图元文件的大小不大于 2 MB。

MCGS 嵌入版组态软件的图元以向量图形的格式存在，根据需要可随意移动图元的位置和改变图元的大小。对于文本图元对象，可改变显示矩形框的大小而文本字体的大小并不改变。对于位图图元对象，不仅可改变显示区域的大小，而且对位图轮廓可进行缩放处理，但位图本身的实际大小并无变化。

（二）图符对象

多个图元对象按照一定规则组合在一起所形成的图形对象，称为图符对象。图符对象是作为一个整体而存在的，可随意移动其位置和改变其大小。多个图元可构成图符，图元和图符又可构成新的图符，新的图符可以分解或还原成组成该图符的图元和图符。MCGS 嵌入版组态软件系统内部提供了 27 种常用的图符，放在常用图符工具箱中，称为系统图符。系统图符是专用的，它以一个整体参与图形的制作，还可以和其他图元或图符构成新图符。

MCGS 嵌入版组态软件提供的系统图符有平行四边形、等腰梯形、菱形、八边形、注释框、十字形、立方体、楔形、六边形、等腰三角形、直角三角形、五角星形、星形、弯曲管道、罐形、粗箭头、细箭头、三角箭头、凹槽平面、凹平面、凸平面、横管道、竖管道、管道接头、三维锥体、三维球体、三维圆环。

（三）动画构件

将工程监控作业中经常操作或观测用的一些功能性器件软件化，做成外观相似、功能相同的构件——动画构件存入 MCGS 嵌入版组态软件的“工具箱”中。动画构件供用户在图形对象组态配置时选用，以完成一个特定的动画功能。动画构件是独立的实体，它比图元和图符包含更多的特性和功能，但不能与其他图形对象一起构成新的图符。MCGS 嵌入版组态软件提供的动画构件如下：

1. 输入框构件

输入框构件的功能是接收用户从键盘输入的信息，通过组态软件合法性检查将其转换成适当的形式，赋给实时数据库中所连接的数据对象。输入框构件又作为数据输出的构件，显示所连接的数据对象的值。输入框构件是在用户窗口中提供观察和修改实时数据库中数据对象的值的窗口。

输入框构件具有激活编辑状态和不激活编辑状态两种不同的工作模式。当输入框构件处于不激活状态时，数据输出窗口将显示所连接数据对象的值，并与数据对象的变化保持同步。用鼠标单击输入框构件或按下设置的快捷键，可使输入框构件进入激活状态。当输入框构件处于激活状态时将中断数据显示，表示将在此输入框内输入数据对象所需的内容。若输入完毕并按下 Enter 键，则结束输入框激活状态，系统自动将输入的内容赋给该构件所连接的数据对象；若用户按下 Esc 键来结束激活状态，用户所输入的内容将不被赋给所连接的数据对象。结束激活状态后，输入框构件的工作模式将转入不激活状态，输入框构件内的闪烁光标也将消失，并恢复数据显示功能。

输入框构件具有可见与不可见两种状态：当指定的可见度表达式被满足时呈现可见状态，在鼠标指针经过时会呈现手形，此时用鼠标单击输入框可使它处于激活状态。当不满足指定的可见度表达式时输入框处于不可见状态，此时不能向输入框中输入信息，鼠标经过时指针形状也不变。当不指定可见度表达式，即不对可见度属性进行设置时，输入框构件处于可见状态。

2. 流动块构件

流动块构件是模拟管道内液体流动状态的动画图形，它具有流动状态和不流动状态两种工作模式，由该构件属性设置对话框中的流动属性条件表达式决定。当流动属性条件表达式被满足时，流动块处于不流动状态，显示的是管道内液体静止的状态；反之，流动块处于流动状态，将显示液体在管道内流动的状态，流动速度由系统的闪烁频率决定。流动块构件也具有显示和不显示两种状态，当指定的可见度表达式被满足时流动块构件将呈现可见的状态，否则处于不可见状态。

流动块构件组态属性设置：用鼠标双击一个流动块构件，会弹出该构件的属性设置对话框，其中包括“基本属性”“流动属性”“可见度属性”三个选项卡。

“基本属性”选项卡用来设置管道内液体流动的外观特征及流动的方向和速度等信息。其中，“流动外观”包括块的长度、块间间隔、侧边距离、块的颜色、填充颜色和边线颜色等信息；“流动方向”用来设置构件模拟液体流动时的流动方向；“流动速度”分为快、中、慢三挡，每挡的实际时间和闪烁频率相对应，在主控窗口的属性设置对话框中设置。

“流动属性”选项卡中表达式的作用是决定流动开始和停止的条件。表达式可直接输入，也可利用右侧的问号（?）按钮从显示实时数据库的表达式列表中选取。如不设置表达式，则流动块构件永远处于停止状态。

“可见度属性”选项卡用来设置表达式，决定流动块构件是否可见。表达式可直接输入，也可利用右侧的问号（?）按钮从显示实时数据库的表达式列表中选取。如不设置任何表达式，则运行时构件始终处于可见状态；当表达式非零时，指定表达式的值和构件可见度对应。

3. 百分比填充构件

百分比填充构件以长度变化的长条形图可视化地显示实时数据库中的数据对象。在百分比填充构件的中间可用数字的形式来显示当前填充的百分比。百分比填充构件具有显示和不显示两种状态，当指定的可见度表达式被满足时构件可见，否则构件不可见。利用百分比填充构件可以实现按百分比填充的动画效果。双击百分比填充构件，弹出构件的属性设置对话框，可对其基本属性、刻度与标注属性、操作属性和可见度属性进行设置。

4. 标准按钮构件

标准按钮构件用于实现 Windows 环境下的按钮功能。标准按钮构件有抬起与按下两种状态，可分别设置其动作。标准按钮构件具有可见与不可见两种显示状态：当指定的可见度表达式满足条件时，标准按钮构件将呈现可见状态；否则，处于不可见状态。在可见的状态下当鼠标指针移动到标准按钮构件上方时，将变为手形，此时可进行鼠标按键操作。如果此标准按钮构件是轻触型按钮，则鼠标指针经过时整个按钮显示为向上凸起的三维效果。组态时用鼠标双击标准按钮构件，弹出其属性设置对话框，可对其基本属性、操作属性、脚本程序和可见度属性进行设置。

5. 动画按钮构件

动画按钮构件是一种特殊的按钮构件，专用于实现类似于多档开关的效果。它与实时数据库中的数据对象相连接，通过多幅图像、文字来显示对应数据对象的值所处的范围、状态。它还接受用户的按键输入在规定的多个状态之间切换，执行一定的操作来改变关联数据对象的值。动画按钮构件具有可见与不可见两种显示状态：当指定的可见度表达式被满足时，动画按钮构件将呈现可见状态；否则，处于不可见状态。在可见状态下，当鼠标指针移动到动画按钮构件上方时将变为手形，表示可进行鼠标按键的操作。动画按钮构件由 3 部分组成：构件区域、图像、文字。选中构件区域，图像和文字也被选中；拖动构件区域并改变它的大小，图像和文字会自动移到合适的位置但是大小不改变。

6. 滑动输入器构件

滑动输入器构件是通过模拟滑块直线移动来实现数值输入的一种动画图形，完成 Windows 下的滑轨输入功能。运行时当鼠标指针经过滑动输入器构件的滑块上方时，鼠标指针变为手形，表示可以执行滑动输入操作，按住鼠标左键拖动滑块改变其位置，进而改变构件所连接的数据对象值。滑动输入器构件具有可见与不可见两种显示状态：当指定的可见度表达式被满足时，滑动输入器构件将呈现可见状态，否则处于不可见状态。组态时用鼠标双击滑动输入器构件，弹出属性设置对话框，可对滑动输入器构件的基本属性、刻度与标注属性、操作属性和可见度属性进行设置。其中，基本属性包括滑块的高度、宽度、颜色，滑轨宽度、背景颜色、填充颜色，以及滑块指向；刻度与标注属性包括主画线和次画线的数目、颜色、长度、宽度，标注文字的颜色、字体、标注间隔和标注的小数位位数，是否显示标注文字以及标注的位置；操作属性包括滑块的位置等，所对应的数据对象为数值型变量；可见度属性的设置方法和意义与输入框构件相同。

7. 旋转仪表构件

旋转仪表构件是模拟旋转式指针仪表的一种动画图形，显示所连接的数值型数据对象的值。旋转仪表构件的指针随数据对象值的变化而不断改变位置，指针所指向的刻度值即为所连接的数据对象的当前值。旋转仪表构件具有可见与不可见两种显示状态，当指定的可见度表达式被满足时呈现可见状态，否则处于不可见状态。组态时用鼠标双击旋转仪表构件，弹出其属性设置对话框，可对其基本属性、刻度与标注属性、操作属性和可见度属性进行设置。

8. 实时曲线构件

实时曲线构件是用曲线显示一个或多个数据对象的值的动画图形，就像模拟笔绘记录仪一样实时记录数据对象值的变化情况。实时曲线构件用绝对时间为横轴坐标，显示的是数据对象的值与时间的函数关系。实时曲线构件也可以使用相对时间为横轴坐标，指定表达式来表示相对时间，显示数据对象的值相对于此表达式值的函数关系。在相对时间方式下，指定一个数据对象为横轴坐标，实现记录数据对象相对于另一个数据对象的变化曲线。

组态时用鼠标双击实时曲线构件，弹出其属性设置对话框，可对其基本属性、标注属性、画笔属性和可见度属性进行设置。其中基本属性包括坐标网格的数目、颜色、线型，曲线的背景颜色，曲线窗口的边线颜色和边线线型等。

9. 历史曲线构件

历史曲线构件用来实现历史数据的曲线浏览功能，运行历史曲线构件能够根据需要画出相应历史数据的趋势效果图。

10. 报警显示构件

报警显示构件用来实现 MCGS 嵌入版组态软件的报警信息管理、浏览和实时显示的功能，它直接与 MCGS 嵌入版组态软件报警子系统相连接，将组态软件系统产生的报警事件显示给用户。报警显示构件具有可见与不可见两种显示状态，当指定的可见度表达式被满足时，将呈现可见状态，否则处于不可见状态。报警显示构件在可见状态下，所生成的列表框将系统产生的报警事件逐条显示出来。报警显示构件显示的报警信息包括报警开始、报警应答和报警结束等。组态时可通过用鼠标双击报警显示构件来激活它，使其进入编辑状态，以便对其属性进入设置。

11. 自由表格构件

自由表格构件用来实现表格功能。运行时自由表格构件的表格显示所连接的数据对象的值；对没有建立连接的表格表元，自由表格构件不改变表格表元内原有内容。用鼠标双击自由表格构件，可激活它而进入表格编辑模式，从而对其进行各种编辑工作，包括增加或删除表格的行和列，改变表格表元的高度和宽度，输入表格表元的内容等。

12. 历史表格构件

历史表格构件用来实现报表和统计功能。利用历史表格构件可以显示静态数据、实时数据库的动态数据、历史数据库中的历史记录和统计结果，从而方便、快捷地完成各种报表的显示统计和打印。历史表格构件内建有数据库查询功能和数据统计功能，可以完成各种查询和统计任务。历史表格构件显示统计结果的方式有两种：一种是对表格中其他实时表元的数据进行统计；另一种是对历史数据库中的记录进行统计，在表格的表元中连接 MCGS 嵌入版组态软件的存盘数据源，运行时动态地显示存盘数据源中存盘记录的统计结果。

13．存盘数据浏览构件

存盘数据浏览构件的功能，是通过 MCGS 嵌入版组态软件的数据变量，对数据库实现各种操作和数据浏览。存盘数据浏览构件将数据库中的数据列内的字段与 MCGS 嵌入版组态软件数据对象建立连接，通过 MCGS 嵌入版组态软件来获取和浏览数据库中的记录。在与数据库建立连接时，通过指定相应的时间及数值条件，对数据库中的记录进行过滤，将不满足条件的记录滤掉。对存盘数据浏览构件的操作命令包括在数据库中移动、查找以及修改时间条件、数值条件等，在组态工程运行时，可以通过这些命令动态地对存盘数据浏览构件进行操作。

二、用户窗口类型

在 MCGS 嵌入版组态软件工作台的“用户窗口”选项卡中组态出来的窗口，即为用户窗口。双击一个用户窗口图标，可对其进行属性设置，如图 1-50 所示。根据打开窗口方法的不同，用户窗口分为标准窗口和子窗口。

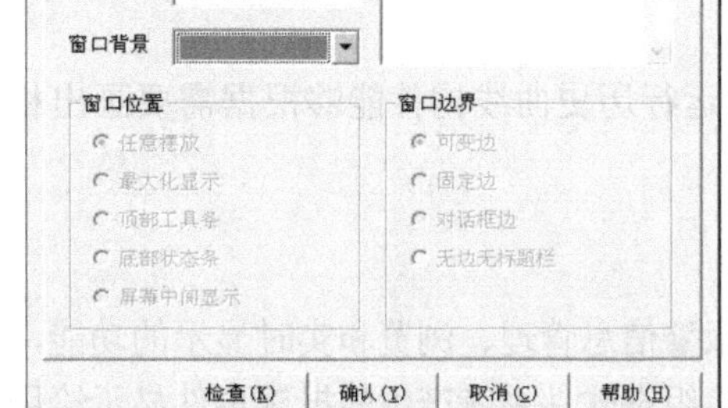

图 1-50　用户窗口的属性设置

1．标准窗口

标准窗口是最常用的窗口，主要用于显示画面、显示流程图、系统总貌以及各个操作画面等。在标准窗口中，可实现组态窗口动画构件或策略构件的打开和关闭，窗口脚本程序的编写，Windows 函数的调用，以及窗口的打开和关闭等功能；也可对标准窗口的名字、位置、可见度等属性进行设置。

2．子窗口

在组态环境中，子窗口和标准窗口一样组态；但在运行时子窗口不是用普通的打开窗口的方法打开的，而是在某个已经打开的标准窗口中使用 Open Sub Wnd 方法打开，此时子窗口就显示在标准窗口内。也就是说，子窗口是用某个标准窗口的 Open Sub Wnd 方法打开的标准窗口。

三、创建用户窗口

要创建用户窗口，可打开 MCGS 组态环境的工作台，选择“用户窗口”选项卡，单击“新建窗口”按钮，即可定义一个新的用户窗口（如“窗口 0”），如图 1-51 所示。

图 1-51　新建一个用户窗口“窗口 0”

用户窗口的操作方式与在 Windows 系统的文件操作窗口相同：以大图标、小图标、列表、详细资料四种方式显示用户窗口，也可剪切、复制、粘贴指定的用户窗口，并直接修改用户窗口的名称。

MCGS 嵌入版组态软件中用户窗口作为独立的对象存在，它的许多属性需要在组态时正确设置。选中需要设置属性的一个用户窗口，可以用下列方法之一打开“用户窗口属性设置”对话框：

（1）在“用户窗口”选项卡中单击“窗口属性”按钮；

（2）选中需要设置属性的窗口，单击鼠标右键，选择“属性”；

（3）单击工具条中的“显示属性”按钮；

（4）执行“编辑”菜单中的“属性”命令；

（5）使用快捷键 Alt +Enter；

（6）进入窗口后，双击用户窗口的空白处。

在弹出对话框后，可以对用户窗口的“基本属性”“扩充属性”“启动脚本”“循环脚本”和“退出脚本”等属性分别进行设置。

思考题

（1）什么是 MCGS 嵌入版组态软件的用户窗口？

（2）MCGS 嵌入版组态软件的用户窗口有哪些特点？

（3）MCGS 嵌入版组态软件工具箱中有哪几种制作用户窗口设计图形的工具？

任务 1-6　组态软件的实时数据库

MCGS 嵌入版组态软件的数据不同于传统意义上的数据或变量，其实时数据库不仅包含了定义变量的数值特征，还将与数据相关的其他属性（如数据的状态、报警限值等）以及对数据的操作方法（如存盘处理、报警处理等）封装在一起，以对象的形式提供服务。这种把数值、属性和方法定义成一体的数据，称为数据对象。本任务介绍 MCGS 嵌入版组态软件中数据对象和实时数据库的基本概念，从构成实时数据库的基本单元——数据对象着手，介绍构造实时数据库的操作方法，包括数据对象的定义、类型和属性设置等内容。

本任务课件请扫二维码 1-11，本任务视频讲解请扫二维码 1-12。

二维码 1-11　　二维码 1-12

一、实时数据库概述

MCGS 嵌入版组态软件用数据对象来表述系统中的实时数据，用对象变量代替传统意义上的数值变量。用数据库技术管理的所有数据对象的集合称为实时数据库。实时数据库是 MCGS 嵌入版组态软件的核心，是应用系统的数据处理中心。组态系统的各部分均以实时数据库为公用区交换数据，在实时数据库中实现彼此间的协调动作。设备窗口通过设备构件驱动外部设备，将所采集的数据送入实时数据库；由用户窗口组成的图形对象，与实时数据库中的数据对象建立连接关系，以动画形式实现数据的可视化；运行策略通过策略构件对数据进行操作和处理。MCGS 嵌入版组态软件实时数据库的作用示意图如图 1-52 所示。

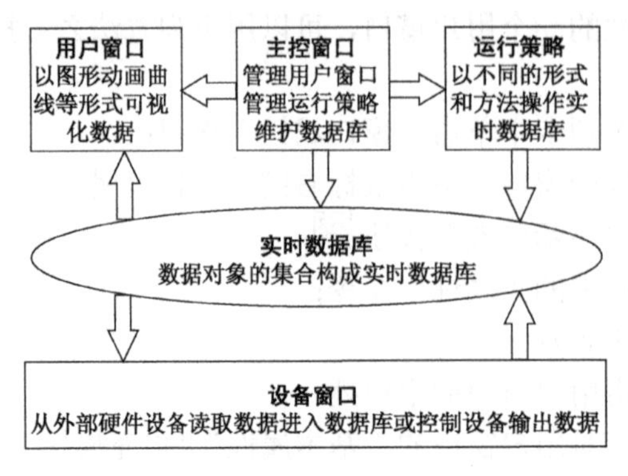

图 1-52　实时数据库的作用示意图

二、数据对象的类型

MCGS 嵌入版组态软件数据对象有开关型、数值型、字符型、事件型、组对象 5 种类型。不同类型的数据对象，其属性和用途也不同。

1. 开关型数据对象

记录开关信号（0 或非 0）的数据对象称为开关型数据对象。开关型数据对象通常与外部设备的数字量输入/输出通道连接，它表示设备当前所处的状态，或者表示 MCGS 嵌入版组态软件中某一对象的状态，如对应于图形对象的可见度状态。开关型数据对象没有工程单位、最大值、最小值属性和限值报警属性，只有状态报警属性。

2. 数值型数据对象

MCGS 嵌入版组态软件的数值型数据对象除了存放数值及参与数值运算外，还提供报警信息和外部设备的模拟量输入/输出通道连接。数值型数据对象有限值报警属性，设置下下限、下限、上限、上上限、上偏差、下偏差 6 种报警限值，当数据对象的值超过设定的限值时产生报警，当数据对象的值回到所有限值之内时结束报警。数值型数据对象的数值范围是：负数从“–3.402823E38”（即-3.402823×10^{38}）到“–1.401298E–45”（即$-1.401298\text{E}\times10^{-45}$），正数从“1.401298E–45”到“3.402823E38”。

3. 字符型数据对象

字符型数据对象是存放文字信息的单元，描述外部对象的状态特征，其值为多个字符组成的字符串，字符串长度最长可达 64 KB。字符型数据对象没有工程单位和最大、最小值属性以及报警属性。

4. 事件型数据对象

事件型数据对象用来记录和标识某种事件产生或状态改变的时间信息，如开关量的状态发生变化、用户有按键动作、有报警信息产生等。事件发生的信息可以直接从某种类型的外部设备获得，由内部对应的功能构件提供。

事件型数据对象是由 19 个字符组成的定长字符串，是用来保留当前最近事件所产生的时刻“年，月，日，时，分，秒”的数据信息。其中，“年”用 4 位数字表示，“月”“日”“时”“分”“秒”分别用 2 位数字表示，数据之间用逗号分隔。例如“1997，02，03，23，45，56”，表示该事件产生于 1997 年 2 月 3 日 23 时 45 分 56 秒。当相应的事件没有发生时，该数据对象的值固定设置为“1970，01，01，08，00，00”。事件型数据对象没有工程单位和最大、最小值属性，且没有限值报警属性，只有状态报警属性。不同于开关型数据对象，事件型数据对象所对应的事件产生一次，其报警也产生一次，且报警的产生和结束是同时完成的。

5. 组对象

组对象是 MCGS 嵌入版组态软件引入的一种特殊类型的数据对象。组对象类似于编程语言中的数组和结构体，用于把相关的多个数据对象集合在一起作为整体来定义和处理。例如，当描述循环水控制系统的工作状态有液位 1、液位 2、液位 3 等物理量时，为便于处理，定义“液位组”为一个组对象来表示“液位”这个实际的物理对象，其内部成员则由上述物理量对应的数据对象组成。在对“液位”对象进行处理（如组态存盘、曲线显示、报警显示）时，只要指定组对象的名称为“液位组”，就包含了对其所有成员的处理。

组对象是在组态过程中对某一类对象的整体表示方法，实际操作则是针对每一个成员进行。例如，在报警显示动画构件指定要显示报警的数据对象为组对象“液位组”时，构件显示的是针对组对象所包含的数据对象在运行时所产生的所有报警信息。

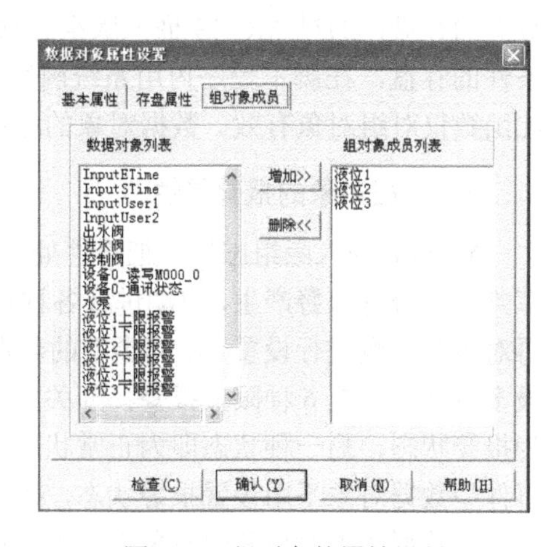

图 1-53　组对象的属性设置

组对象是单一数据对象的集合，一个数据对象可以是多个不同组对象的成员。把一个数据对象的类型定义为组对象后，还须定义组对象所包含的成员。“数据对象属性设置”对话框中专门有“组对象成员”选项卡来定义组对象的成员，如图 1-53 所示。图 1-53 中左边为所有数据对象的列表，右边为组对象成员列表；可利用“增加”按钮把左边指定的数据对象增加到组对象成员中，也可利用“删除”按钮把右边指定的组对象成员删除。

三、数据对象的属性设置

在完成数据对象的定义后，可根据实际需要设置其属性。在组态环境工作台窗口中选择“实时数据库”选项卡，从数据对象列表中选中数据对象，单击“对象属性”按钮或者双击该数据对象，则弹出图 1-54 所示的“数据对象属性设置”对话框，该对话框设有 3 个选项卡：基本属性、存盘属性和报警属性。

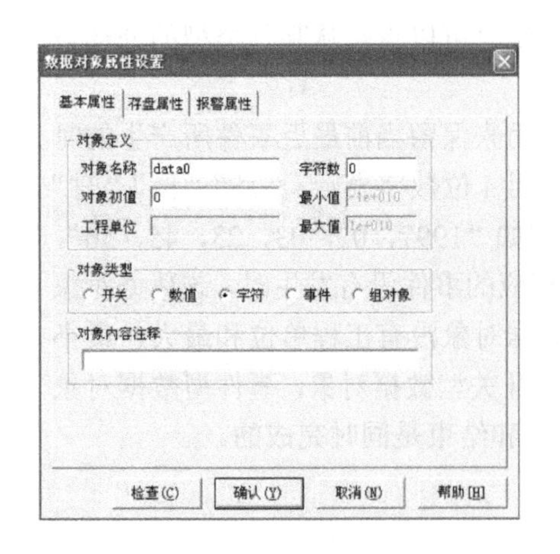

图 1-54　“数据对象属性设置”对话框

1. 数据对象的基本属性

数据对象的基本属性包含数据对象的名称、单位、初值、取值范围和类型等基本特征信息。在“基本属性”选项卡的“对象名称”栏内输入代表对象名称的字符串，字符个数不得超过 32 个（汉字 16 个），且对象名称的第一个字符不能为符号“!”“$”或数字 0～9，字符串中间不能有空格。当用户不指定数据对象的名称时系统默认为“dataX”，其中 X 为顺序索引代码（第一个定义的数据对象为 data0）。数据对象的类型必须正确设置。不同类型的数据对象及其属性内容，可根据需要设定其初始值、最大值、最小值及工程单位等。“对象内容注释”一栏用于输入说明数据对象情况的注释性文字。

2. 数据对象的存盘属性

MCGS 嵌入版组态软件中只有组对象才有存盘属性，其他数据对象没有存盘属性，对组对象只能设置为定时方式存盘。实时数据库按设定的时间间隔，定时存储组对象的所有成员在同一时刻的值。若时间间隔设为 0 s，则实时数据库不进行自动存盘处理，而用其他方式处理数据的存盘，通过 MCGS 嵌入版组态软件数据对象操作的策略构件来控制数据对象值的带有条件的存盘，在脚本程序内用系统函数“!SaveData”来控制数据对象值的存盘，组态软件中此函数仅对组对象有效。数据对象的存盘属性设置如图 1-55 所示。

3. 数据对象的报警属性

MCGS 嵌入版组态软件把报警处理作为数据对象的属性封装在数据对象内部，实时数据库判断是否有报警产生，自动进行各种报警处理。用户应该先设置“允许进行报警处理”选项，再对报警参数进行设置。不同类型的数据对象，其报警属性的设置各不相同。数值型数据对象最多可同时设置 6 种限值报警；开关型数据对象只有状态报警，按下的状态（“开”或“关”）为报警状态，另一种状态即为正常状态，当对象的值变为相应的值（0 或 1）时将触发报警；事件型数据对象不用设置报警状态，对应的事件仅产生一次报警，且报警的产生和结束是同时的；字符型数据对象和组对象没有报警属性。数据对象的报警属性设置如图 1-56 所示。

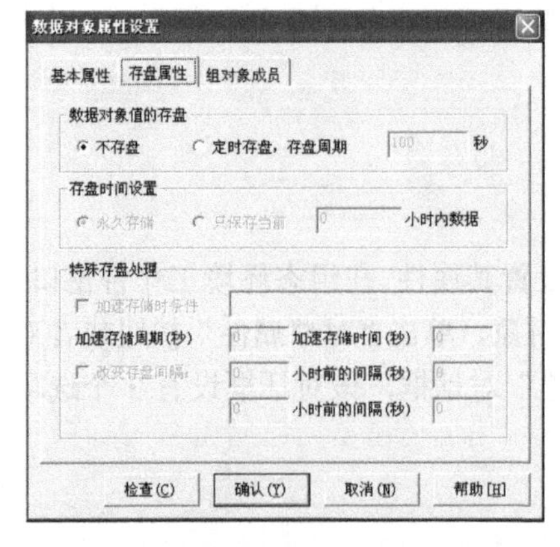

图 1-55　数据对象的存盘属性设置

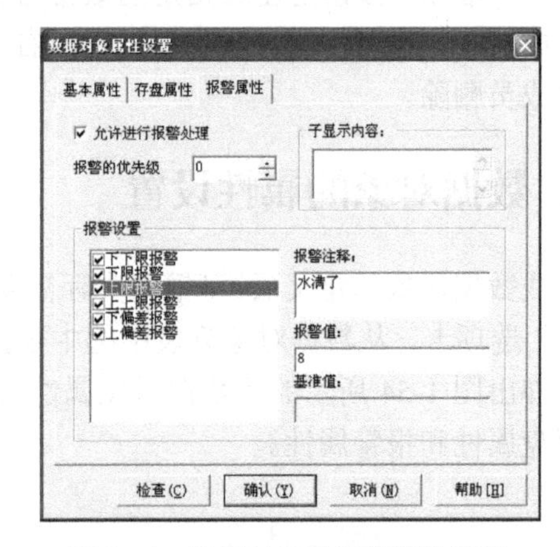

图 1-56　数据对象的报警属性设置

思考题

（1）什么是 MCGS 嵌入版组态软件的实时数据库？
（2）什么是 MCGS 嵌入版组态软件的数据对象？
（3）MCGS 嵌入版组态软件工具箱中数据对象有哪几种类型？
（4）MCGS 嵌入版组态软件中对数据对象设置的属性有哪几种？

任务 1-7　组态软件的运行策略

本任务介绍运行策略的概念和构造方法，详细说明运行策略组态的具体方法和步骤。主要内容包括：运行策略概述，运行策略的类型和构造方法，运行策略的创建及属性设置等内容。

本任务课件请扫二维码 1-13，本任务视频讲解请扫二维码 1-14。

二维码 1-13

二维码 1-14

一、运行策略概述

MCGS 嵌入版组态软件组态配置所生成的组态工程是一个顺序执行的监控系统，组态工程不能对系统的运行流程进行自由控制，而只适应简单工程项目的需要。对于复杂的组态工程监控系统，必须设计成多分支和多层循环嵌套式结构，按照预定条件对系统的运行流程及设备的运行状态进行有针对性的选择和精确控制。

MCGS 嵌入版组态软件运行策略，是用户实现对组态工程运行流程的控制而生成的一系列功能块的总称。组态软件为用户提供了进行策略组态的专用窗口和工具箱。运行策略的建立，使系统能够按照设定的顺序和条件，操作实时数据库，控制用户窗口的打开、关闭以及设备构件的工作状态，实现对系统工作过程精确控制和有序调度管理的目的。通过 MCGS 嵌入版组态软件运行策略的组态，可根据不同设计要求而组态完成大多数复杂工程项目的监控软件。

二、运行策略的构造方法

MCGS 嵌入版组态软件的运行策略由 8 种类型的策略组成，每种运行策略完成一项特定的功能，每一项功能的实现又以满足指定的条件为前提。每一个“条件-功能”实体构成策略中的一行，称为策略行，每种策略由多个策略行构成。运行策略的这种结构形式类似于 PLC 系统的梯形图编程语言，但更加图形化和面向对象化。运行策略所包含的功能比较复杂，实现过程则相当简单。

策略行中的条件部分和功能部分以独立的形式存在，条件部分为策略条件构件，功能部分为策略构件。MCGS 嵌入版组态软件提供了“策略工具箱”，用户只需从工具箱中选用标准构件，并配置到策略组态窗口内，即可创建用户所需的策略块。

三、运行策略的类型

根据运行策略的不同作用和功能，MCGS 嵌入版组态软件运行策略分为启动策略、退出策略、循环策略、报警策略、事件策略、热键策略、用户策略及中断策略。每种策略均由一系列功能模块组成。在 MCGS 嵌入版组态软件工作台的“运行策略”选项卡中，“启动策略”“退出策略”“循环策略”为系统固有的 3 个策略块，其余策略由用户根据需要自行定义。每个策略都有自己的专用名称，MCGS 嵌入版组态软件系统的各部分通过策略的名称来对策略进行调用和处理。

1. 启动策略

启动策略为系统固有策略，在 MCGS 嵌入版组态软件系统开始运行时自动被调用一次。启动策略的属性设置如图 1-57 所示。

（1）策略名称：输入启动策略的名字时，由于系统必须有一个启动策略，所以名字不能改变；

（2）策略内容注释：用于对策略加以注释。

2. 退出策略

退出策略为系统固有策略，退出 MCGS 嵌入版组态软件系统时自动被调用一次。

（1）策略名称：由于系统必须有一个退出策略，所以退出策略的名字不能改变；

（2）策略内容注释：用于对策略加以注释。

3. 循环策略

循环策略为系统固有策略，由用户在组态时创建，在 MCGS 嵌入版组态软件系统运行时按照设定的时间循环运行。用户在建立工程时可以定义多个循环策略。循环策略的属性设置如图 1-58 所示。

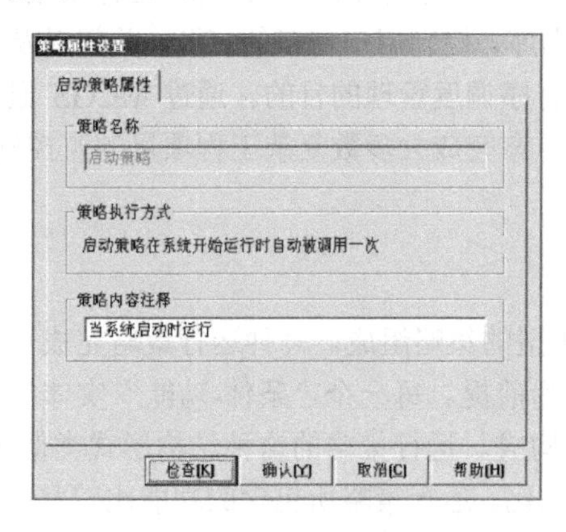

图 1-57 启动策略的属性设置

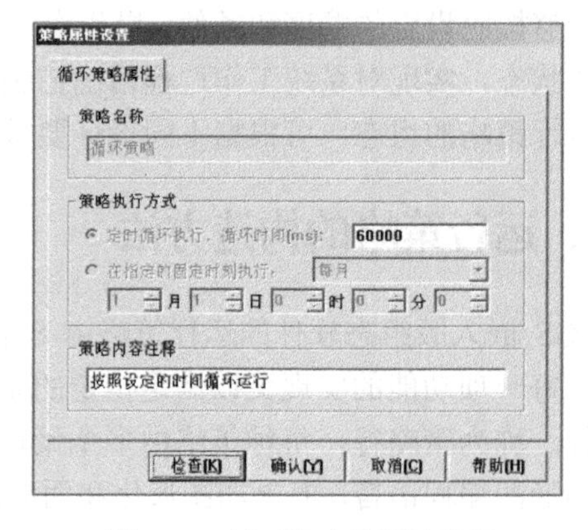

图 1-58 循环策略的属性设置

（1）策略名称：输入循环策略的名称，一个应用系统必须有一个循环策略；

（2）策略执行方式：运行策略按设定的时间间隔循环执行，直接以“ms”为单位来设置循环时间；

（3）策略内容注释：用于对策略加以注释。

4．报警策略

报警策略由用户在组态时创建，当指定数据对象的某种报警状态产生时，报警策略就会被系统自动调用一次。报警策略的属性设置如图 1-59 所示。

（1）策略名称：输入报警策略的名称。

（2）策略执行方式：

① 对应数据对象：用于与实时数据库的数据对象连接。

② 对应报警状态：对应的报警状态有 3 种，分别为：报警产生时执行一次，报警结束时执行一次，报警应答时执行一次。

③ 确认延时时间：当报警产生时，延迟一定时间后，再检查数据对象是否还处在报警状态；如果条件成立，报警策略将被系统自动调用一次。

（3）策略内容注释：用于对策略加以注释。

5．事件策略

事件策略由用户在组态时创建，当对应表达式的某种事件状态产生时，事件策略就会被系统自动调用一次。事件策略的属性设置如图 1-60 所示。

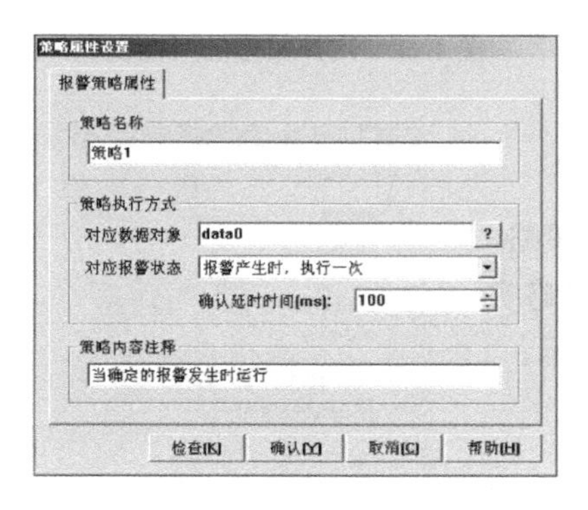

图 1-59　报警策略的属性设置

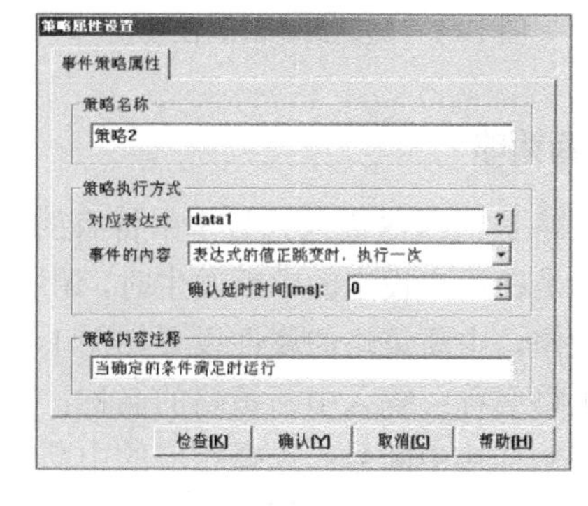

图 1-60　事件策略的属性设置

（1）策略名称：输入事件策略的名称。

（2）策略执行方式：事件的表达式所对应的事件内容有 4 种形式，即表达式的值正跳变（0 到 1）、表达式的值负跳变（1 到 0）、表达式的值正负跳变（0 到 1 再到 0）、表达式的值负正跳变（1 到 0 再到 1），“确认延时时间”用于输入延迟时间。

（3）策略内容注释：用于对策略加以注释。

6．热键策略

热键策略由用户在组态时创建，当用户按下对应的热键时执行一次。热键策略的属性设置如图 1-61 所示。

（1）策略名称：输入热键策略的名称；

（2）热键：输入对应的热键；

（3）策略内容注释：用于对策略加以注释；

（4）热键策略权限：要设置热键权限属于哪个用户组，只需单击“权限”按钮，在弹出的“权限设置”对话框中选择列表框中的工作组，即设置了该工作组的成员所拥有的操作热键权限。

7. 用户策略

用户策略由用户在组态时创建，在 MCGS 嵌入版组态软件系统运行时供系统其他部分调用。用户策略的属性设置如图 1-62 所示。

（1）策略名称：输入用户策略的名称；

（2）策略内容注释：用于对策略加以注释。

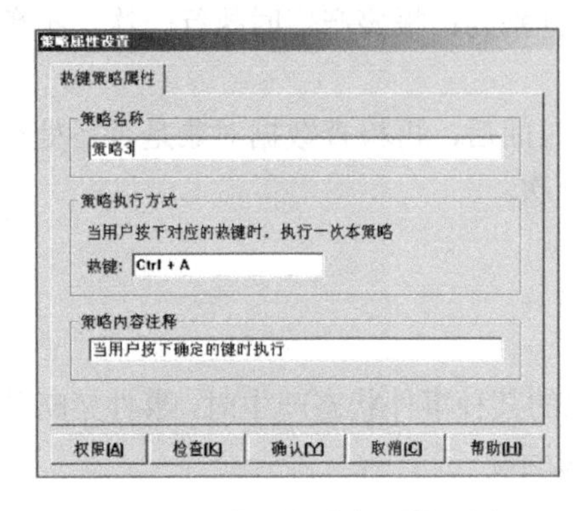

图 1-61 热键策略的属性设置

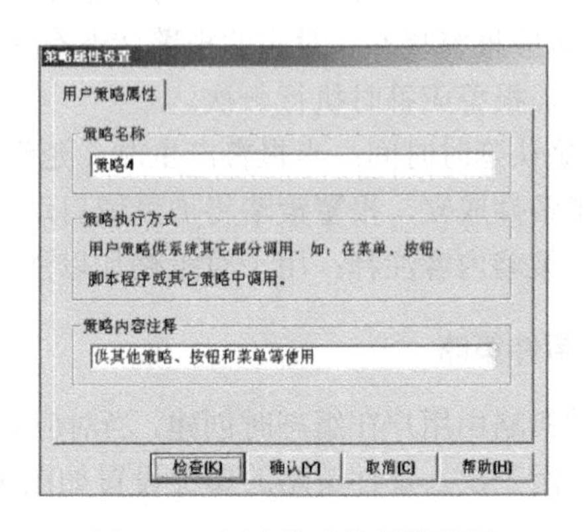

图 1-62 用户策略的属性设置

8. 中断策略

中断策略是MCGS嵌入式版本中特有的运行策略，其主要功能是在用户设定的中断发生时，调用该策略实现相应的操作。中断策略的属性设置如图 1-63 所示。

（1）策略名称：输入中断策略的名称；

（2）策略挂接中断号：选择相应的中断号；

（3）策略内容注释：对策略加以注释。

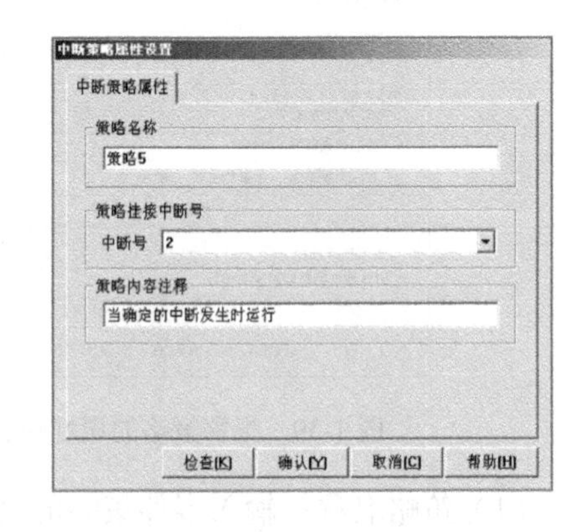

图 1-63 中断策略的属性设置

四、运行策略的创建

在组态软件工作台“运行策略”选项卡中单击“新建策略”按钮，即可新建一个用户策略块，默认名称为“策略 X”。在未做任何组态配置之前，“运行策略”选项卡中包括系统固有的 3 个策略块——启动策略、退出策略和循环策略；新建的策略块是一个空的结构框架，具体内容由用户设置。运行策略创建窗口如图 1-64 所示。

在组态软件工作台的“运行策略”选项卡中，选中一个策略块，单击工具条中的“属性”按钮，或执行“编辑”菜单中的“属性”命令，也可以单击鼠标右键再选择“属性”，或按下快捷键“Alt+Enter”，即可对用户策略属性进行设置。用户策略属性设置窗口如图 1-65 所示。

（1）策略名称：设置策略名称；

（2）策略内容注释：为策略添加文字说明。

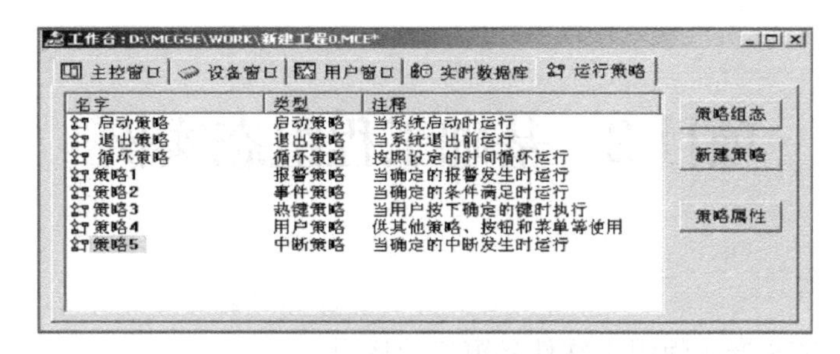

图 1-64　运行策略创建窗口

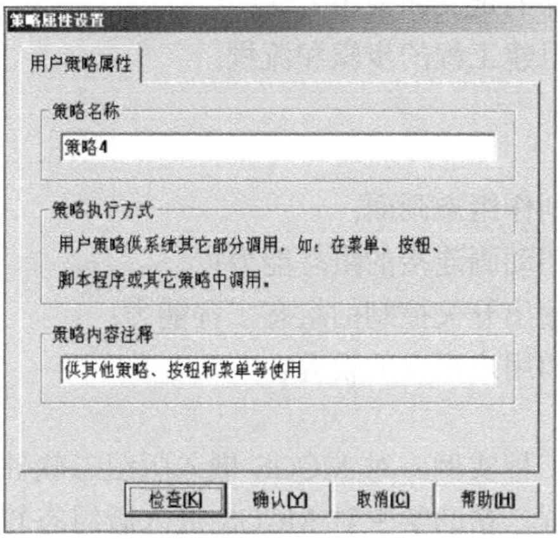

图 1-65　用户策略属性设置窗口

对于组态软件系统固有的 3 个策略块，其名称是专用名称，并且不能被系统其他部分调用，只能在“运行策略”部分中使用。其中，“循环策略”用于设置循环时间或策略的运行时刻。“运行策略”窗口中的每个策略块均为独立的实体，通过相互独立的线程来管理和实现所有策略。

思考题

（1）什么是 MCGS 嵌入版组态软件的运行策略？

（2）MCGS 嵌入版组态软件运行策略的特点有哪些？

（3）MCGS 嵌入版组态软件的运行策略如何构造？

（4）MCGS 嵌入版组态软件的运行策略有哪几种类型？

项目 2　基础工程组态实例

学习目标

- ▶ 掌握对 MCGS 嵌入版组态软件各窗口的运用；
- ▶ 熟悉定义数据变量和动画连接构件的操作流程；
- ▶ 了解相关组态元器件的定义和使用方法；
- ▶ 熟悉利用组态软件组建工程的步骤和流程。

能力目标

- ▶ 根据工程项目需求制作组态画面；
- ▶ 具备定义数据对象和动画连接的组态能力；
- ▶ 具备独立完成输入输出开关控制的组态工程能力；
- ▶ 掌握工具箱的使用和用户窗口的设置。

本项目结合触摸屏组态工程实例，对 MCGS 嵌入版组态软件的组态过程、操作方法和实现功能等环节进行全面的讲解，帮助学生对 MCGS 嵌入版组态软件的内容、工作方法和操作步骤在短时间内有一个总体的认识。通过介绍组态工程实际应用的控制开关与指示灯等输入和输出元器件所组成的窗口组态过程，以及工程样例中所涉及元器件的制作与使用等多项组态操作，讲解如何使用 MCGS 嵌入版组态软件完成组态工程。

任务 2-1　MCGS 嵌入版组态软件组建工程步骤

本任务课件请扫二维码 2-1，本任务视频讲解请扫二维码 2-2。

二维码 2-1

二维码 2-2

设计一个工程，首先要了解工程的系统构成和工艺流程，明确主要的技术要求，搞清工程所涉及的相关硬件和软件。在此基础上，拟定组建工程的总体规划和设想。比如：控制流程如何实现，需要什么样的动画效果，应具备哪些功能，需要何种工程报表，以及需不需要曲线显示等。

（1）工程项目系统分析。分析工程项目的系统构成、技术要求和工艺流程，了解系统的控制流程和监控对象的特征，明确监控要求和动画显示方式。分析工程中的设备采集及输出通道与软件中实时数据库变量的对应关系，分清哪些变量是要求与设备连接的，哪些变量是软件内部用来传递数据和动画显示的。

（2）搭建工程项目框架。建立新工程的主要内容包括：定义工程名称、封面窗口名称和启动窗口（封面窗口退出后接着显示的窗口）名称；指定存盘数据库文件的名称以及存盘数据库，设定动画的周期。在 MCGS 组态环境中，建立了由 5 部分组成的工程结构框架，其中封面窗口和启动窗口也可等到建立了用户窗口后再行建立。

（3）设计菜单基本体系。在组态过程中，对系统运行的状态及工作流程要进行有效的调度和控制，通常在主控窗口内编制菜单。编制菜单分两步进行：第一步搭建菜单的框架；第二步对各级菜单命令进行功能组态。在组态过程中，根据实际需要随时对菜单的内容进行增加或删除，不断完善工程的菜单。

（4）制作动画显示画面。动画制作分为静态图形设计和动态属性设置两个过程。前者通过 MCGS 组态软件中提供的基本图形元素及动画构件库，在用户窗口内"组合"成各种复杂的画面；后者则设置图形的动画属性，使之与实时数据库中所定义的变量建立相关的连接关系，作为动画图形的驱动源连接动画元件，实现模拟动画过程。

（5）编写控制流程程序。在运行策略窗口，从策略构件箱中选择所需的功能策略构件，构成各种功能模块，再由这些模块实现各种人机交互操作。MCGS 组态软件还为用户提供了编程用的功能构件，使用简单的编程语言，就可以编写工程控制程序。

（6）完善管理菜单功能。管理菜单包括对菜单命令、监控器件、操作按钮的功能组态，建立工程安全机制，实现历史数据、实时数据、各种曲线、数据报表、报警信息输出等功能等。

（7）编写脚本程序，调试工程。利用调试程序产生的模拟数据，检查动画显示和控制流程是否正确。

（8）连接设备驱动程序。为组态组件的外部连接设备选定与之相匹配的设备构件和连接设备通道，确定数据变量的数据处理方式并完成设备属性的设置。

（9）工程完工综合测试。测试工程各部分的工作情况，最后完成整个工程的组态工作，实施工程交接。

有些组态过程是并行设计的，看根据工程的实际需要和自己的习惯调整步骤的先后顺序，对此并没有严格的限制与规定。列出上述步骤，是为了帮助学生了解 MCGS 组态软件使用的一般过程，以便快速学习和掌握 MCGS 嵌入版组态软件。

任务 2-2　窗口目录和封面设置工程实例

本任务课件请扫二维码 2-3，本任务视频讲解请扫二维码 2-4。

二维码 2-3

二维码 2-4

一、按钮切换窗口组态设置

在计算机上打开 MCGS 嵌入版组态软件，在 Windows 桌面上单击“MCGS 组态环境”的快捷图标，进入 MCGS 嵌入版的组态环境界面。单击“文件”菜单的“新建工程”选项，打开“新建工程设置”对话框，如图 2-1 所示；在“新建工程设置”对话框中可以设置触摸屏的类型、触摸屏的分辨率大小、每个窗口的统一背景颜色，以及每个窗口组态时的网格显示与网格大小等。

在“文件”菜单中选择“新建工程”菜单项，如果 MCGS 安装在 D 盘根目录下，则会在“D:\MCGSE\WORK\”下自动生成新的工程文件，默认的工程名为“新建工程 X.MCE”（其中 X 表示新建工程的顺序号，如 0、1、2、3 等）。

（1）进入 MCGS 组态工作台后，单击“用户窗口”选项卡，在“用户窗口”中单击“新建窗口”按钮，则产生新的窗口“窗口 0”，如图 2-2 所示。

图 2-1 “新建工程设置”对话框

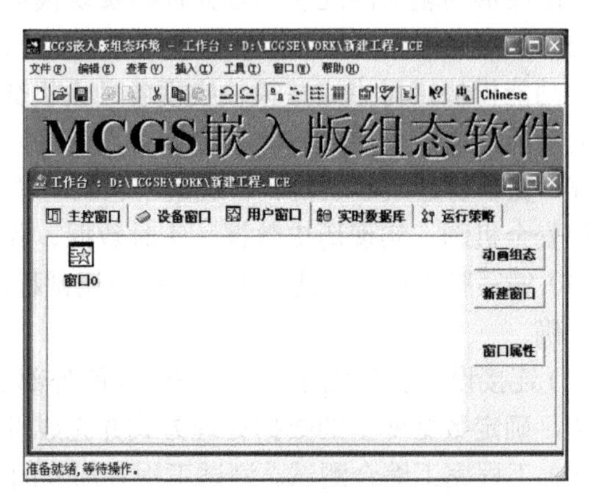

图 2-2 新建窗口

（2）选中“窗口 0”，单击“窗口属性”按钮，进入“用户窗口属性设置”对话框，如图 2-3 所示。将窗口名称改为“目录”，窗口标题改为“目录”，其他属性设置不变，单击“确认”按钮。

（3）在“用户窗口”中，选中“目录”图标，单击鼠标右键，在弹出的下拉菜单中选择“设置为启动窗口”选项，将该窗口设置为启动窗口，如图 2-4 所示。

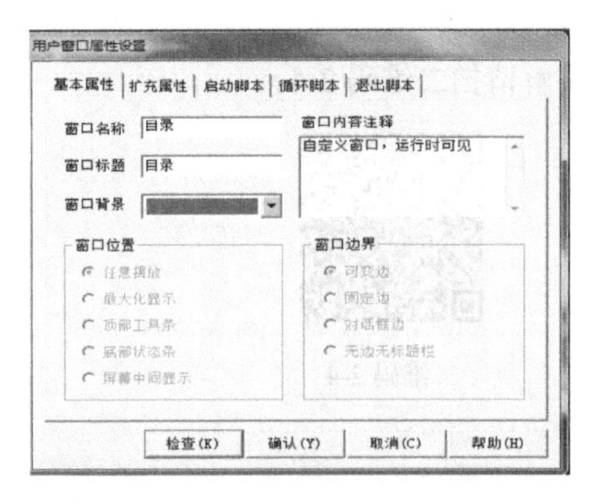

图 2-3 “用户窗口属性设置”对话框

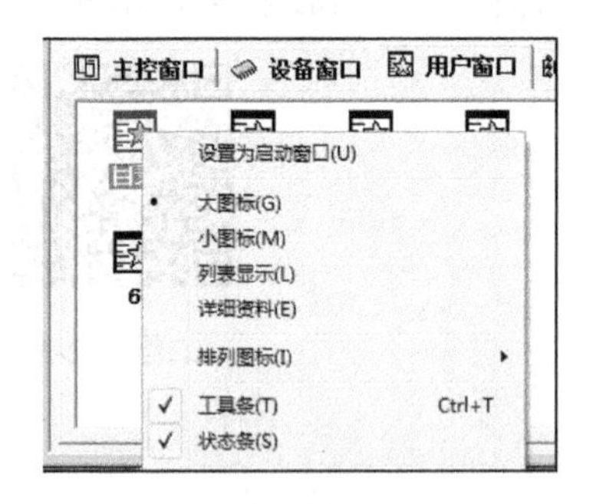

图 2-4 设置启动窗口

（4）在“目录”窗口中添加窗口背景、按钮、文字标签，如图 2-5 所示。单击工具条中的“窗口工具箱”图标，再单击“窗口工具箱”的图标，写入“目录”标签，标签动画组态属性设置如图 2-6 所示。在“属性设置”选项卡中对标签的填充颜色、边线颜色、字符颜色、边线线型进行设置，在“扩展属性”选项卡中写入标签中的“目录”的标签内容。单击“窗口工具箱”的图标，在标准按钮中改写按钮的文本显示内容，修改文字颜色以及按钮的字体、字形、文字大小等相关内容，如图 2-7 所示；字体设置如图 2-8 所示。在标准按钮属性设置窗口的“操作属性”选项卡中单击“按下功能”按钮，并勾选“打开用户窗口”复选框，选择相关的已经建立的窗口名称，如图 2-9 所示。单击“窗口工具箱”的位图图标，拖放位图框到适当位置，单击鼠标右键并选择“装载位图”，如图 2-10 所示。装载图片文件时注意 MGCS7.7 版本只支持 BMP 和 JPG 文件，并且图片的大小不能大于 2 MB，因为每个窗口的容量大小为 2 MB。装载图片成功后，用鼠标右键单击所装载的位图文件，在弹出的下拉菜单中选择“排列”→“最后面”。位图背景属性设置如图 2-11 所示。

图 2-5　“目录”窗口

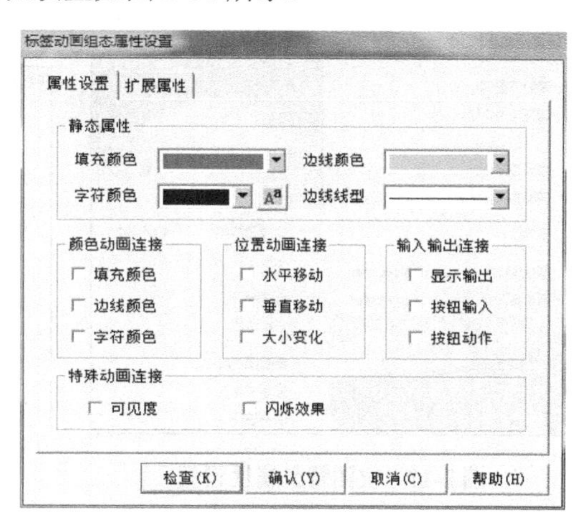

图 2-6　标签动画组态属性设置

（5）设置完成后保存文件，然后单击下载按钮，打开“下载配置”对话框，如图 2-12 所示。选择“模拟运行”后，单击“工程下载”按钮即可进入模拟运行环境。

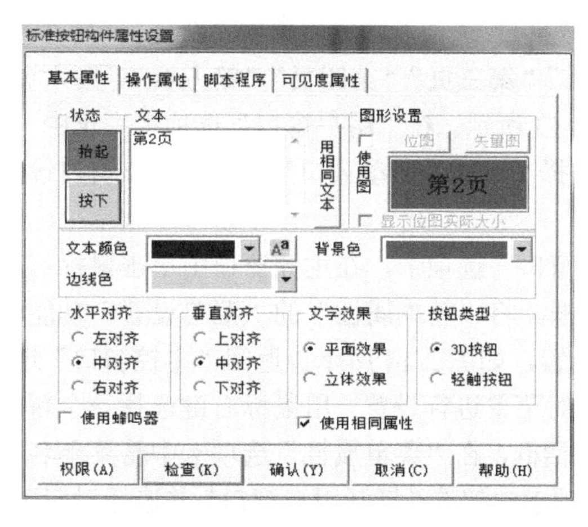

图 2-7　标准按钮基本属性设置

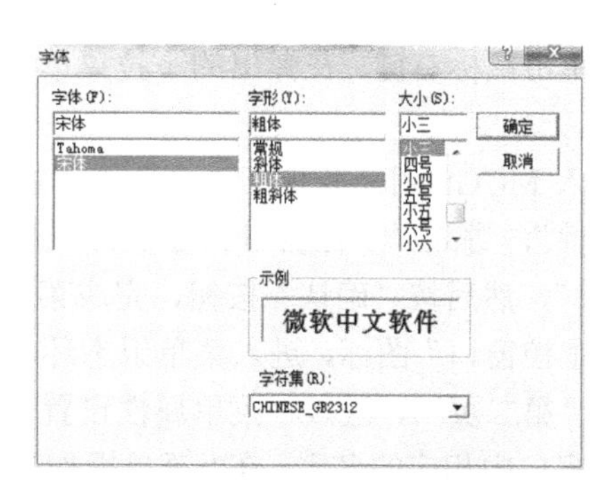

图 2-8　标准按钮字体设置

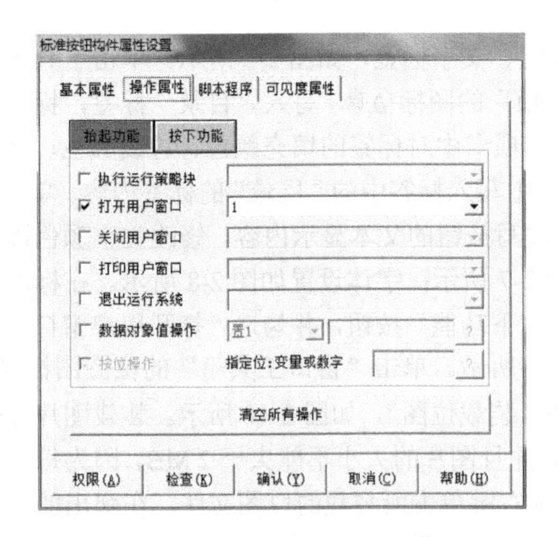

图 2-9　标准按钮操作属性设置

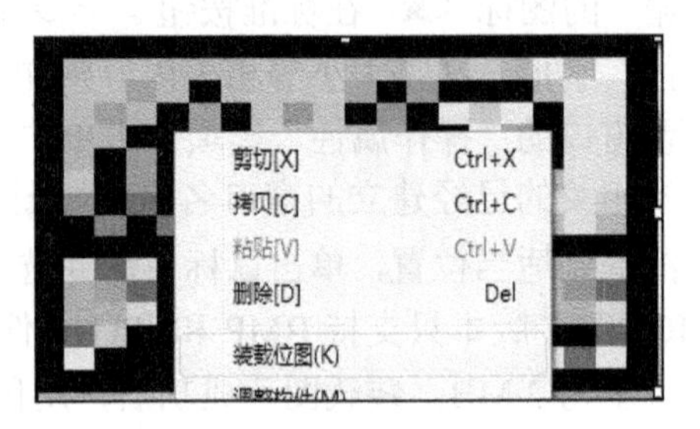

图 2-10　位图操作属性设置

图 2-11　位图背景属性设置

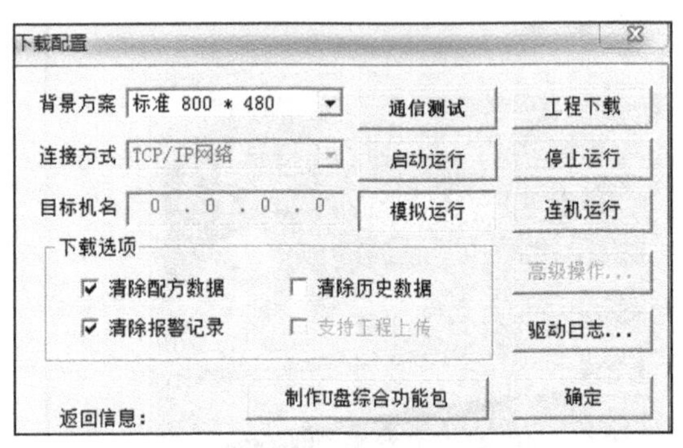

图 2-12　“下载配置”对话框

二、菜单切换窗口组态设置

打开 MCGS 嵌入版组态软件，进入组态环境界面，在“文件”菜单中选择“新建工程”菜单项，进入组态软件工作台后，单击“用户窗口”选项卡，然后单击“新建窗口”按钮建立 10 个用户窗口，分别命名为“目录”“第二页”“第三页”“第四页”“第五页”“第六页”“第七页”“第八页”“第九页”“第十页”，如图 2-13 所示。在“用户窗口”选项卡中选中“目录”图标，单击鼠标右键，在弹出的下拉菜单中选择“设置为启动窗口”选项，将该窗口设置为启动窗口。

进入 MCGS 组态软件工作台单击“主控窗口”选项卡，在主控窗口中单击鼠标右键，选择“属性”，进入“主控窗口属性设置”对话框。将“基本属性”的“菜单设置”功能修改为“有菜单”，然后按“确认”按钮，完成菜单设置，如图 2-14 所示。返回“主控窗口”选项卡，双击“主控窗口”图标，进入菜单组态环境，对菜单进行设置。用鼠标右键选择一个新增菜单项（如“第二页”），进入“菜单属性设置”对话框，在“菜单属性”选项卡中将菜单名称修改为用户窗口中相应的名字，在“菜单操作”选项卡中勾选“打开用户窗口”并选择对应菜单项，如图 2-15 所示。用同样的方法完成其他新增菜单项的设置。

组态软件对新增菜单项和已经添加的用户窗口进行统一管理。新增菜单项可通过工具栏中

的移动按钮 进行上下移动，将新增菜单项放到新增下拉菜单内，按向右移动按钮可完成操作。运行环境菜单组态设置图如图 2-16 所示。菜单切换窗口演示工程样例图如图 2-17 所示。

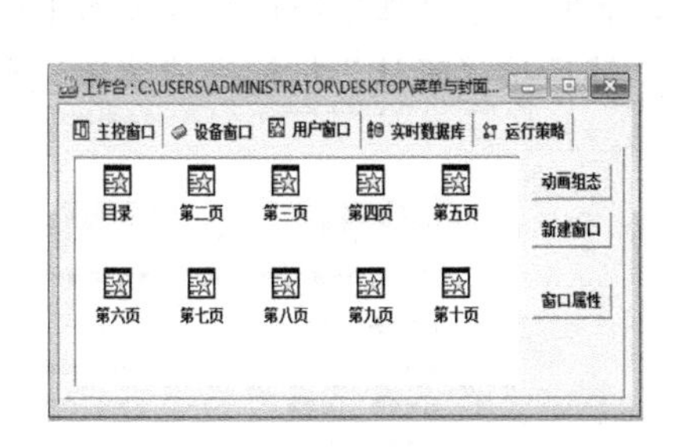

图 2-13　用户窗口建立

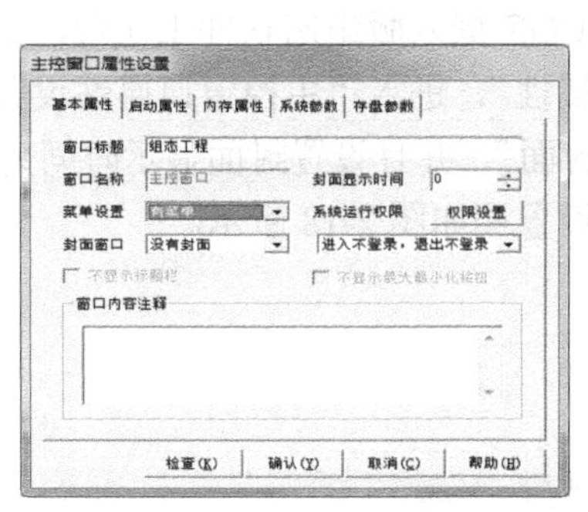

图 2-14　修改“菜单设置”功能

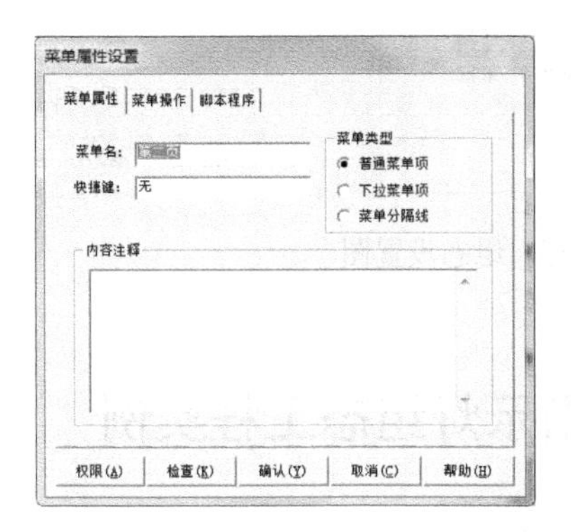

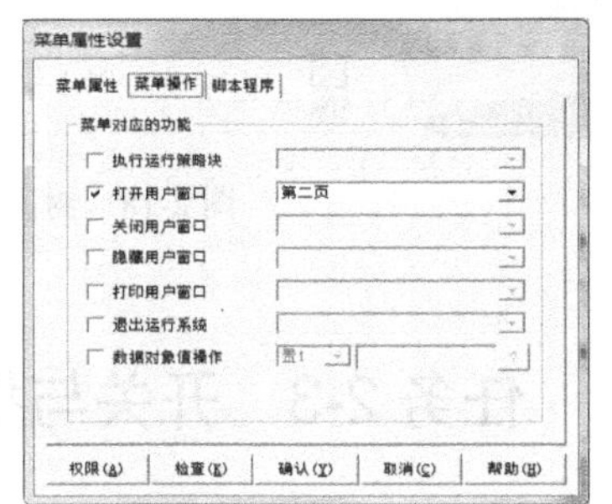

图 2-15　新增菜单项的设置

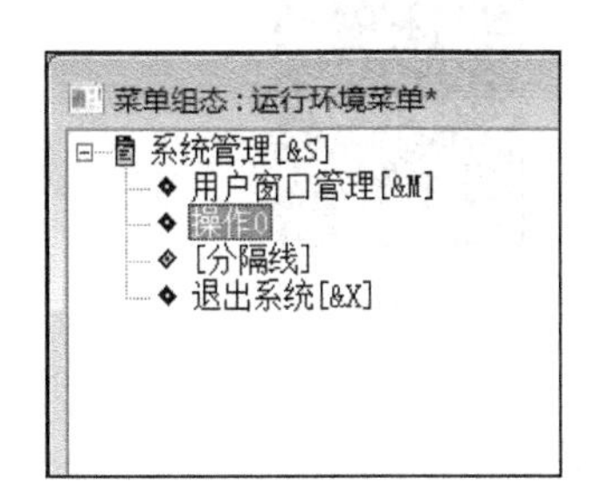

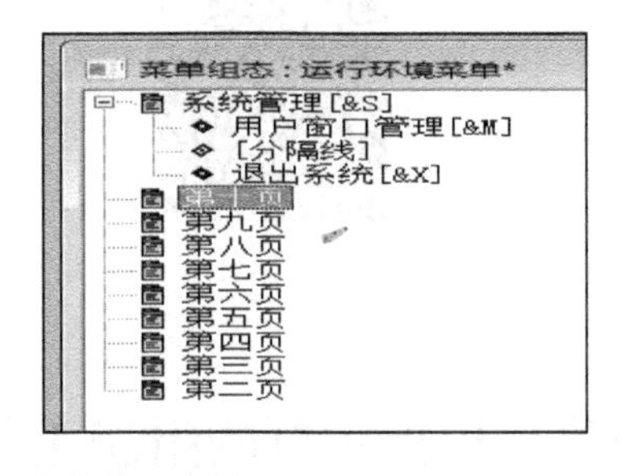

图 2-16　运行环境菜单组态设置图

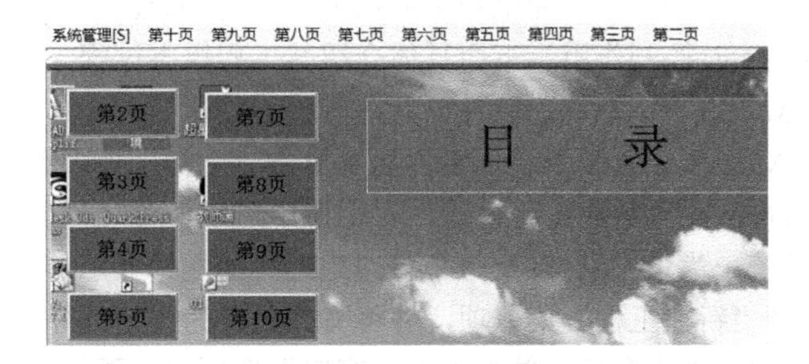

图 2-17　菜单切换窗口演示工程样例图

三、封面窗口组态设置

进入 MCGS 嵌入版组态软件工作台，单击“主控窗口”选项卡，在主控窗口单击鼠标右键，选择“属性”，进入“主控窗口属性设置”对话框。在“基本属性”选项卡中修改“封面窗口”为“封面”，并且设置封面显示时间为 3 s，然后按“确认”按钮完成菜单设置操作。封面窗口组态设置图如图 2-18 所示。

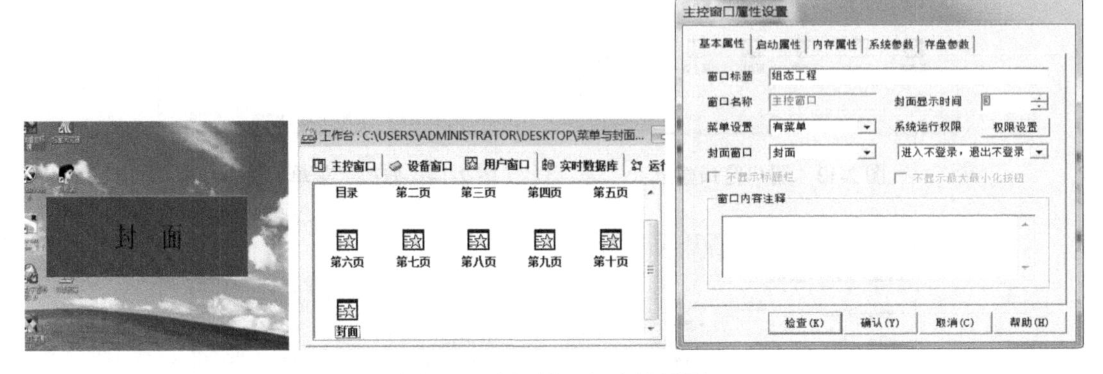

图 2-18　封面窗口组态设置图

任务 2-3　开关与指示灯组态工程实例

本任务课件请扫二维码 2-5，本任务视频讲解请扫二维码 2-6。

二维码 2-5

二维码 2-6

一、单开关与单指示灯的组态工程

单开关与单指示灯的使用在工厂配电箱中应用最为广泛，通过单个开关切换指示灯的工作状态实现对电气设备的实时控制作用。下面具体介绍其工程组态过程。

在计算机上打开 MCGS 嵌入版组态软件以后，在 Windows 桌面上单击“MCGS 组态环境”快捷图标，即可进入 MCGS 嵌入版组态环境界面。单击“文件”→“新建工程”选项，打开“新建工程设置”对话框。在“新建工程设置”对话框中可以设置触摸屏的类型、触摸屏的分辨率大小、每个窗口的统一背景颜色，以及每个窗口组态时的网格显示与网格大小设置等功能。在菜单“文件”中选择“新建工程”菜单项，并将文件另存为“开关灯”工程文件。

（1）进入 MCGS 组态工作台后，单击“用户窗口”选项卡，再单击“新建窗口”按钮，则产生新“窗口 0”。

（2）选中“窗口 0”，单击“窗口属性”按钮，进入“用户窗口属性设置”对话框，将窗口名称改为“开关灯”，窗口标题改为“开关灯”，其他属性设置不变，然后单击“确认”按钮。

（3）在用户窗口中选中“开关灯”窗口图标，单击鼠标右键并在下拉菜单中选择“设置为启动窗口”选项，将该窗口设置为启动窗口。

（4）在“开关灯”窗口中单击“窗口工具箱”的打开图标，在“对象元件库管理”列表中选择“开关”和“指示灯”，放到窗口适当位置，并用标签分别标注为“开关 1”和“灯 1”，如图 2-19 所示。单击工具条上方的工作台按钮回到工作台窗口，单击“实时数据库”选项卡进行变量设置，如图 2-20 所示。单击“新增对象”按钮打开“数据对象属性设置”对话框，“对象名称”设为“开关 1”，“对象初值”设为 0，“对象类型”选为“开关”，开关数据设置如图 2-21 所示。开关数据设置完成后，回到“开关灯”窗口中，双击“开关 1”打开“单元属性设置”对话框，单击“数据对象”选项卡中“按钮输入”后面的问号，选择变量“开关 1”，然后单击“确认”按钮完成设置，如图 2-22 所示。注意：如果出现“@开关量”，则为错误连接，此时应把“@开关量”删除后再连接变量。当前选择的开关也有指示灯作用，只要它是在当前按钮“可见度”后面的数据变量所连接的相关变量，就可以实现指示灯作用。“灯 1”的设置同开关一样，只要在“可见度”后面的数据变量是所连接的相关变量，就可以实现指示灯作用。

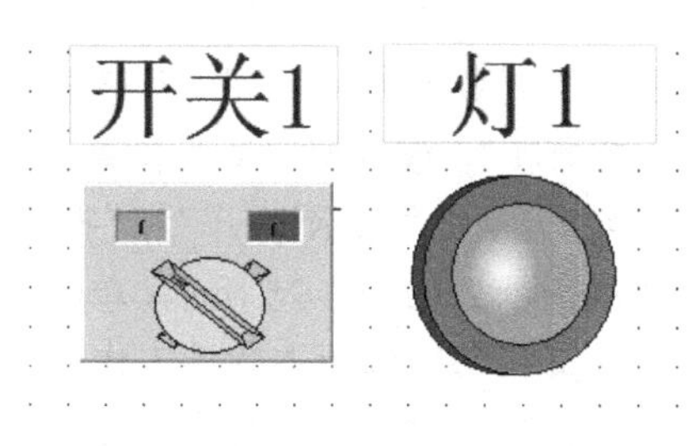

图 2-19　单开关和单指示灯

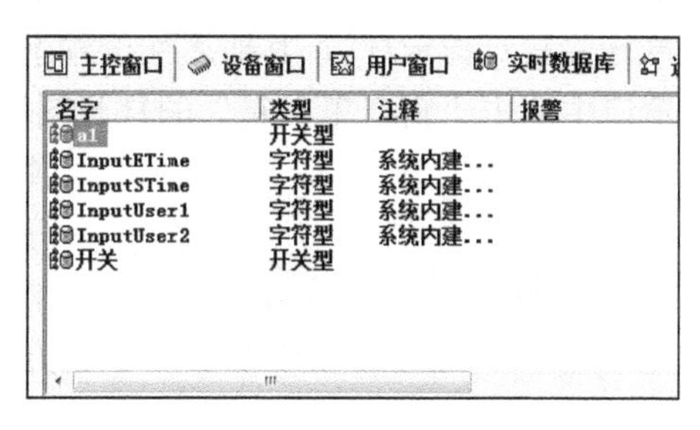

图 2-20　实时数据库窗口

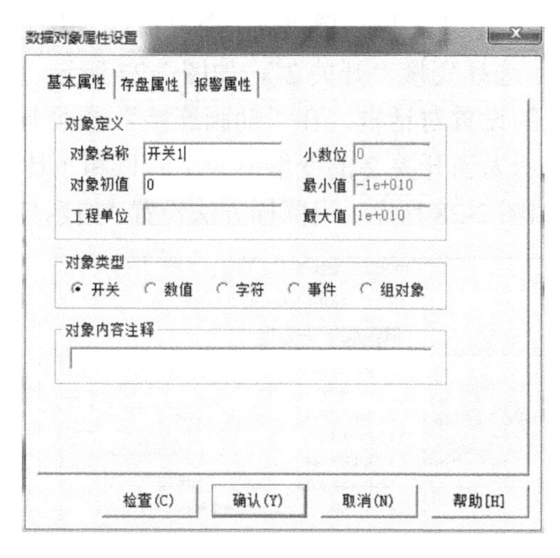

图 2-21　开关数据设置

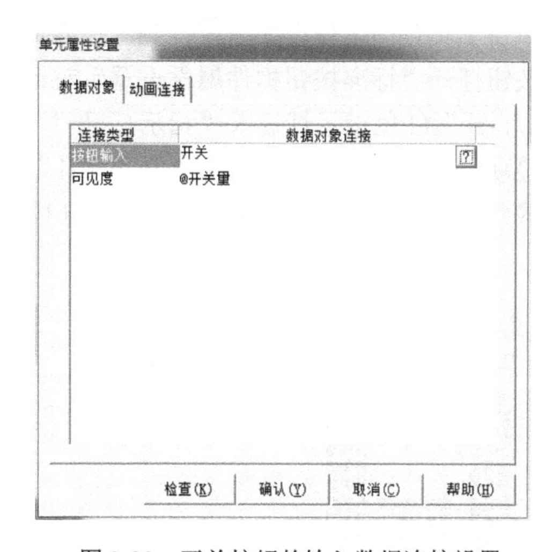

图 2-22　开关按钮的输入数据连接设置

（5）设置完成后保存文件，然后单击下载按钮，打开“下载配置”对话框，如图 2-23 所示。选择“模拟运行”后，单击“工程下载”，进入模拟运行环境，进行“开关灯”

工程文件的调试。“开关灯”窗口最终模拟图如图2-18所示。

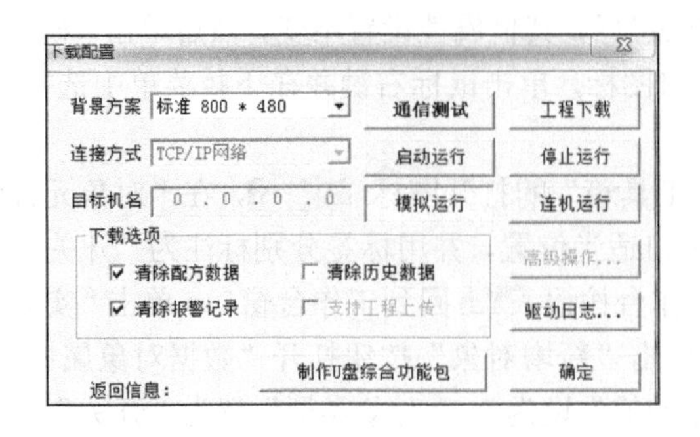

图2-23　“下载配置”对话框

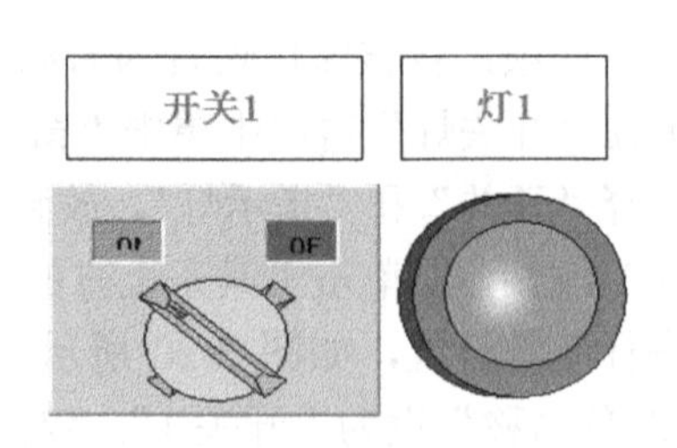

图2-24　“开关灯”窗口最终模拟图

二、单开关与双指示灯的组态工程

单开关与双指示灯的使用在工厂配电箱中经常使用，可实现2个指示灯分别显示“运行”和“停止”2个状态，方便操作人员更直观地检测设备工作状态。下面具体介绍工程组态过程。

进入组态软件工作台后单击“用户窗口”选项卡，再单击“新建窗口”按钮，将窗口名称修改为“单开关与双指示灯”，其他属性设置不变，然后单击“确认”按钮。在“单开关与双指示灯”窗口中单击“窗口工具箱”的打开图标，在“对象元件库管理”列表中选择“开关”和“指示灯”，放到窗口适当位置，并用标签分别标注为“开关”“指示灯-开”和“指示灯-关”。单开关与双指示灯如图2-25所示。单击工具条上方的工作台按钮回到组态软件工作台，选择“实时数据库”选项卡进行实时数据库变量设置，如图2-26所示。

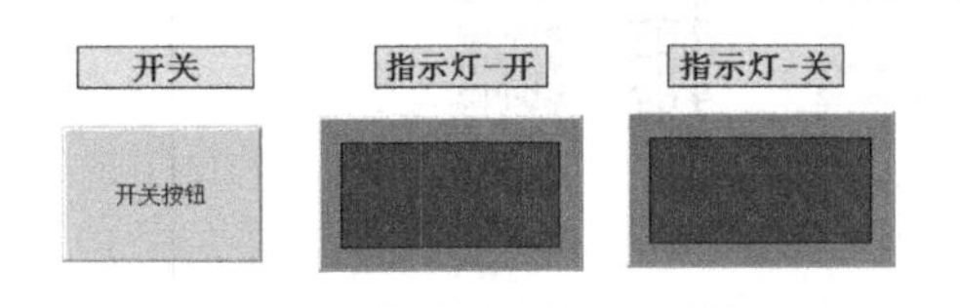

图2-25　单开关与双指示灯

单击工具条的工作台按钮回到工作台，打开“单开关与双指示灯”用户窗口。双击“开关”按钮打开“标准按钮构件属性设置”对话框，选择变量“开关2”，如图2-27所示。双击“指示灯-开”红色指示灯进入“指示灯-开”变量的设置对话框，在“动画连接”选项卡中选择标签项，在连接表达式中输入“开关2=1”，表示为当开关2的变量值为1时以和1比较的表达式判断结果作为显示结果。运行指示灯设置如图2-28所示。用同样方法设置“指示灯-关”

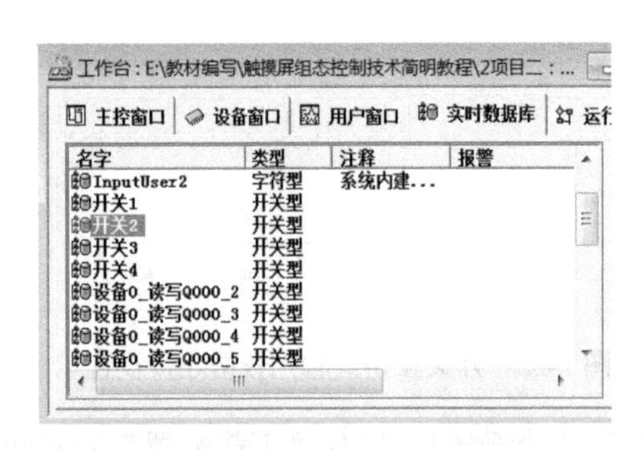

图2-26　实时数据库窗口变量设置

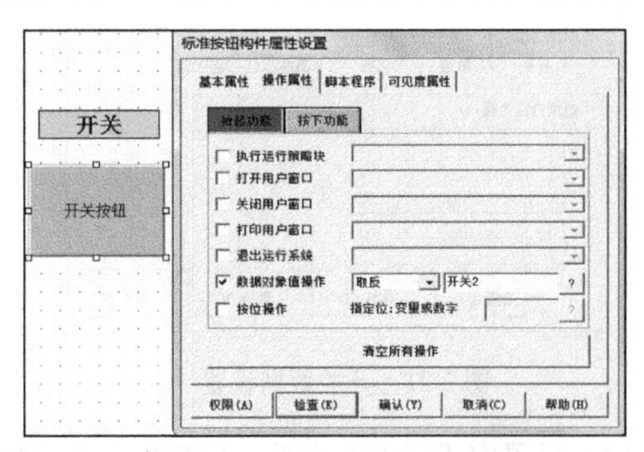

图2-27　开关按钮属性设置

绿色指示灯，在“动画连接”选项卡中选择标签项，在连接表达式中输入“开关 2=0”，表示当开关 2 的变量值为 0 时以和 0 比较的表达式判断结果作为显示结果。停止指示灯设置如图 2-29 所示。至此，完成单开关与双指示灯的设置。

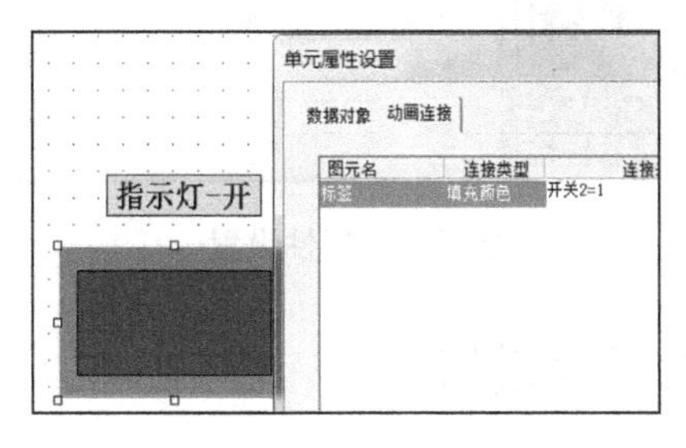

图 2-28　运行指示灯设置

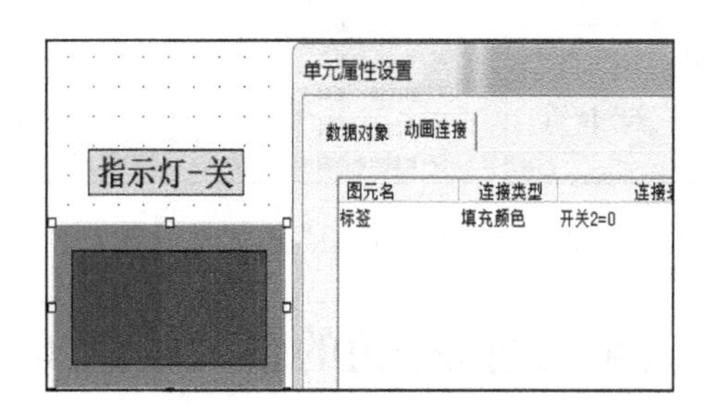

图 2-29　停止指示灯设置

三、双开关与单指示灯的组态工程设置

双开关与单指示灯作为工厂重要的设备控制方式，可实现专用启停开关控制设备的操作。操作开关按钮分为“开-按钮”和“关-按钮”，分别单独控制设备，以防设备操作失误，并通过一个指示灯显示其状态，方便操作人员检测设备工作状态。下面具体介绍工程组态过程。

进入组态软件工作台，单击“用户窗口”选项卡，再单击“新建窗口”按钮，将窗口名称修改为“双开关与单指示灯”，其他属性设置不变，然后单击“确认”按钮。在“双开关与单指示灯”窗口中单击“窗口工具箱”的打开图标，在“对象元件库管理”列表中选择“开关”和“指示灯”，放到窗口适当位置，并用标签分别标注为“开”“关”和“指示灯”，如图 2-30 所示。

在用户窗口中单击工具条的工作台按钮回到工作台，打开“双开关与单指示灯”窗口。双击“开-按钮”，打开其属性设置对话框，对其操作属性进行设置，“数据对象值操作”选为“置 1”，选择变量“开关 3”，然后单击“确认”按钮完成“开-按钮”的属性设置，如图 2-31 所示。双击“关-按钮”打开属性设置对话框，对其操作属进行设置，“数据对象值操作”选为“清 0”，选择变量“开关 3”，然后单击“确认”按钮完成“关-按钮”的属性设置，如图 2-32 所示。双击指示灯进入“单元属性设置”对话框，在“动画连接”选项卡中选择标签项，在连接表达式中输入“开关 3”，单击“确认”按钮完成指示灯的属性设置，如图 2-33 所示。

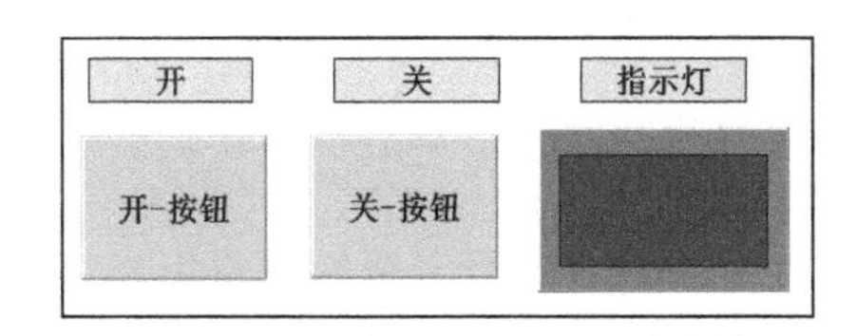

图 2-30　双开关与单指示灯

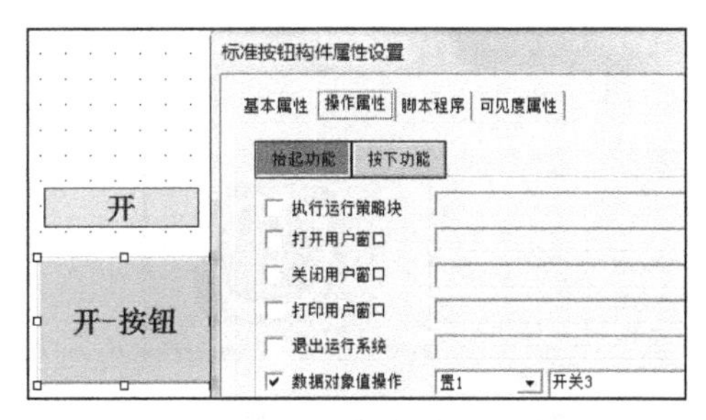

图 2-31　“开-按钮”的属性设置

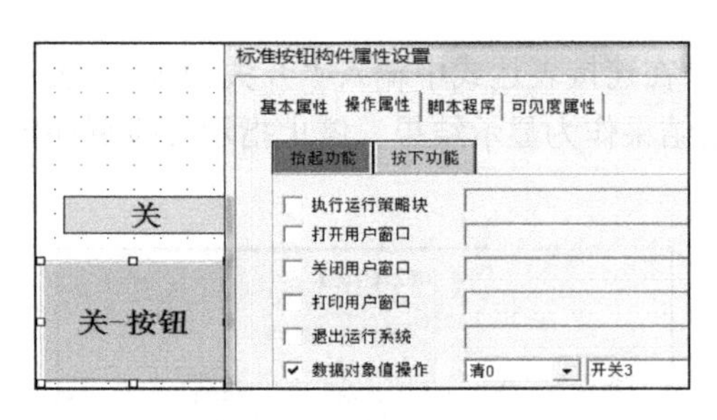

图 2-32 “关-按钮”的属性设置

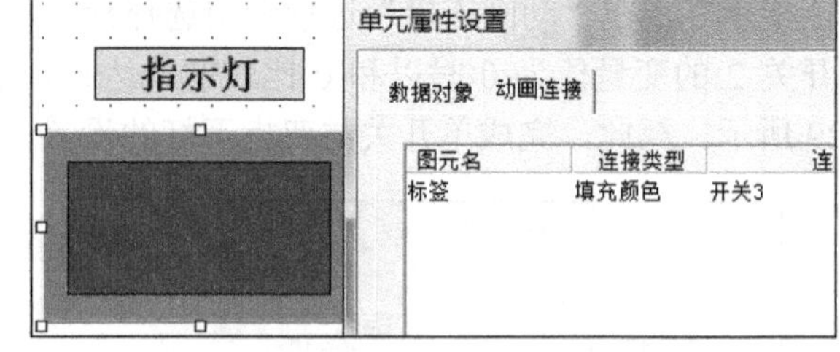

图 2-33 指示灯的属性设置

四、动画按钮的输入输出（I/O）组态工程设置

动画按钮在组态软件中作为输入输出设置的常用构件，其特点是设置变量可实现数值量和开关量的操作，并显示不同分段点的设备工作状态。下面对动画按钮的输出显示设置和输入显示设置分别进行介绍。

1. 动画按钮的输出显示设置

进入组态软件工作台，选择“用户窗口”选项卡，单击“新建窗口”按钮新建“窗口 0”，将窗口名称修改为“动画按钮”。在“用户窗口”选项卡中选中“动画按钮”图标，单击鼠标右键，在下拉菜单中选择“设置为启动窗口”选项，将该窗口设置为启动窗口。在“动画按钮”窗口中单击“窗口工具箱”的图标 打开动画按钮，将其放到窗口适当位置作为输入构件；在“窗口工具箱”中单击图标 打开输入框，将其放到窗口适当位置作为输出构件，并用标签标注为“1-动画按钮-输出功能”。动画按钮输出功能窗口如图 2-34 所示。单击工具条工作台按钮 回到工作台，进入实时数据库进行变量设置，单击“新增对象”按钮打开“数据对象属性设置”对话框，“对象名称”设为“数值 1”，“对象初值”设为 0，“对象类型”选为“数值型”。设置完成后回到“动画按钮”窗口，双击输入框打开“属性设置”对话框，单击“数据对象”中的“操作属性”选项卡，选择变量“数值 1”，然后单击“确认”按钮完成设置。双击动画按钮进入属性设置界面，单击“变量属性”选项卡，选择显示变量为“开关，数值型”，选择变量连接为“数值 1”，完成变量连接，如图 2-35 所示。

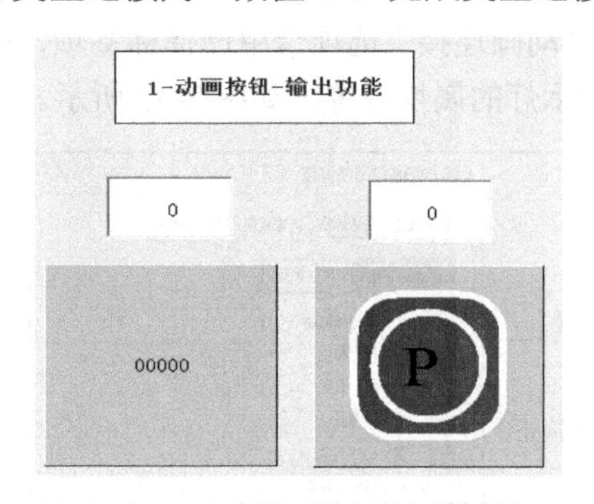

图 2-34 动画按钮输出功能窗口

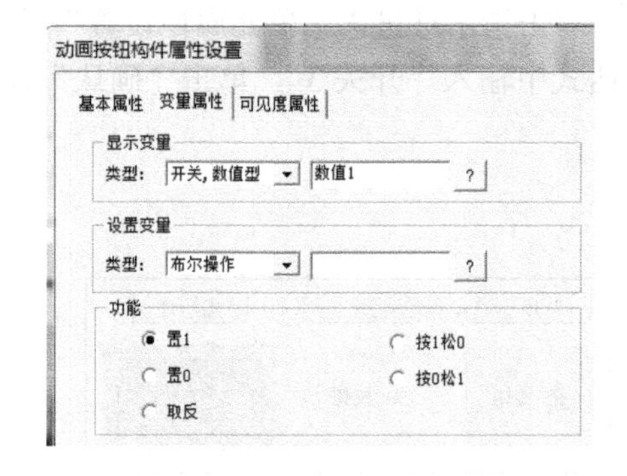

图 2-35 动画按钮变量连接

动画按钮构件的基本属性设置如图 2-36 所示。按照显示需要选择分段点的个数，单击“增加”按钮改变分段点个数，并且修改分段点的名字为 0、1、2、3、4。动画按钮构件每个分段点包括文字和外形两部分，本样例介绍的 2 个动画按钮构件实例把文字和外形分开显示，制作

显示文字内容的动画按钮时需要删除每个分段点的外形内容，制作显示外形内容的动画按钮时需要删除每个分段点的文字内容，以避免动画按钮运行时文字和外形重叠显示而效果不佳的问题。特别说明：当添加外形时可以从元件库内选择外形功能框内的“增加”按钮，选择位图或矢量图，其中矢量图为元件库内容的图形样式。

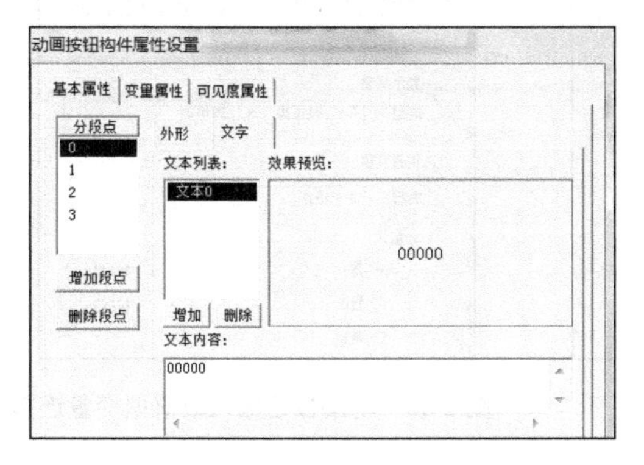

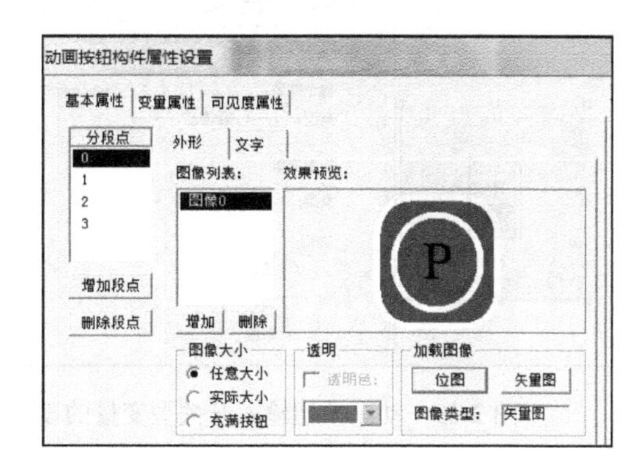

图 2-36　动画按钮基本属性设置

2. 动画按钮的输入显示设置

动画按钮的输入分为开关型和数值型的变量。下面分别以不同的样例讲解组态动画按钮的输入设置。在“动画按钮”窗口中单击“窗口工具箱”的图标 打开动画按钮，选择 2 个动画按钮放到窗口适当位置作为输入构件，用标签标注为“2-动画按钮-输入功能”。动画按钮输入功能窗口如图 2-37 所示。单击工具条中的按钮 回到工作台，进入实时数据库进行变量设置。单击“新增对象”按钮打开“数据对象属性设置”对话框，分别建立 2 个变量。其中一个变量对象名称”设为“数值 2”，“对象初值”设为 0，“对象类型”选为“数值型”；另一个变量对象名称设为“开关 4”，“对象初值”设为 0，“对象类型”选为“开关型”。设置完成后回到“动画按钮”窗口。

动画按钮输入开关型变量的设置：选取“2-动画按钮-输入功能”标签，将输出框连接“开关 4”变量，如图 2-38 所示。双击动画按钮，打开属性设置对话框，单击“变量属性”选项卡，“设置变量”的类型设为“布尔操作”，变量选为“开关 4”，然后单击“确认”按钮。动画按钮输入开关型变量的设置如图 2-39 所示。

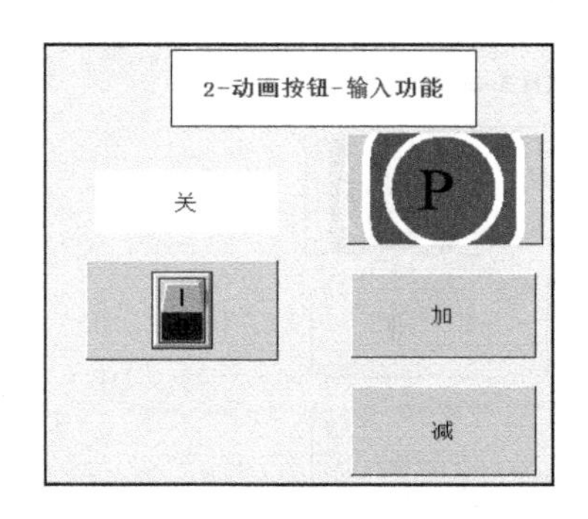

图 2-37　动画按钮输入功能窗口

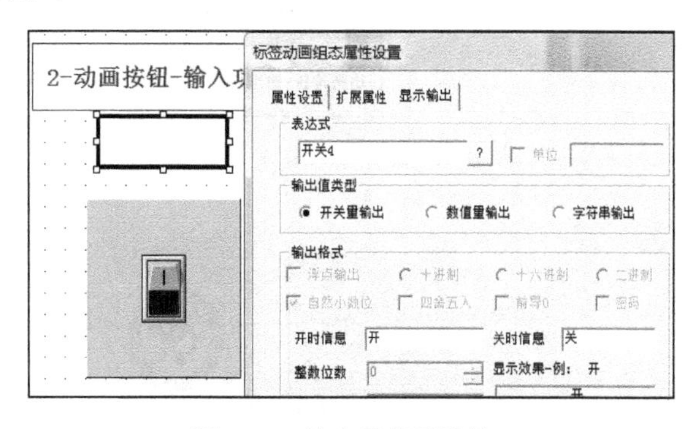

图 2-38　输出框变量连接

动画按钮输入数值型变量的设置：选取“2-动画按钮-输入功能”标签，将输出框连接“数值 2”变量，如图 2-40 所示。在“动画按钮构件属性设置”对话框中单击“变量属性”选项卡，“设置变量”类型修改为“数值操作”，变量值改为“数值 2”，在功能选项中选择“加”和“减”进行设置，完成动画按钮输入数值型变量的设置，如图 2-41 所示。

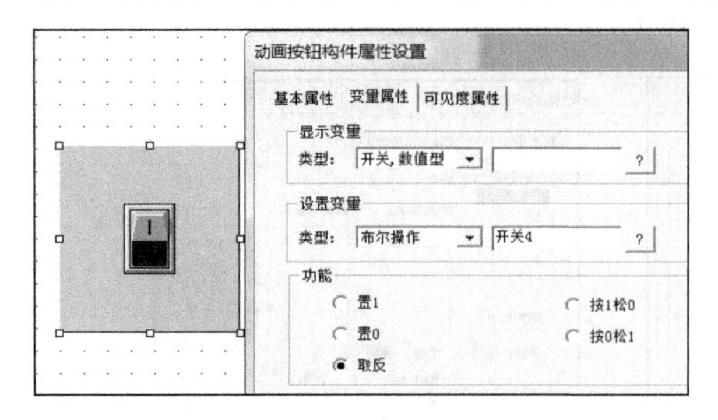

图 2-39　动画按钮输入开关型变量的设置

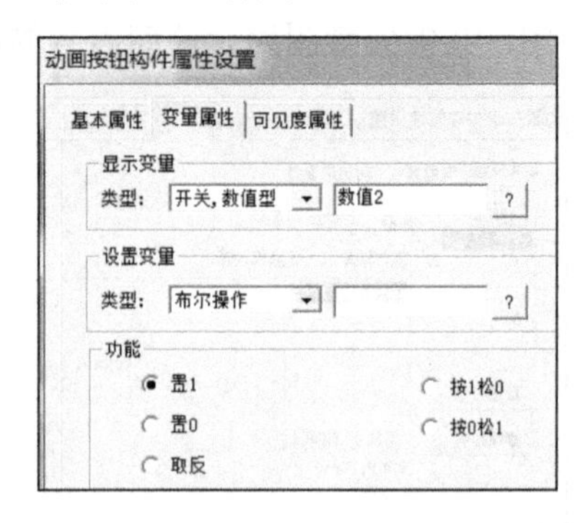

图 2-40　动画按钮输入数值型变量连接

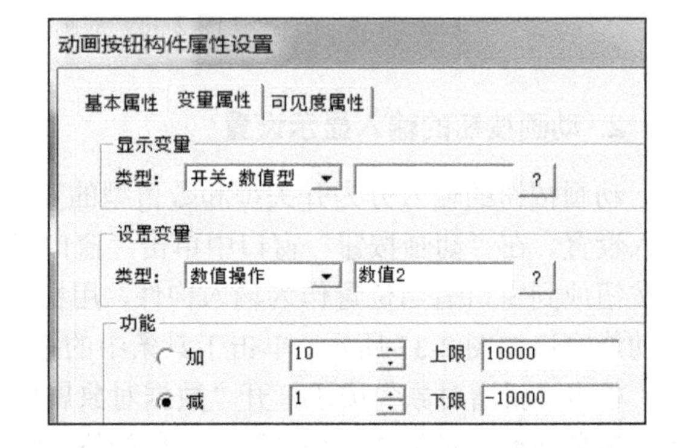

图 2-41　动画按钮输入数值型变量的设置

动画按钮的输入和输出显示功能设置完成后，进入工程下载的模拟仿真运行模式，检查动画按钮的输入和输出显示功能是否完成 5 个分段点的输入和输出显示功能。动画按钮的模拟仿真图如图 2-42 所示。

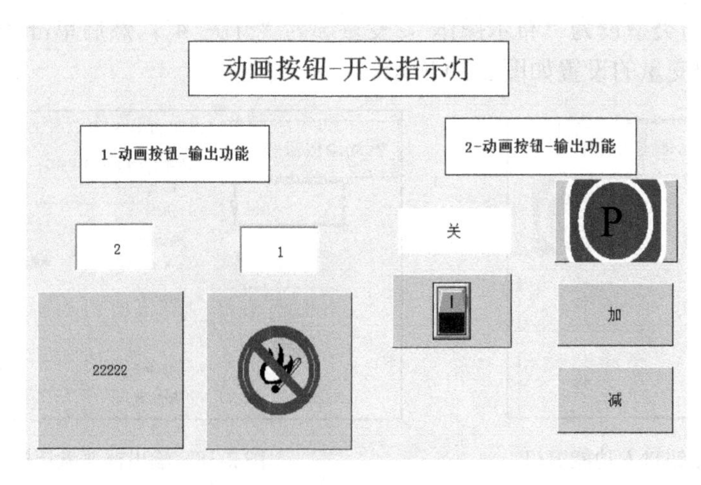

图 2-42　动画按钮的模拟仿真图

任务 2-4　输入输出文本框组态工程实例

本任务课件请扫二维码 2-7，本任务视频讲解请扫二维码 2-8。

二维码 2-7

二维码 2-8

进入 MCGS 嵌入版组态软件的组态环境界面，单击“文件”→“新建工程”选项，打开“新建工程设置”对话框。在“新建工程设置”对话框中可以设置触摸屏的类型、触摸屏的分辨率大小、每个窗口的统一背景颜色，以及每个窗口组态时的网格显示与网格大小设置等功能。在菜单“文件”中选择“工程另存为”菜单项，并将文件另存为“输入输出文本框”工程文件。

（1）进入 MCGS 组态工作台后，单击“用户窗口”选项卡，并单击“新建窗口”按钮，则产生新“窗口 0”。

（2）选中“窗口 0”，单击“窗口属性”，进入“用户窗口属性设置”对话框，将窗口名称改为“输入输出文本框”，窗口标题改为“输入输出文本框”，其他属性设置不变，然后单击“确认”按钮。

（3）在用户窗口中选中“输入输出文本框”图标，单击鼠标右键并在下拉菜单中选择“设置为启动窗口”选项，将该窗口设置为启动窗口。输入输出文本框如图 2-43 所示。

图 2-43　输入输出文本框

（4）进入“实时数据库”窗口中，分别建立开关型变量（名称为“开关”）、数值型变量（名称为“数值”）、字符型变量（名称为“字符”），保存变量后进入用户窗口进行设置。在“输入输出文本框”窗口中，单击“窗口工具箱”图标，单击各标签，为输入输出文本框的文字添加背景，如图 2-44 所示。在工具箱中选择标签图标 A，在“属性设置”选项卡中将“填充颜色”选为白色，“输入输出连接”选为“显示输出”；在“显示输出”选项卡中，“表达式”选为“开关”，“输出值类型”选为“开关量输出”，如图 2-45 所示。在工具箱中选择输入框图标 abl，在输入框的操作属性设置中，选择“开关”变量，并选择“二进制”类型，如图 2-46 所示。同理，分别对“字符”变量和“数值”变量进行设置，注意不要把变量类型设置错误。

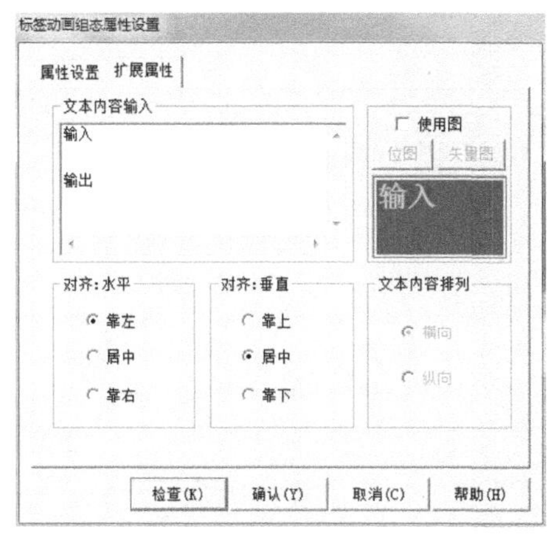

图 2-44　输入输出文本框的文字设置

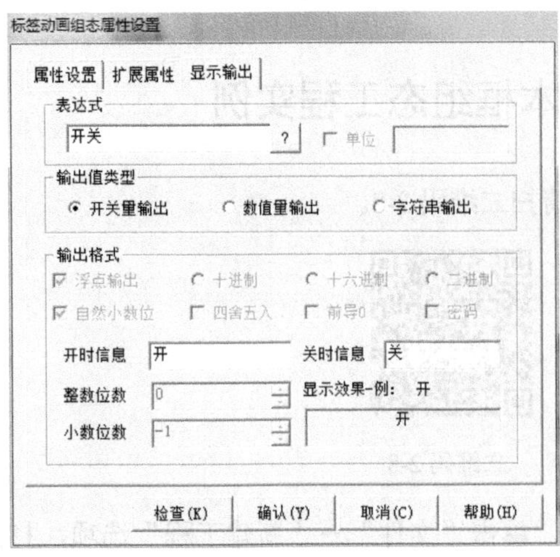

图 2-45　显示输出框的设置

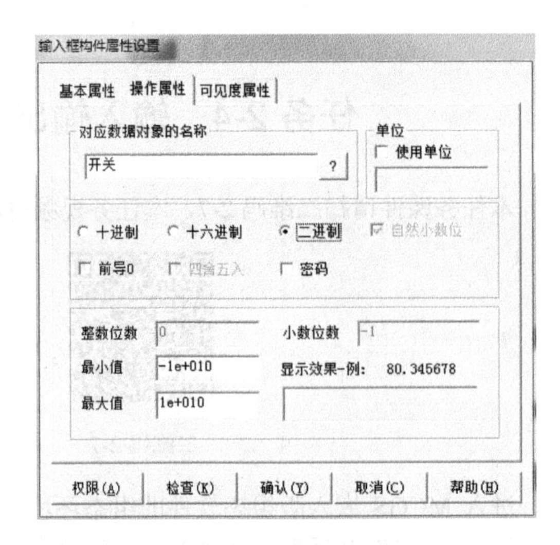

图 2-46　输入框属性设置

（5）设置完成后保存文件，然后单击下载按钮，打开“下载配置”窗口并选择“模拟运行”后，单击“工程下载”，进入模拟运行环境调试“输入输出文本框”工程文件，其模拟演示图如图 2-47 所示。

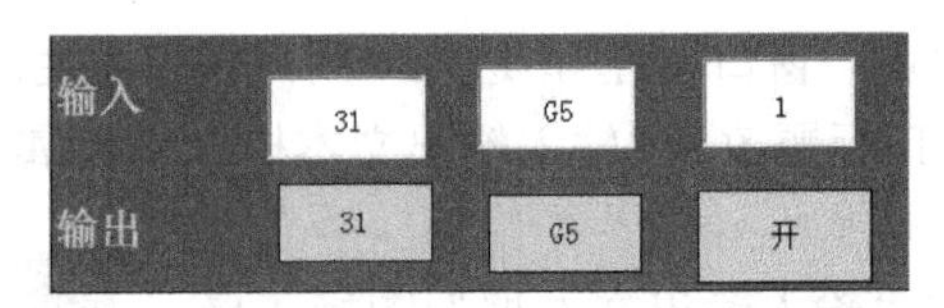

图 2-47　“输入输出文本框”工程文件的模拟演示图

思考题

（1）MCGS 嵌入版组态软件的窗口工具箱如何使用？

（2）MCGS 嵌入版组态软件的三种类型变量如何设置？

项目3　综合工程组态实例

学习目标

- 掌握组态软件的动态画面设计；
- 熟悉数据对象和动画连接构件的操作流程；
- 学习组态软件脚本程序的编写和使用方法；
- 熟悉组态软件组建工程的步骤和过程。

能力目标

- 根据工程项目需求制作组态画面；
- 具备定义数据对象和动画连接的组态能力；
- 具备动态画面的设计能力；
- 掌握脚本程序的编写能力。

任务3-1　样例工程窗口组态

本任务结合一个综合工程窗口组态实例，对MCGS嵌入版组态软件的组态过程、操作方法和实现的功能等进行全面的讲解。本任务课件请扫二维码3-1，本任务视频讲解请扫二维码3-2。

二维码3-1

二维码3-2

一、样例工程组态过程

下面通过介绍样例工程——循环水控制系统的组态过程，讲解如何使用MCGS嵌入版组态软件完成组态工程。样例工程中涉及动画制作、控制流程的编写、模拟设备的连接、报警输出、报表曲线显示等多项组态操作。

（1）工程分析。在开始工程组态前，先对该工程进行剖析，从整体上把握工程的结构和工艺流程的特点、所要实现的功能，以及实现这些功能的组态方法和技巧。

（2）工程框架。设计5个用户窗口：循环水控制系统、报表、曲线、报警、封面。

（3）在数据库中建立的主要变量：水泵、进水阀、控制阀、出水阀、液位1、液位2、液位3、液位1上限、液位1下限、液位2上限、液位2下限、液位3上限、液位3下限、液位组。

（4）图形制作。循环水控制系统窗口中包括的构件有：水泵、进水阀、控制阀、出水阀、水罐 1、水罐 2、开关、开关指示灯、仪表。这些构件可从对象元件库引入，而水池构件由设计者自行设计。

（5）流程控制：通过循环策略中的脚本程序策略块实现。

（6）安全机制：通过用户权限管理、工程安全管理、脚本程序来实现。

1. 循环水控制系统的工艺流程

循环水控制系统由 1 个水泵、2 个水罐、1 个进水阀、1 个出水阀、1 个控制阀、1 个水池、4 个指示灯、8 个（4 对）开关以及 3 个滑动输入器组成。该系统由水泵—水罐 1—进水阀—水池—控制阀—水罐 2—出水阀组成一个循环水控制回路；在水罐 1、水池、水罐 2 的旁边均设有一个滑动输入器控制相应液位的大小；每对开关旁均设有指示灯，用来指示每个开关的运行状态。

2. 工程运行效果图

组态工程运行效果图主要是根据工艺要求或者工程设计要求规划出的最终效果图。工程运行效果图的设计要简洁明快，最大限度地反映工作现场的实际设备情况。最终工程运行效果图如图 3-1 至图 3-4 所示。

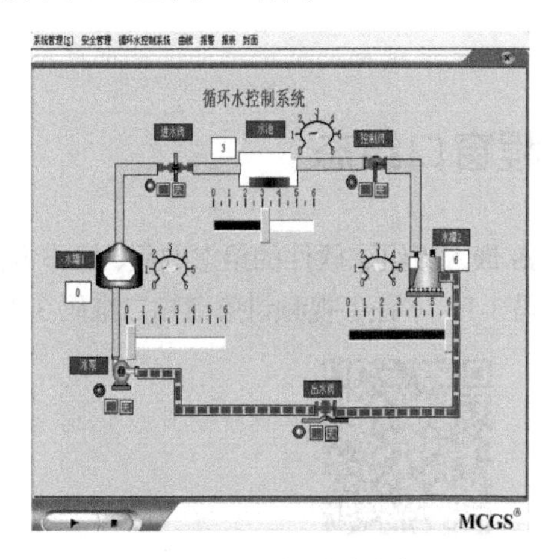

图 3-1　循环水控制系统窗口

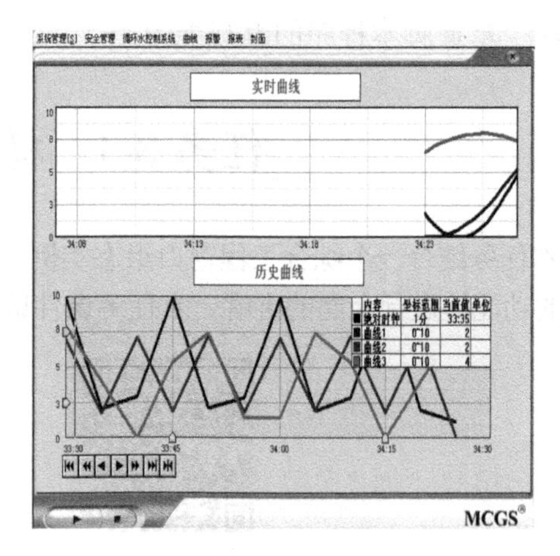

图 3-2　曲线窗口

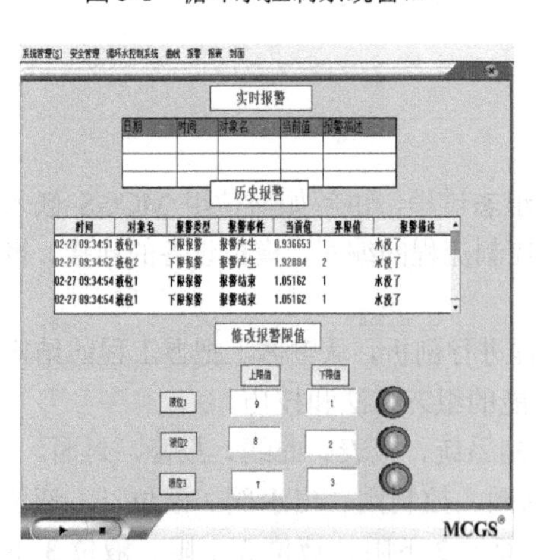

图 3-3　报警窗口

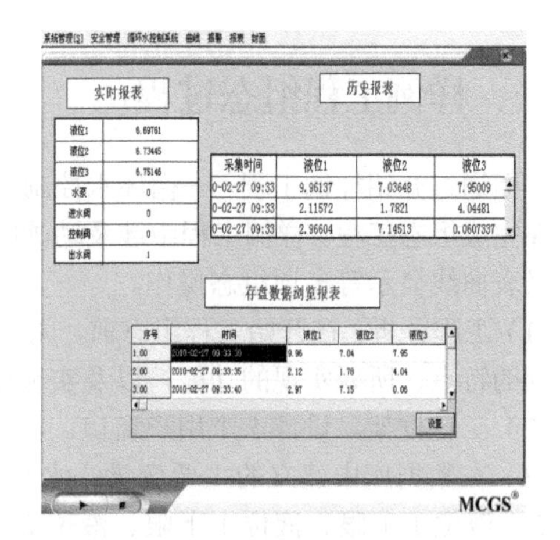

图 3-4　报表窗口

二、组态工程窗口设计

1. MCGS 工程文件的打开与保存

计算机安装了 MCGS 嵌入版组态软件以后，在其 Windows 桌面上就会出现“MCGS 组态环境”与“MCGS 运行环境”图标。单击“MCGS 组态环境”快捷图标，即可进入 MCGS 嵌入版的组态环境界面，如图 3-5 所示。

在组态软件的“文件”菜单中选择“新建工程”菜单项，如图 3-6 所示。如果 MCGS 安装在 D 盘根目录下，则会在“D:\MCGSE\WORK\”下自动生成新的工程文件，默认的工程名为“新建工程 X.MCE”（X 表示新建工程的顺序号，如 0、1、2、3 等）。

在“文件”菜单中选择“工程另存为”菜单项（如图 3-7 所示），把新建工程另存为“循环水控制系统”文件，如图 3-8 所示。

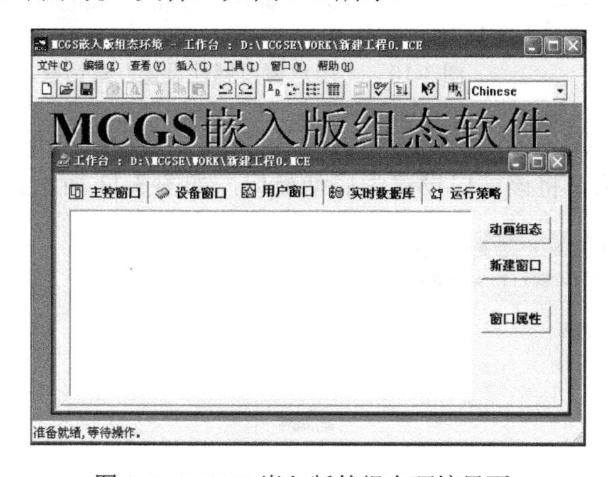

图 3-5　MCGS 嵌入版的组态环境界面

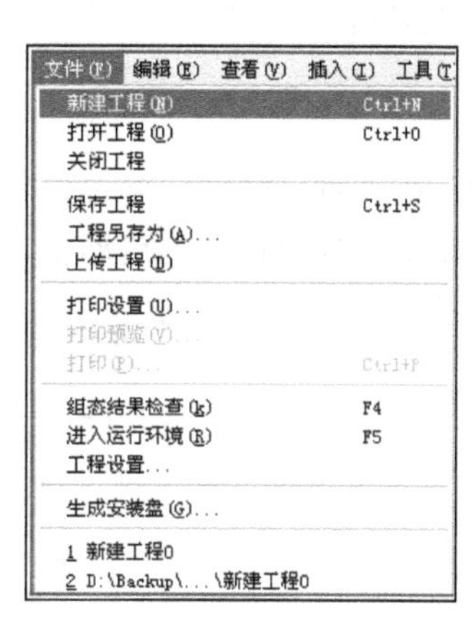

图 3-6　“新建工程”菜单项

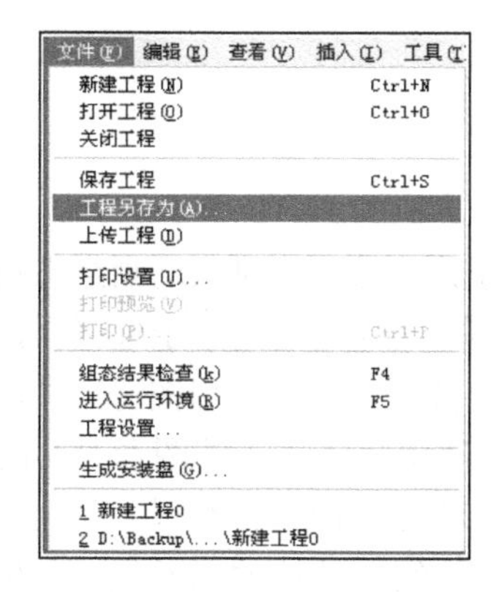

图 3-7　“工程另存为”菜单项

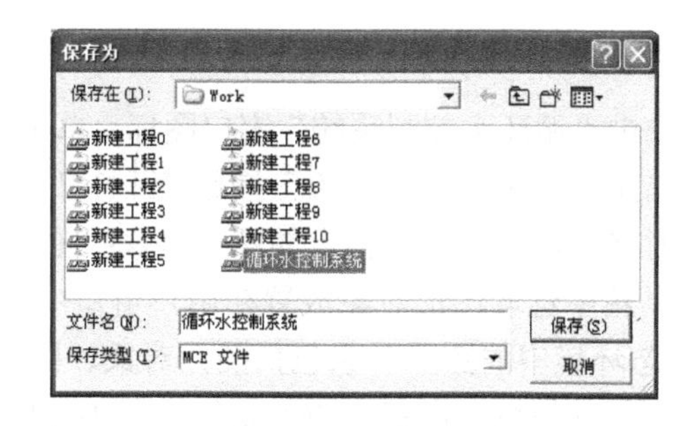

图 3-8　保存新建工程

2. 建立组态工程窗口

（1）进入 MCGS 嵌入版组态软件工作台后，单击“用户窗口”选项卡，再单击“新建窗口”按钮，则产生新的窗口“窗口 0”，如图 3-9 所示。

（2）选中“窗口 0”，单击“窗口属性”按钮，进入“用户窗口属性设置”对话框，如

图 3-10 所示。将窗口名称改为“循环水控制系统”，窗口标题改为“循环水控制系统”，其他属性设置不变，然后单击“确认”按钮。

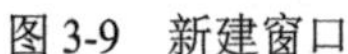
图 3-9　新建窗口

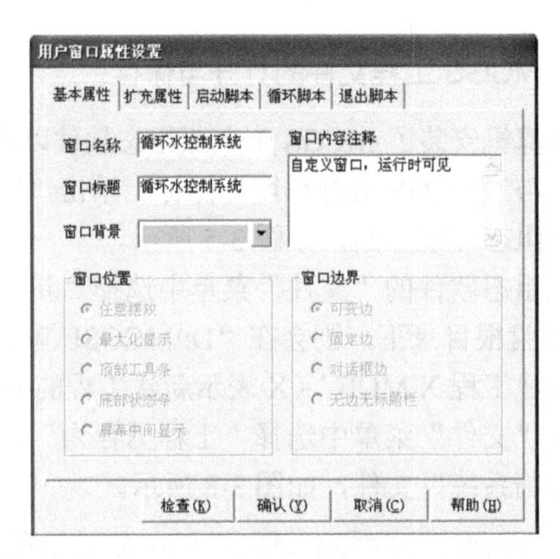

图 3-10　“用户窗口属性设置”对话框

（3）在“用户窗口”选项卡中，选中“循环水控制系统”窗口的图标，单击鼠标右键并在下拉菜单中选择“设置为启动窗口”选项，将该窗口设置为启动窗口，如图 3-11 所示。

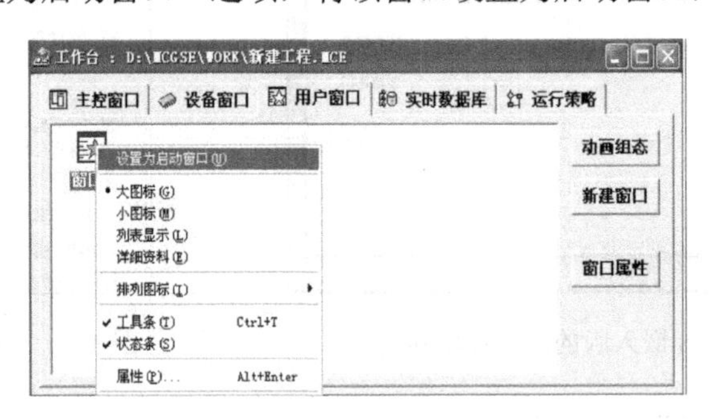

图 3-11　设置为启动窗口

3. 编辑组态工程画面

（1）选中“循环水控制系统”窗口图标，单击“动画组态”按钮，进入动画组态窗口编辑画面。单击工具条中的“工具箱”按钮 打开绘图工具箱。图标 对应于选择器，用于在编辑图形时选取用户窗口中指定的图形对象；图标 用于打开和关闭常用图符工具箱，从常用图符工具箱中选取图形对象放置在用户窗口中，起到标注用户应用系统图形界面的作用。MCGS 组态环境中的图形对象包括图元对象、图符对象和动画构件三种类型，不同类型的图形对象有不同的属性，所能完成的功能也各不相同。MCGS 组态环境的图元是以向量图形的格式存在的，根据需要可随意移动图元的位置和改变图元的大小。MCGS 组态环境系统内部提供了 27 种常用的图符对象（称为系统图符对象），绘图工具箱中提供了常用的图元对象和动画构件，如图 3-12 所示。

（2）选择“工具箱”内的“标签”图标 A，此时鼠标的光标呈“十”字形。在窗口顶端中心位置拖动鼠标，根据需要拖出一定大小的矩形。在光标闪烁位置输入文字“循环水控制系统”，单击回车键，文字输入完毕。

（3）选中当前的文字框设置，设定文字框颜色。单击工具条上的（填充色）图标，设定文字框的背景颜色为“没有填充”；单击工具条上的（线色）图标，设置文字框的边线颜色为“没有边线颜色”；单击工具条上的（字符字体）图标，设置文字字体为“宋体”，字形为“粗体”，大小为“17”；单击工具条上的（字符颜色）图标，将文字颜色设为“绿色”，文字框设定完成。字符颜色和字体的设置如图 3-13 所示。

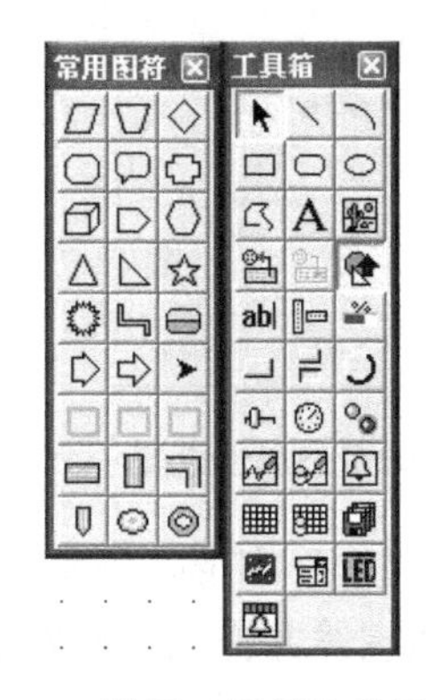

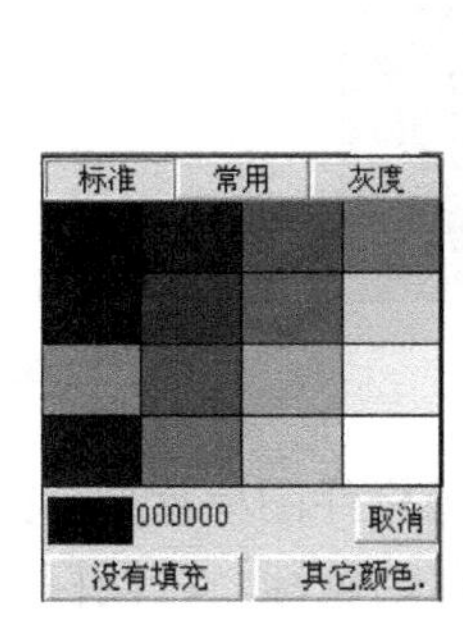

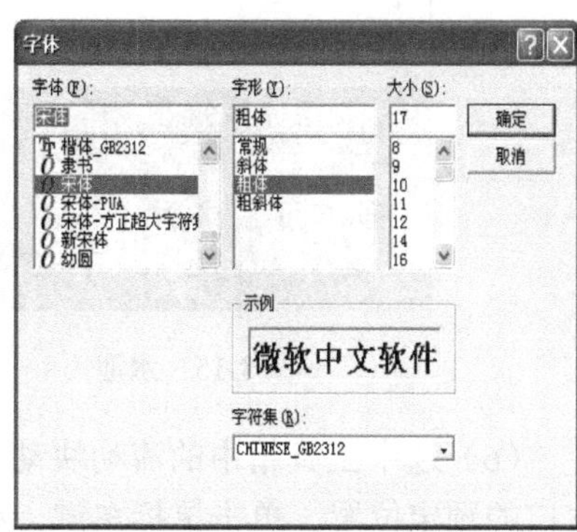

图 3-12　绘图工具箱和常用图符

图 3-13　字符颜色和字体的设置

4. 组态工程画面制作流程

（1）单击绘图工具箱中的（插入元件）图标，弹出“对象元件库管理”对话框，如图 3-14 所示。

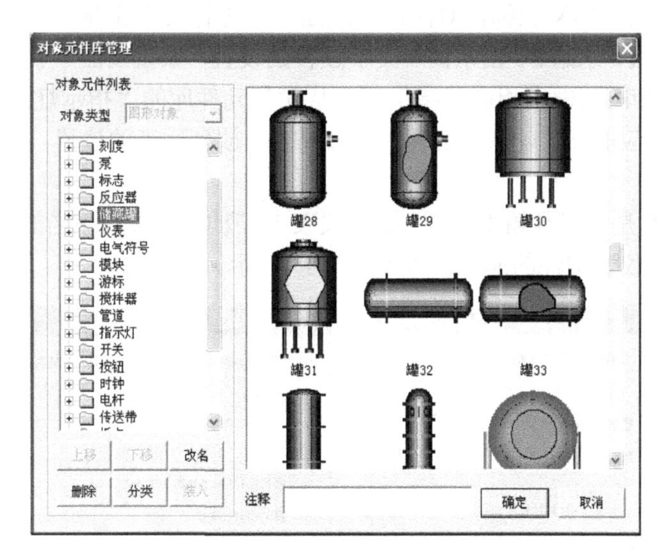

图 3-14　“对象元件库管理”对话框

（2）从“储藏罐”类中选取罐 17、罐 23。

（3）从“阀”和“泵”类中分别选取 2 个阀（阀 41、阀 45）、1 个泵（泵 40）。

（4）将储藏罐、阀、泵等构件调整为适当大小并放到适当位置，其效果图参见图 3-1。

（5）水池是手动制作的，在工具箱中选取，调整大小放在适当的位置。在常用图符中选取，调整大小并与矩形重叠放置，同时单击鼠标右键，在下拉菜单中选择“排列”选项，把设置为“最前面”的属性，其效果如图 3-15 所示。双击它进入的属性设置，单击“大小变化”选项卡，然后按图 3-16 所示进行设置。

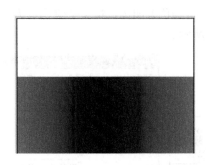

图 3-15　水池

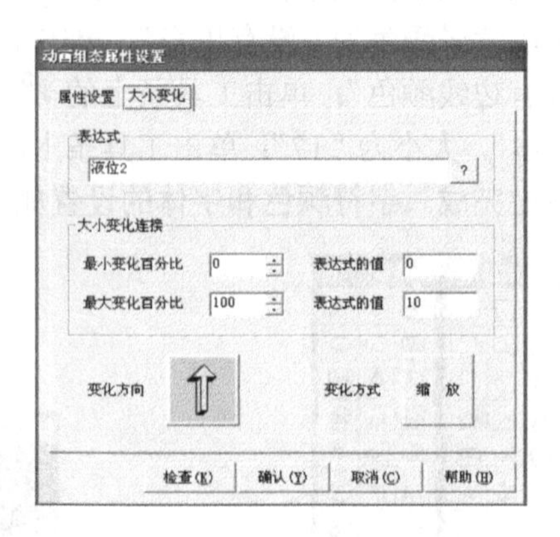

图 3-16　水池的动画组态属性设置

（6）选中工具箱中的流动块动画构件图标，此时鼠标指针呈“十”字形，移动鼠标至窗口的预定位置。单击鼠标左键，移动鼠标，在鼠标指针后形成一道虚线并拖动一定距离后，单击鼠标左键，生成一段流动块。再拖动鼠标（可沿原来方向，也可垂直于原来方向），生成下一段流动块并调整其大小和位置。

（7）当用户想结束绘制时，双击鼠标左键即可。

（8）当用户想修改流动块时，选中流动块（流动块的周围出现选中标志：白色小方块），鼠标指针指向小方块，按住左键不放拖动鼠标，即可调整流动块的形状。

（9）使用工具箱中的 A 图标，对阀门、水池和罐进行文字注释，依次为水泵、水罐 1、进水阀、水池、控制阀、水罐 2、出水阀。文字注释的设置“编辑画面”中的“制作文字框图”。

（10）为每个泵和阀门做出相应的指示灯，从对象元件库的“指示灯”中选取指示灯 3。每个泵和阀门做出相应的开关，从“工具箱”选取按钮放到适当的位置，单击“确认”按钮后退出。

（11）每个仪表都是从工具箱中选取的，把仪表 1（液位 1）放到适当的位置并调整其大小。以仪表 1 为例，旋转仪表构件的属性设置如图 3-17 所示。

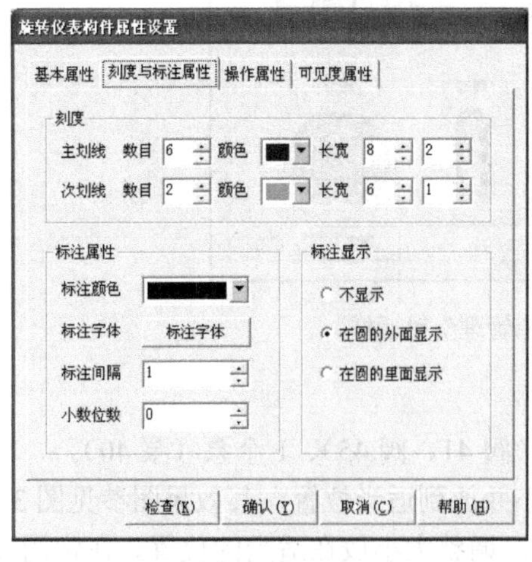

（a）

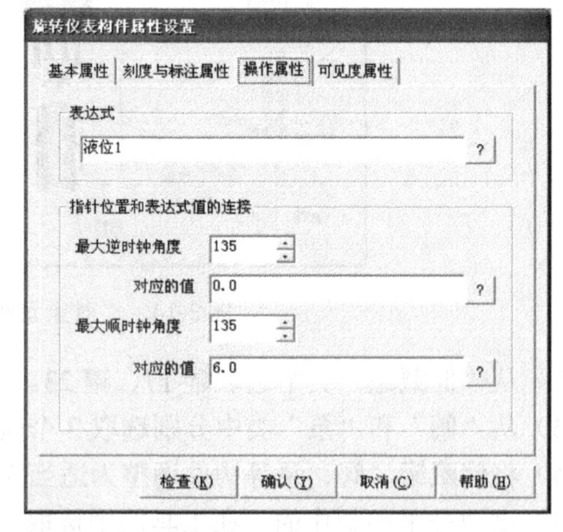

（b）

图 3-17　旋转仪表构件的属性设置

（12）通过对窗口画面的设置，最后生成的整体画面如图 3-18 所示。选择工具栏中的 图标，对窗口选项进行保存。

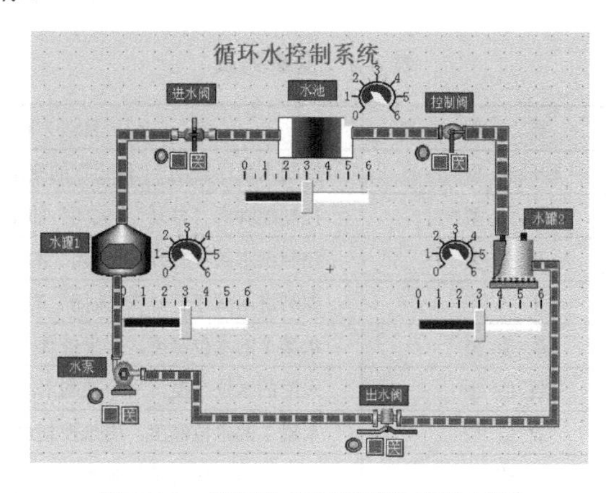

图 3-18　循环水控制系统的整体画面

思考题

（1）什么是 MCGS 嵌入版组态软件的工具箱？
（2）什么是 MCGS 嵌入版组态软件的流动块？流动块的作用是什么？
（3）在对窗口进行操作时，将该窗口设置为启动窗口的作用是什么？

任务 3-2　工程变量的设置与脚本程序的编写

前面已经讲解了如何绘制静态的图形设置，本任务主要学习在 MCGS 嵌入版组态软件中进行各种动画构件的属性设置，使静态的图形按照实际生产的工作情况动起来。本任务课件请扫二维码 3-3，本任务视频讲解请扫二维码 3-4。

二维码 3-3

二维码 3-4

一、数据对象

在设置动画构件的属性之前要先定义 MCGS 组态环境中的数据对象。在组态工程中，数据对象是连接组态每个环境的关键，数据对象都放在实时数据库中进行统一管理。实时数据库是 MCGS 嵌入版组态软件的数据交换和数据处理的中心。数据对象是构成实时数据库的基本单元，建立实时数据库的过程也是定义数据对象的过程。数据对象有开关型、数值型、字符型、事件型和组对象 5 种类型。不同类型的数据对象，其实际用途和属性各不相同。定义数据对象主要包括数据变量的名称、类型、初始值、数值范围，确定与数据变量存盘相关的参数、存盘的周期、存盘的时间范围和保存期限等。先分析和建立实例工程中与设备控制相关的数据对象，然后根据需要对数据对象进行设置。实例工程中用到的相关变量如表 3-1 所示。

表 3-1 变量列表

对象名称	类型	注释
水泵	开关型	控制水泵“启动”“停止”的变量
控制阀	开关型	控制控制阀“打开”“关闭”的变量
出水阀	开关型	控制出水阀“打开”“关闭”的变量
进水阀	开关型	控制进水阀“打开”“关闭”的变量
液位 1	数值型	水罐 1 的水位高度，用来控制水罐 1 水位的变化
液位 2	数值型	水池的水位高度，用来控制水池水位的变化
液位 3	数值型	水罐 2 的水位高度，用来控制水罐 2 水位的变化
液位 1 上限	数值型	用来在运行环境下设定水罐 1 的上限报警值
液位 1 下限	数值型	用来在运行环境下设定水罐 1 的下限报警值
液位 2 上限	数值型	用来在运行环境下设定水池的上限报警值
液位 2 下限	数值型	用来在运行环境下设定水池的下限报警值
液位 3 上限	数值型	用来在运行环境下设定水罐 2 的上限报警值
液位 3 下限	数值型	用来在运行环境下设定水罐 2 的下限报警值
液位组	组对象	用于历史数据、历史曲线、报表输出等功能构件

1. 建立实时数据库

打开组态软件工作台，单击“实时数据库”选项卡，进入实时数据库窗口，如图 3-19 所示。单击“新增对象”按钮，在窗口的数据变量列表中增加新的数据变量。多次单击该按钮则增加多个数据变量，系统默认定义的数据变量名称为“InputUser 1”“InputUser 2”“InputUser 3”等。

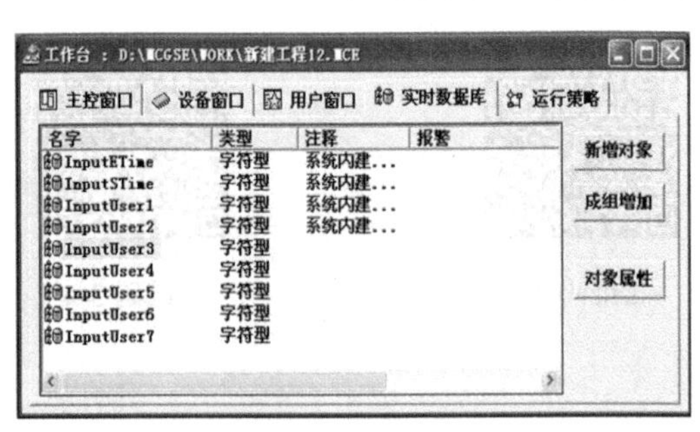

图 3-19 实时数据库窗口

2. 数值型数据对象的属性设置

在实时数据库中找到相应的数据变量，单击“对象属性”按钮或双击所选中的变量打开“数据对象属性设置”对话框。指定名称类型：用户将系统定义的默认名称改为用户自定义的名称。指定注释类型：在注释栏中输入变量注释文字。循环水控制系统中要定义的数据变量以“液位 2”为例进行设置，具体设置过程如图 3-20 至图 3-22 所示。

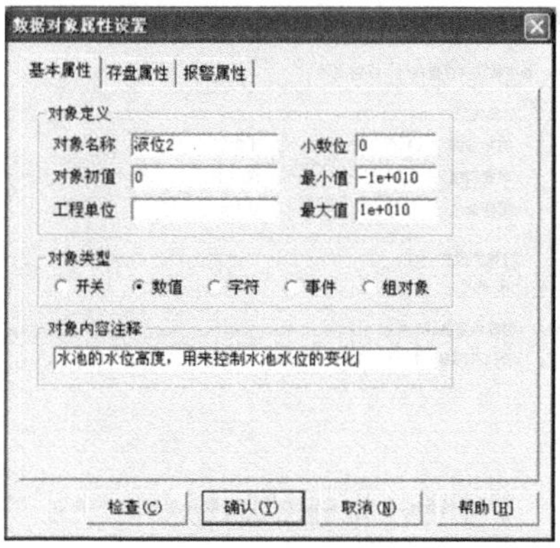

图 3-20 数据对象基本属性设置

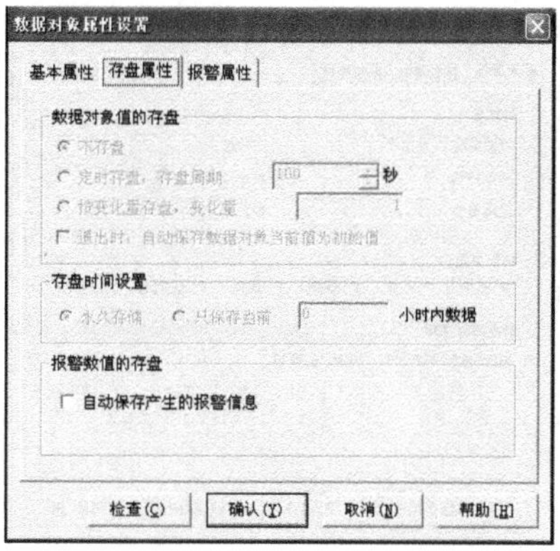

图 3-21 数据对象存盘属性设置

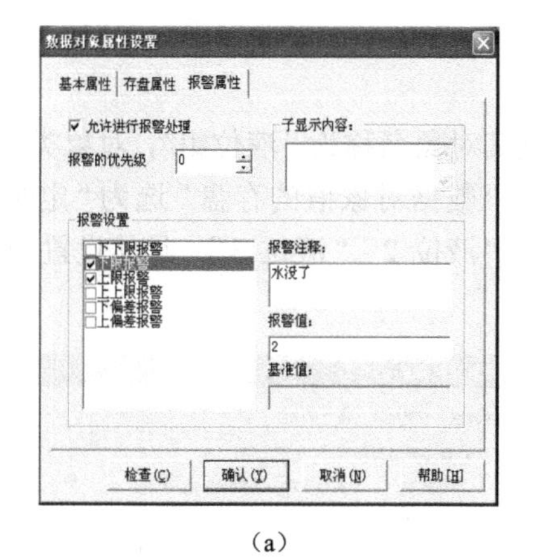

(a)

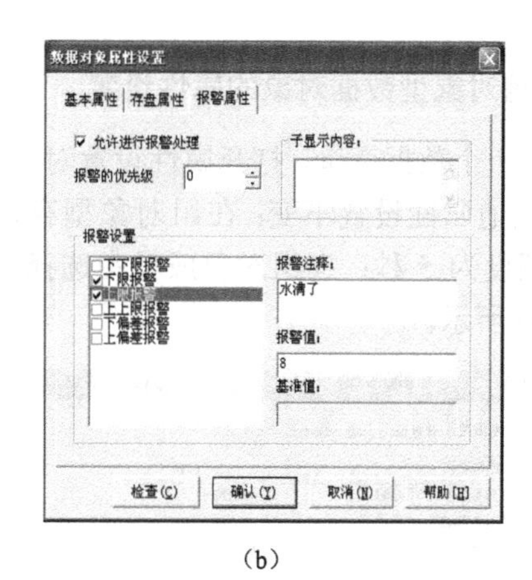

(b)

图 3-22 数据对象报警属性设置

3. 开关型数据对象的属性设置

循环水控制系统的窗口变量由水泵、出水阀、进水阀、控制阀 4 个开关型数据对象构成，其属性设置只要把数据对象名称分别改为“水泵”“出水阀”“进水阀”“控制阀”，并将数据对象的类型选为“开关”即可，其他属性不变，如图 3-23 至图 3-26 所示。

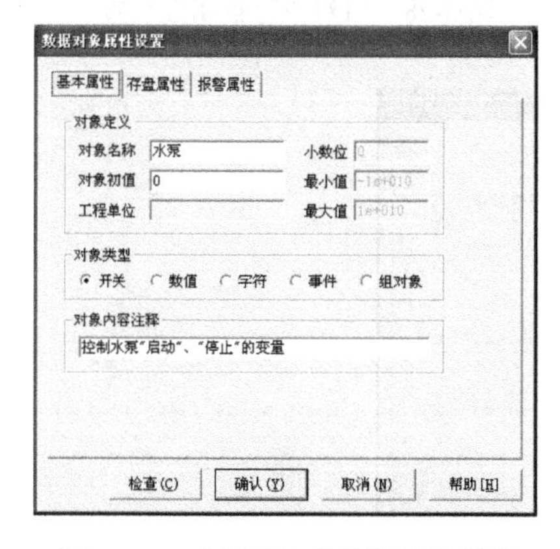

图 3-23 “水泵”变量的属性设置

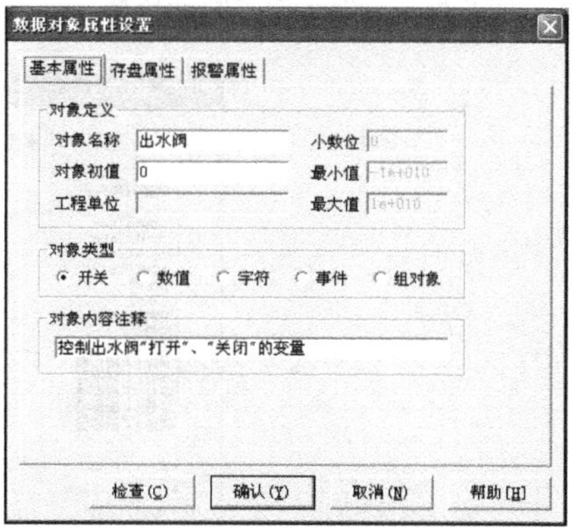

图 3-24 “出水阀”变量的属性设置

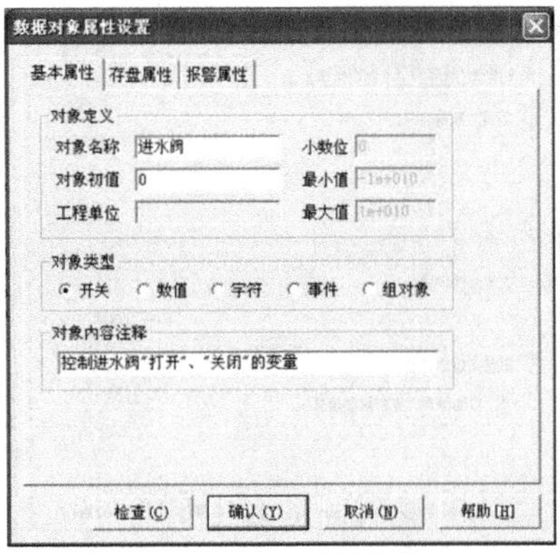

图 3-25 “进水阀”变量的属性设置

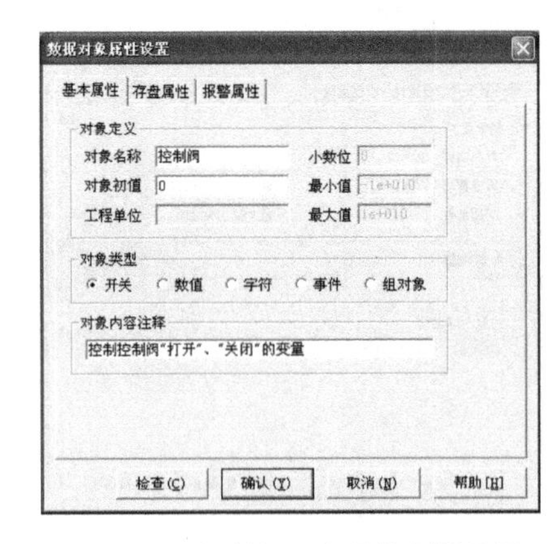

图 3-26 “控制阀”变量的属性设置

4．组对象型数据对象的属性设置

新建一个数据变量，打开属性设置对话框，设置其对象名称为“液位组”，对象类型为“组对象”，其他属性设置不变；在组对象型存盘属性中，“数据对象值的存盘”选为“定时存盘”，存盘周期设为 5 秒；在组对象成员中选择“液位 1”“液位 2”“液位 3”。具体设置如图 3-27 至图 3-29 所示。

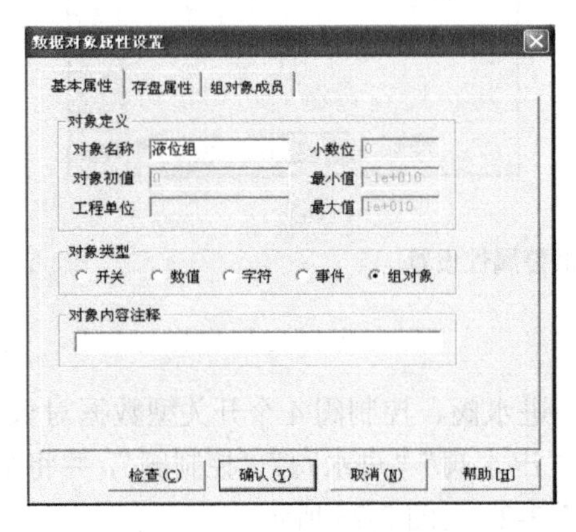

图 3-27 组对象基本属性设置

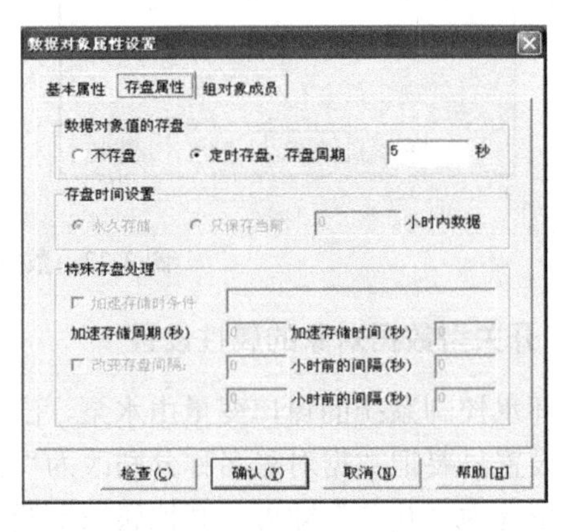

图 3-28 组对象存盘属性设置

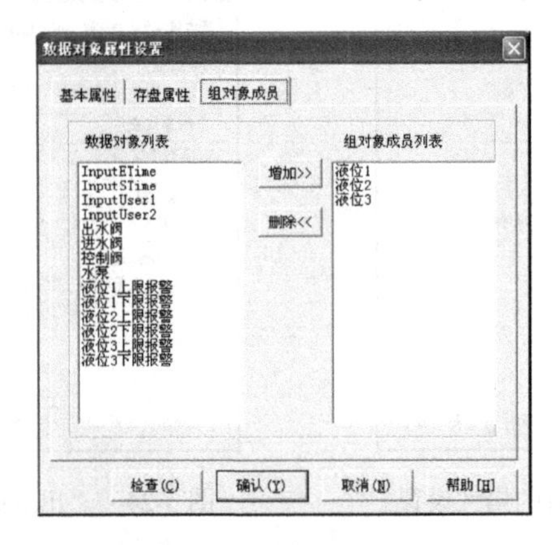

图 3-29 组对象成员的选择

二、动态连接

在组态环境中由图形控件制作的图形界面是静止不动的，需要对这些图形控件进行动画设置，应用动态画面描述外界对象的状态变化，达到过程实时监控的目的。MCGS 嵌入式组态软件实现图形动画设计的主要方法，是将用户窗口中图形控件与实时数据库中的数据对象建立相关性连接，并设置相应的动画属性。在系统运行过程中，由数据对象的实时采集值来控制相应的图形动画的运动，从而实现图形的动画效果。

1. 图形控件动画设置

在用户窗口中打开循环水控制系统窗口，选中“水罐 1”双击，则弹出“单元属性设置”对话框，如图 3-30 所示。单击“动画连接”选项卡，选择图元名则会出现 [>] 按钮，如图 3-31 所示。单击 [>] 按钮则进入“动画组态属性设置”窗口，按图 3-32 所示进行修改，其他属性设置不变。设置好后单击“确认”按钮，再单击“确认”按钮，变量连接成功。对于水罐 2，只需把“液位 1”改为“液位 3”，“最大变化百分比”100 所对应的“表达式的值”由 10 改为 6 即可，其他的属性设置不变。

图 3-30　“单元属性设置”窗口

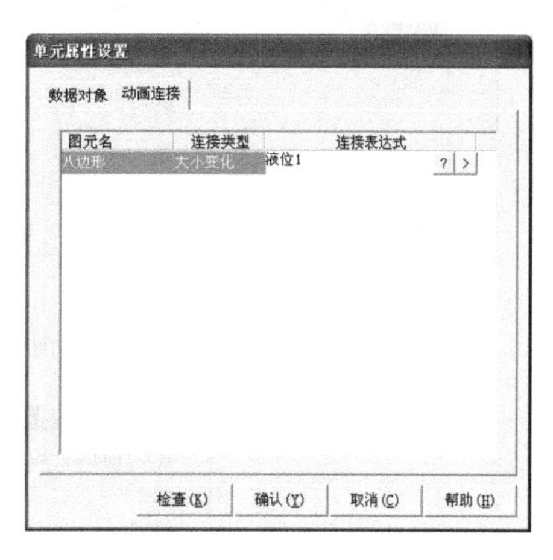

图 3-31　“动画连接”选项卡

2. 开关型构件进行动画设置

在用户窗口中打开循环水控制系统窗口，选中“进水阀”双击，则弹出“单元属性设置”对话框，如图 3-33 所示。单击“动画连接”选项卡，选择“组合图符”则会在其后出现 [>] 按钮，如图 3-34 所示。单击 [>] 按钮则进入“动画组态属性设置”对话框，按图 3-35 所示修改即可，其他设置不变。设置好后单击“确认”按钮，完成变量的连接。水泵、出水阀、控制阀的属性设置与进水阀属性设置相同。在进水阀的动画组态属性设置中，可以在“属性设置”选项卡中进行其他属性的设置，如图 3-36 所示。

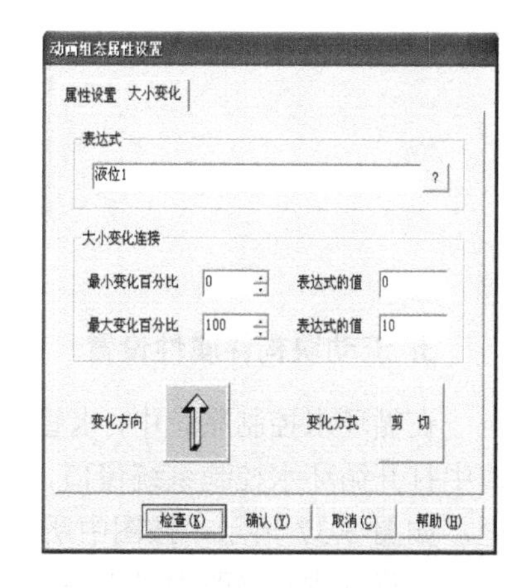

图 3-32　动画组态属性设置

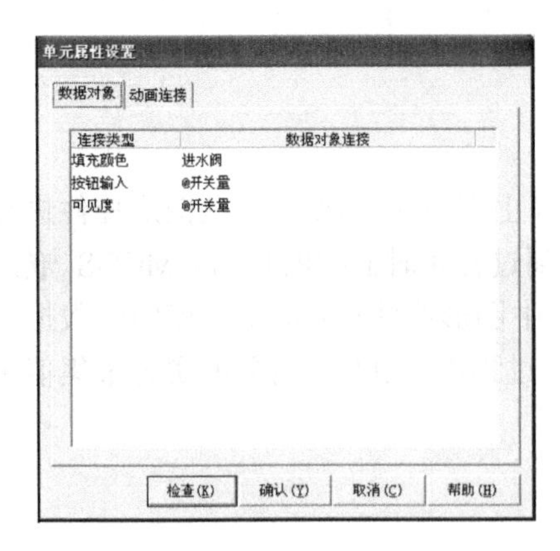

图 3-33 “单元属性设置”对话框

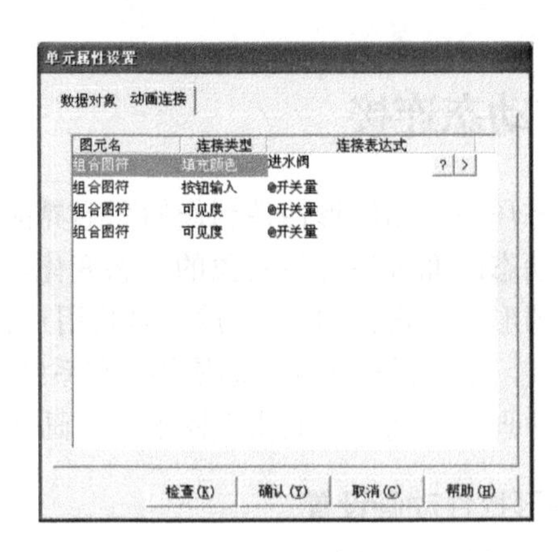

图 3-34 “动画连接”选项卡

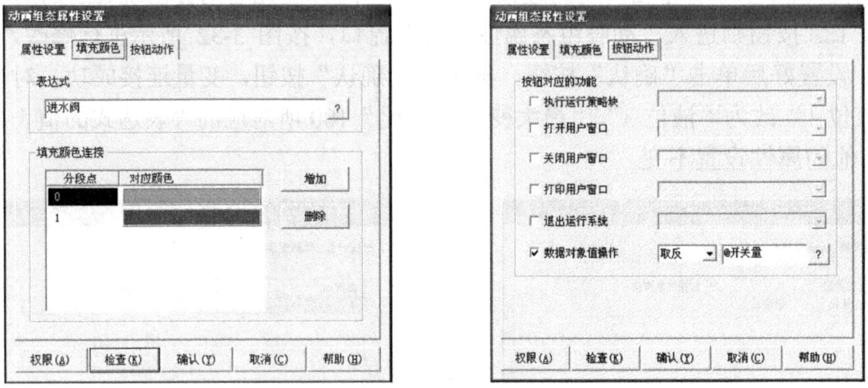

(a) (b)

图 3-35 “动画组态属性设置”对话框

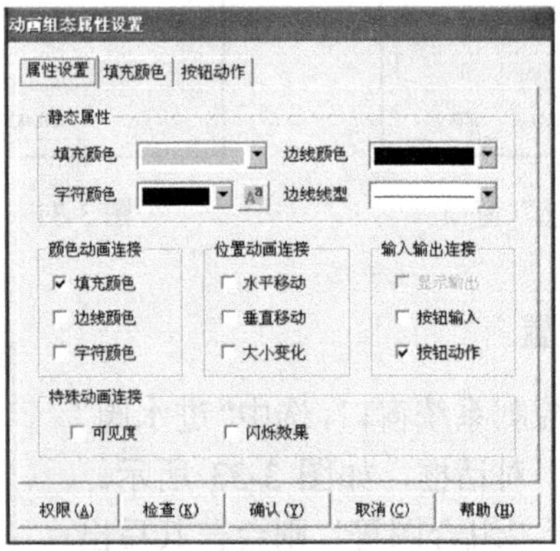

图 3-36 其他属性的设置

3. 流动块构件属性设置

在循环水控制系统中，水管的水流动效果是通过流动块构件属性设置来实现的。在用户窗口中打开循环水控制系统窗口，双击水泵右侧的流动块，则弹出“流动块构件属性设置”对话框，如图 3-37 所示，按图中所示设置修改流动块构件的基本属性；然后单击“流动属性”选项卡，将表达式修改为“水泵=1”，如图 3-38 所示；流动块构件的可见度属性保持默认设置，不进行修改，如图 3-39 所示。

对水罐 1 与进水阀之间以及进水阀与水池之间的流动块构件的属性设置，只需把相应表达式改为“进水阀=1”即可，其他属性设置不进行修改，如图 3-40 所示。

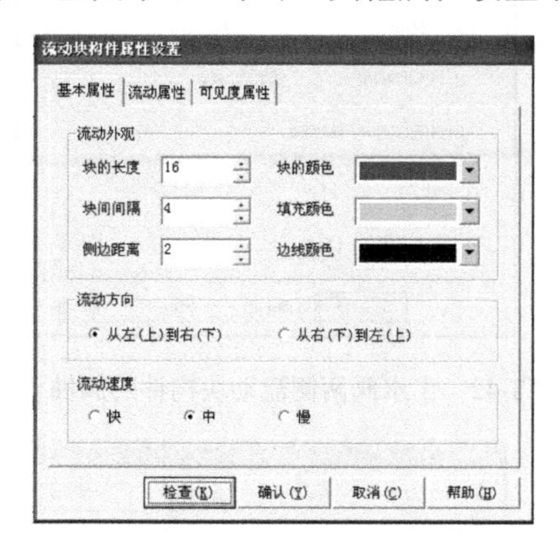

图 3-37　基本属性设置

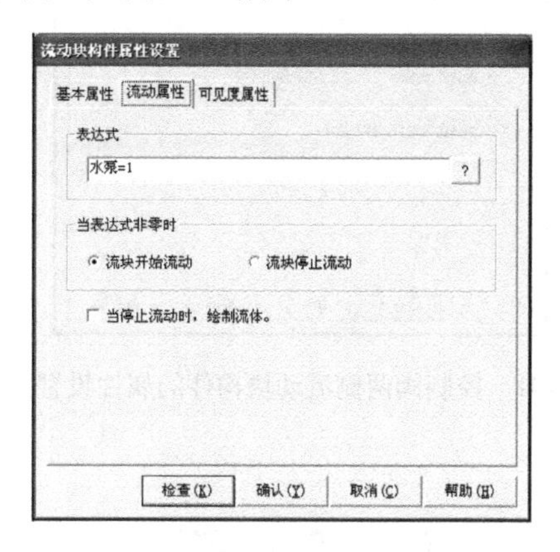

图 3-38　流动属性设置

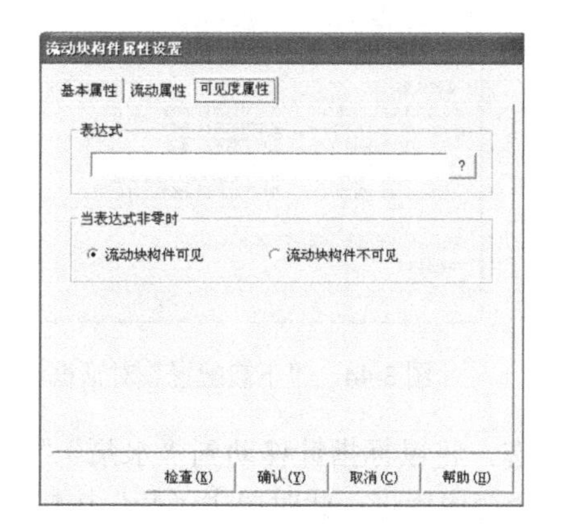

图 3-39　可见度属性设置

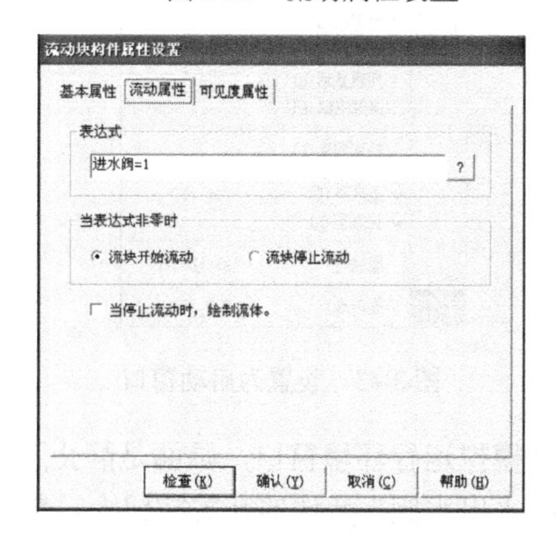

图 3-40　进水阀两侧流动块构件的属性设置

水池与控制阀之间以及控制阀与水罐 2 之间的流动块构件的属性设置，只需把相应表达式改为“控制阀=1”即可，其他属性设置不进行修改，如图 3-41 所示。水罐 2 与出水阀之间以及出水阀与水泵之间的流动块构件的属性设置，只需把相应表达式改为“出水阀=1”即可，其他属性设置不进行修改，如图 3-42 所示。

至此，动画构件的属性设置已经完成，可进入模拟运行环境让工程运行起来，检查动画构件是否按照相应动作条件进行正常工作。运行之前，在“用户窗口”中选中“循环水控制系统”图标，单击鼠标右键，从弹出的下拉菜单中选择“设置为启动窗口”，如图 3-43 所示。这样，样例工程进入运行环境后会自动打开循环水控制系统窗口。

上述操作完成后进入运行模拟环境，在“文件”菜单中选择“进入运行环境”或直接按 F5 或单击工具条中的图标，进入“下载配置”对话框。选中“模拟运行”，再单击“工程下载”按钮进入工程下载环节（如图 3-44 所示）。当提示工程下载成功后，单击“启动运行”按钮就可以进入模拟运行环境。当在返回信息提示栏中有错误提示时，则要修改完所有错误信息，且系统提示工程下载成功后才能进入相应的运行环境。

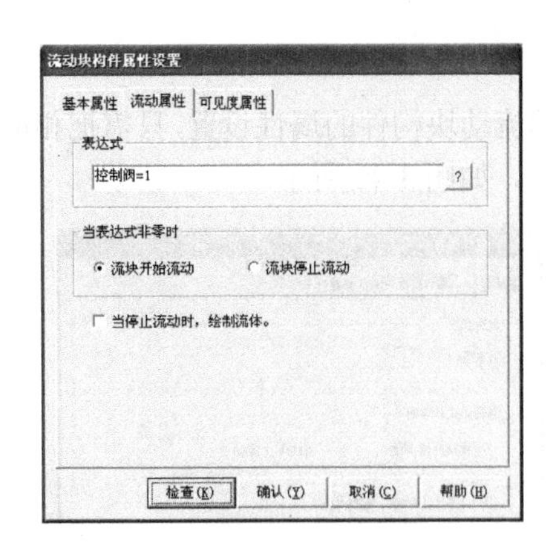

图 3-41　控制阀两侧流动块构件的属性设置

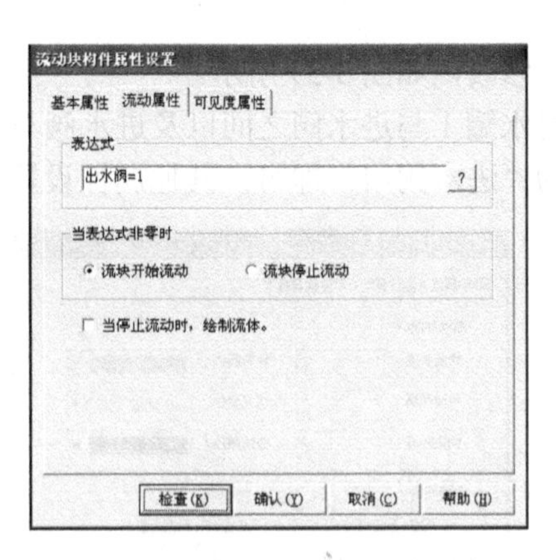

图 3-42　出水阀两侧流动块构件的属性设置

图 3-43　设置为启动窗口

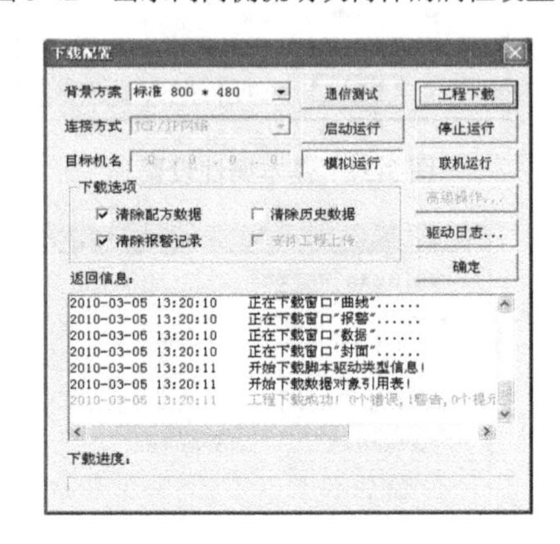

图 3-44　“下载配置”对话框

打开模拟运行环境窗口，画面是静止不动的状态，将鼠标指针移动到“水泵”“进水阀”“控制阀”“出水阀”旁边的开关按钮上，鼠标指针会变成手形，此时单击“开”按钮，指示灯由红色变为绿色，同时流动块运动起来，如图 3-45 所示。

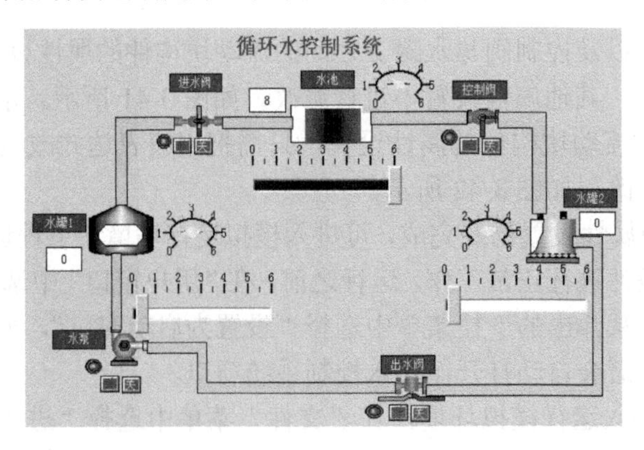

图 3-45　模拟运行环境窗口

4. 滑动输入器构件的属性设置

流动块运动起来了，但水罐 1、水罐 2、水池仍没有变化，这是由于没有信号输入，也没有人为地改变其值。通过如下方法改变其值，使水罐 1、水罐 2、水池动作起来。在“工具箱”

中选中滑动输入器图标，当鼠标指针变为“十”字后拖动鼠标到适当大小，然后双击它进入属性设置窗口，具体操作如图 3-46 所示。

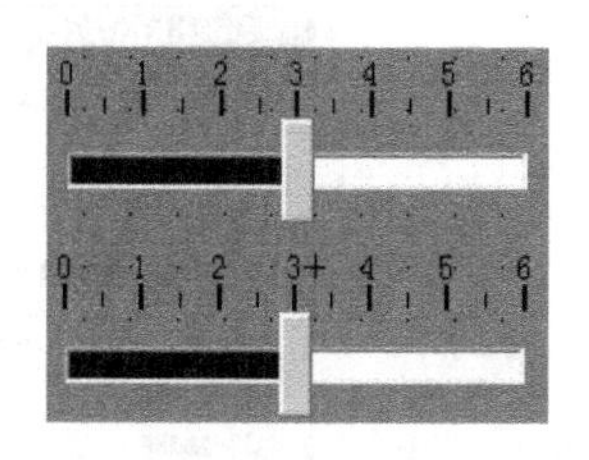

图 3-46　滑动输入器构件图

以液位 1 为例：打开“滑动输入器构件属性设置”对话框，在“基本属性”选项卡中进行输入器构件的外观和滑块指向的设置，在“滑块指向”下面选中“无指向”，其他属性设置不变，如图 3-47 所示。在“刻度与标注属性”选项卡中，把主划线数目改为 6，次划线数目改为 2，标注间隔改为 1，其他属性设置不变，如图 3-48 所示。在“操作属性”选项卡中，把对应数据对象的名称改为“液位 1”，可以通过单击图标到元件库中选取滑动输入器，滑块在最右边（上）时对应的值改为 6，其他属性设置不变，如图 3-49 所示。滑动输入器构件的可见度属性设置如图 3-50 所示。

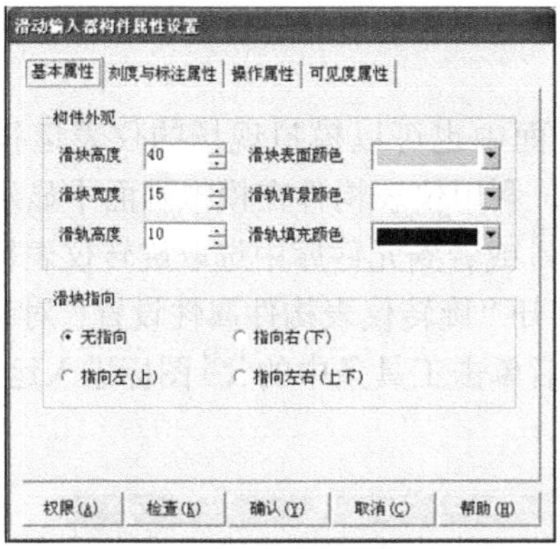

图 3-47　滑动输入器构件基本属性设置

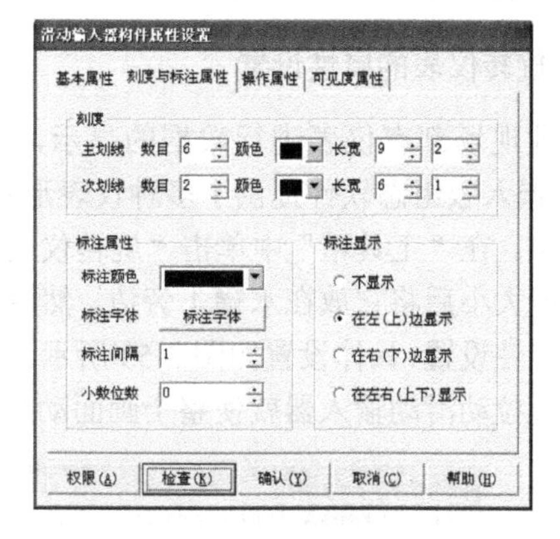

图 3-48　滑动输入器构件刻度与标注属性设置

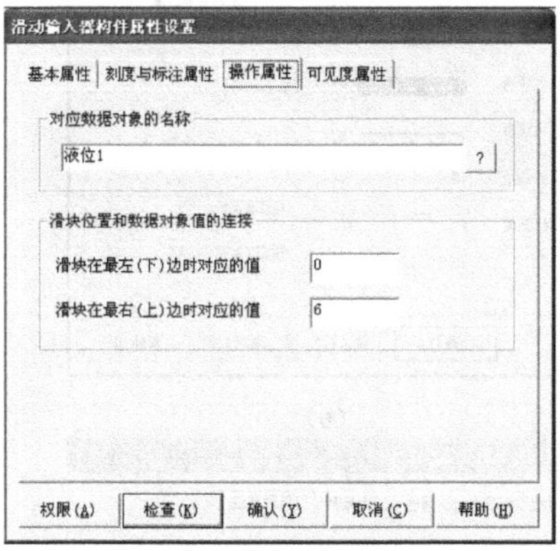

图 3-49　滑动输入器构件操作属性设置

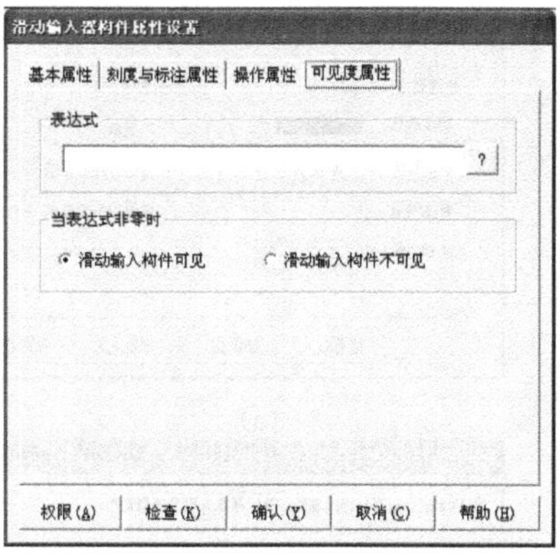

图 3-50　滑动输入器构件可见度属性设置

5. 显示输出框的属性设置

进入模拟运行环境后，通过拉动滑动输入器使水罐 1、水池、水罐 2 中的液面动起来。为了准确了解水罐 1、水池、水罐 2 的数值，可以用提示框显示其数值。下面以水罐 1 为例介绍其制作过程。在“工具箱”中单击标签图标，调整标签的大小后将其放在水罐下面，然后双击它进入“标签动画组态属性设置”对话框。在“属性设置”选项卡中的“输入输出连接”下面选择“显示输出”，“扩展属性”选项卡不进行设置，在“显示输出”选项卡中表达式改为“液位 1”，输出值的类型选择“数值量输出”。具体设置如图 3-51 和图 3-52 所示。

图 3-51 标签动画组态属性设置

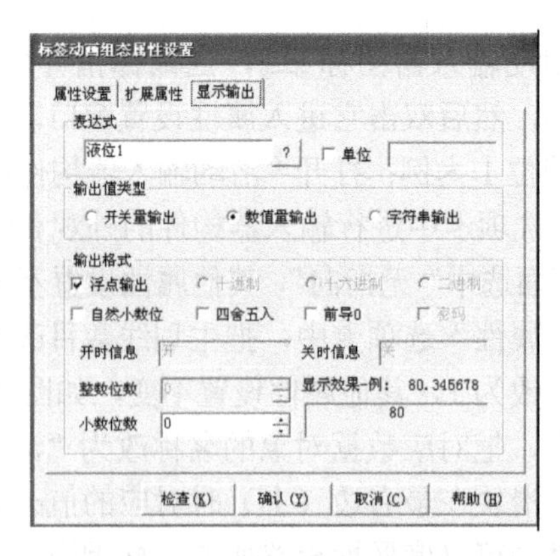

图 3-52 标签动画组态属性显示输出设置

6. 旋转仪表的属性设置

工业现场都有仪表进行数据的显示，在动画界面中也可以模拟现场的仪表运行状态。MCGS 嵌入版组态软件提供了多种仪表形式供选择，利用仪表构件在模拟画面中显示仪表的运行状态。在“工具箱”中单击“旋转仪表”图标或者到元件库中选取旋转仪表构件，调整仪表的大小后将它放在水罐 1 旁边，然后双击它打开“旋转仪表构件属性设置”对话框，对其进行属性设置，具体设置如图 3-53 所示。设置完成后单击工具条中的图标进入运行环境，此时通过拉动滑动输入器就使整个画面动起来。

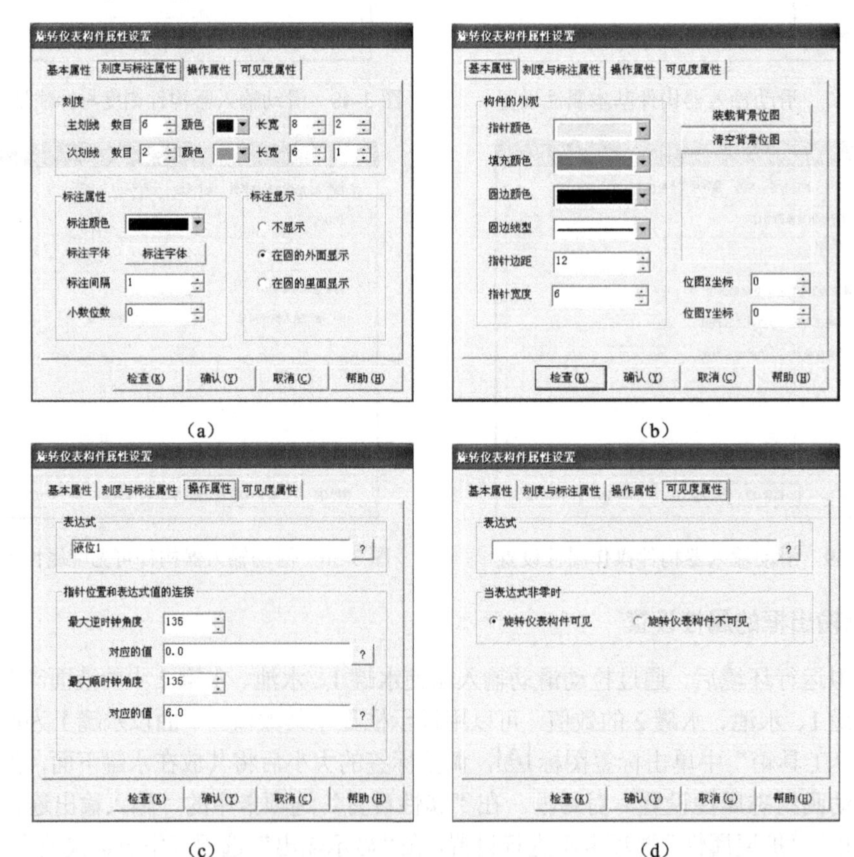

图 3-53 旋转仪表构件属性设置

三、设备连接

MCGS 嵌入版组态软件提供了大量的工控领域常用的设备驱动程序。在样例工程中仅以模拟设备连接为例，介绍关于 MCGS 嵌入版组态软件的设备连接，使学生对这部分知识有概念性的了解。本书将在后面的章节中对设备构件进行详细的介绍。

模拟设备是供调试工程用的一种虚拟设备，MCGS 嵌入版组态软件根据设置的参数产生一组模拟曲线的数据，以供不同的实际工业现场调试工程使用。模拟设备构件可以产生标准的正弦波、方波、三角波和锯齿波信号，并且信号的幅值和周期都可以任意设置。

通过模拟设备构件的连接，可以使动画不需要手动操作而完全自动地运行起来。在启动 MCGS 嵌入版组态软件的运行环境时，模拟设备就自动被装载到设备工具箱中，并运行模拟设备构件。建立和连接模拟设备的步骤如下：

（1）在“设备窗口”选项卡中双击“设备窗口”图标，如图 3-54 所示。

（2）单击工具条中的“工具箱”图标 ，打开设备工具箱，如图 3-55 所示。

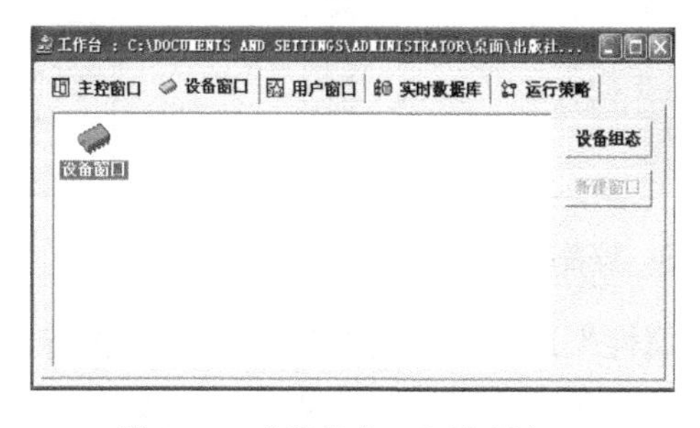

图 3-54　“设备窗口”选项卡

图 3-55　设备工具箱

（3）单击设备工具箱中的“设备管理”按钮，弹出图 3-56 所示的窗口。

（4）在可选设备列表中，双击“通用设备”。

（5）双击“模拟数据设备”，在其下方出现“模拟设备”图标。

（6）双击“模拟设备”图标，即可将“模拟设备”添加到右侧的选定设备列表中，如图 3-57 所示。

图 3-56　设备管理窗口（一）

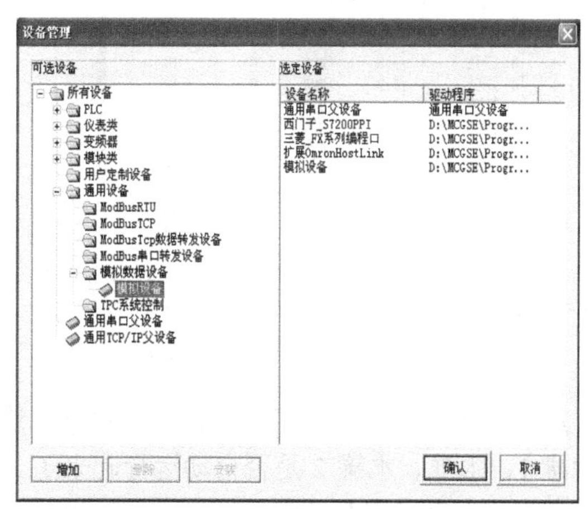

图 3-57　设备管理窗口（二）

（7）选中选定设备列表中的“模拟设备”，单击“确认”按钮，“模拟设备”即被添加到设备工具箱中，如图 3-58 所示。

图 3-58　添加模拟设备

（8）双击设备工具箱中的“模拟设备”，模拟设备被添加到设备组态窗口中。进入“设备 0-[模拟设备]”，打开设备编辑窗口，如图 3-59 所示。该窗口由三部分组成：第一部分是左上角的驱动构件信息提示框，显示当前的驱动构件的基本信息；第二部分是在驱动信息构件窗口下面的设备属性提示框，提示设备属性信息；第三部分是通道连接标签，起到建立设备与变量的连接的作用。

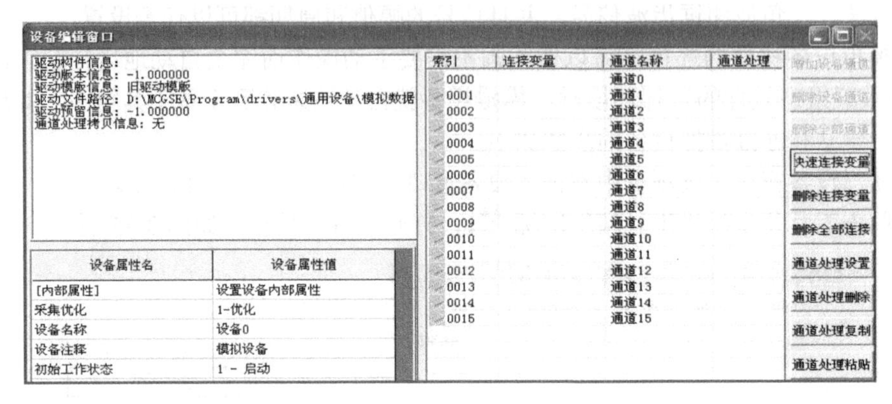

图 3-59　设备编辑窗口

（9）单击设备属性提示框中的“内部属性”选项，则其右侧会出现 [...] 图标，单击此图标进入“内部属性”设置窗口。将通道 1、2、3 的最大值分别设置为 10、9、8，单击“确定”按钮，完成“内部属性”设置，如图 3-60 所示。

（10）单击通道连接标签，进行通道连接设置。选中通道 0 对应数据对象输入框，输入“液位 1”；选中通道 1 对应数据对象输入框，输入“液位 2”；选中通道 2 对应数据对象输入框，输入“液位 3”。然后单击“确定”按钮完成设备通道连接，如图 3-61 所示。

内部属性

通道	曲线类型	数据类型	最大值	最小值	周期(秒)
1	0 - 正弦	1 - 浮点	10	0	15
2	0 - 正弦	1 - 浮点	9	0	10
3	0 - 正弦	1 - 浮点	8	0	18
4	0 - 正弦	1 - 浮点	1000	0	10
5	0 - 正弦	1 - 浮点	1000	0	10
6	0 - 正弦	1 - 浮点	1000	0	10
7	0 - 正弦	1 - 浮点	1000	0	10
8	0 - 正弦	1 - 浮点	1000	0	10
9	0 - 正弦	1 - 浮点	1000	0	10
10	0 - 正弦	1 - 浮点	1000	0	10
11	0 - 正弦	1 - 浮点	1000	0	10
12	0 - 正弦	1 - 浮点	1000	0	10

曲线条数：16　拷到下行　确定　取消　帮助

图 3-60　内部属性设置窗口

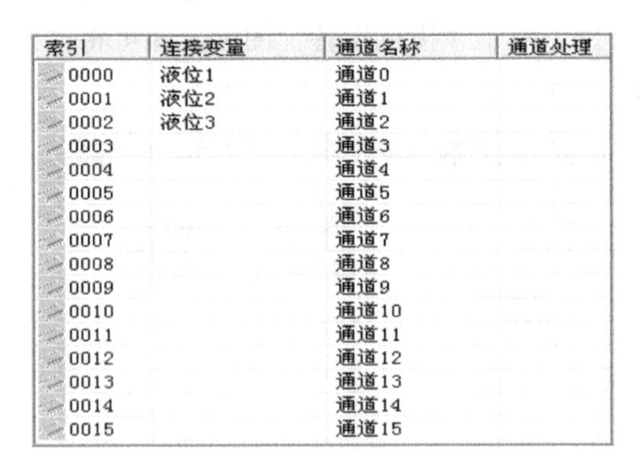

图 3-61　设备通道连接

通过上述操作就完成了模拟设备的建立和连接。进入模拟运行环境，检查循环水控制系统的水罐 1、水池、水罐 2 是否自动运行起来了。如果发现阀门不会根据水罐 1、水池、水罐 2 的水位变化自动开启与关闭，则可以在调试过程中通过编写控制流程的脚本程序来完成整体调节过程。

四、控制流程和脚本程序

MCGS 嵌入版组态软件通过组态策略实现应用工程的控制流程，比较复杂的应用工程系统需要使用脚本程序。正确地编写脚本程序可优化控制组态过程，并提高组态应用工程的工作效率。

脚本程序是由工程设计人员编制的用来完成特定操作和处理的程序。脚本程序的编程语法比较简单，工程设计人员能够快速、正确地掌握如何使用脚本程序。下面通过编写循环水控制系统的控制流程的脚本程序来进行演示，说明脚本程序的编写方法。

1. 分析控制流程

若“水罐 1”的液位达到 9 m，则把“水泵”关闭；否则，自动启动“水泵”。若“水罐 2”的液位不足 1 m，自动关闭“出水阀”；否则，自动开启“出水阀”。若“水罐 1”的液位大于 1 m，同时“水罐 2”的液位小于 6 m，则自动开启“控制阀”；否则，自动关闭“控制阀”。

图 3-62 “策略属性设置”对话框

2. 编写脚本程序

（1）打开组态软件工作台，选择“运行策略”选项卡，双击图标进入“策略属性设置”对话框，如图 3-62 所示。只要把循环时间设为 200 ms，单击“确认”按钮即可。

（2）在策略组态窗口中，单击工具条中的“新增策略行”图标新增一个策略行，如图 3-63 所示。

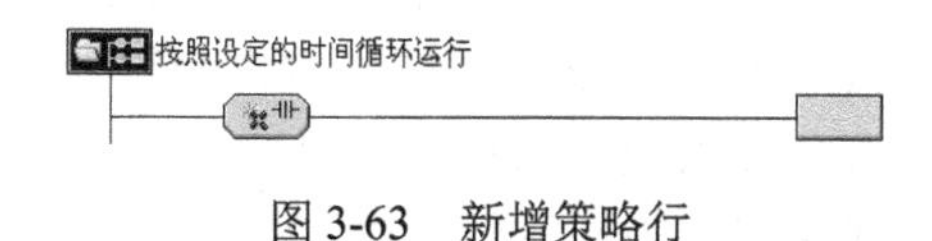

图 3-63 新增策略行

（3）在策略组态窗口中，如果没有出现策略工具箱，则单击工具条中的工具箱图标，弹出策略工具箱，如图 3-64 所示。

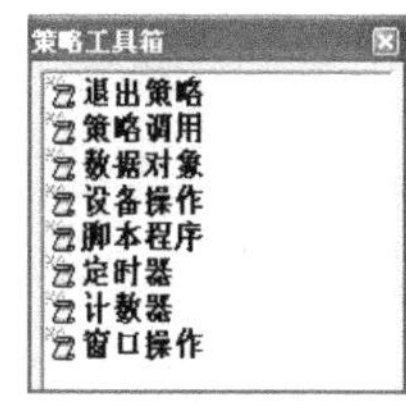

图 3-64 策略工具箱

单击策略工具箱中的“脚本程序”，则当鼠标指针移出策略工具箱时，会变成手形。把“小手”放在上，并单击鼠标左键，则新增的策略行如图 3-65 所示。

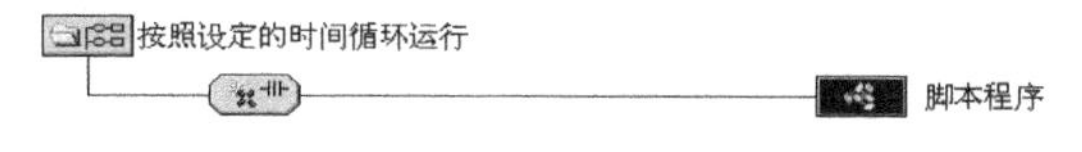

图 3-65 脚本程序

双击图标进入脚本程序编辑环境，如图 3-66 所示。编写完成后的脚本程序如下：

```
IF 液位1 > 1 AND 液位1 < 5 THEN 水泵 = 1 ELSE 水泵 = 0 ENDIF
IF 液位2 < 5 AND 液位2 > 2 THEN 进水阀 = 1 ELSE 进水阀 = 0 ENDIF
IF 液位3 < 4 AND 液位3 > 2 THEN 控制阀 = 1 ELSE 控制阀 = 0 ENDIF
IF 液位3 > 4 THEN 出水阀 = 1 ELSE  出水阀 = 0 ENDIF
```

脚本程序编写完成后，单击“检查”按钮，检查脚本程序语法是否正确。当语法正确后单击“确认”按钮完成脚本程序的设置，退出运行策略窗口。当再次进入模拟运行环境时，就会按照脚本程序编写的控制流程出现相应的动画效果。循环水控制系统的动画效果图如图 3-67 所示。

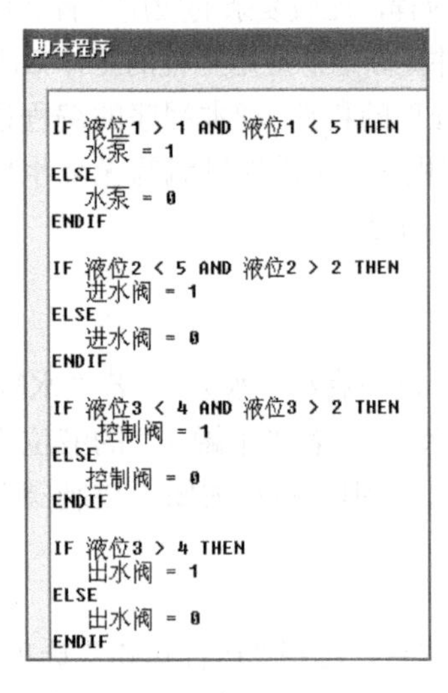

脚本程序

```
IF 液位1 > 1 AND 液位1 < 5 THEN
   水泵 = 1
ELSE
   水泵 = 0
ENDIF

IF 液位2 < 5 AND 液位2 > 2 THEN
   进水阀 = 1
ELSE
   进水阀 = 0
ENDIF

IF 液位3 < 4 AND 液位3 > 2 THEN
    控制阀 = 1
ELSE
   控制阀 = 0
ENDIF

IF 液位3 > 4 THEN
   出水阀 = 1
ELSE
   出水阀 = 0
ENDIF
```

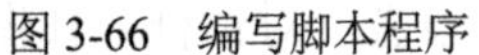

图 3-66 编写脚本程序

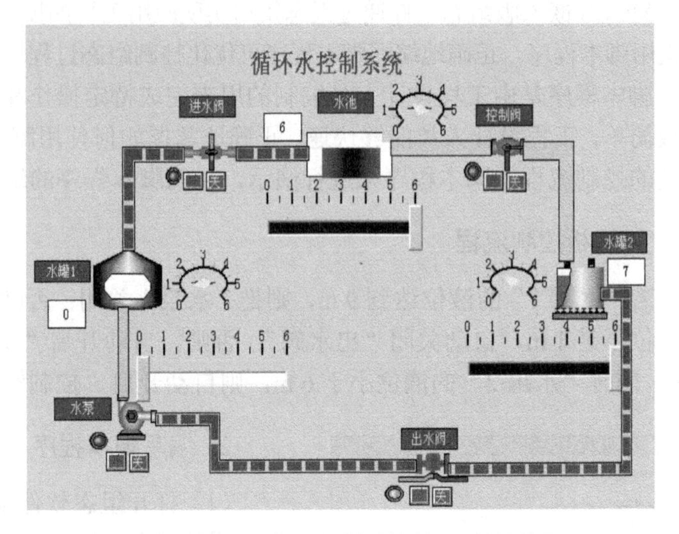

图 3-67 循环水控制系统的动画效果图

思考题

（1）MCGS 嵌入版组态软件中如何定义数据对象？
（2）MCGS 嵌入版组态软件中数据对象有哪几种类型？
（3）什么是 MCGS 嵌入版组态软件的运行策略？
（4）MCGS 嵌入版组态软件如何建立模拟设备？
（5）MCGS 嵌入版组态软件中模拟设备有哪几种曲线？

项目 4　脚本程序的编写与实例

学习目标

- ▶ 掌握组态软件的脚本程序设计；
- ▶ 熟悉运行策略和动画连接的操作流程；
- ▶ 学习组态软件脚本程序的编写和使用方法。

能力目标

- ▶ 掌握运行策略的设计能力；
- ▶ 具备动态画面的脚本程序编写能力；
- ▶ 具备脚本程序和动画连接的组态能力；
- ▶ 掌握根据工程项目需求设计脚本程序的能力。

MCGS 嵌入版组态软件的脚本程序是一种内置编程语言引擎。当某些控制和计算任务通过常规组态方法难以实现时，通过脚本程序可以解决用常规组态方法难以解决的问题。本项目介绍 MCGS 嵌入版组态软件的脚本程序，包括脚本程序编辑环境、脚本程序语言要素、脚本程序基本语句、脚本程序的查错和运行等内容。

本项目课件请扫二维码 4-1，本项目视频讲解请扫二维码 4-2。

二维码 4-1

二维码 4-2

任务 4-1　脚本程序及其语言要素和基本语句

一、脚本程序概述

MCGS 嵌入版组态软件脚本程序的作用，是为编制各种特定的流程控制程序和操作处理程序提供方便的途径。脚本程序被封装在一个功能构件（称为脚本程序功能构件）里，在后台由独立的线程来运行和处理。

在 MCGS 嵌入版组态软件中，脚本程序是一种语法上类似于 Basic 语言的编程语言。脚本程序可以应用在运行策略中，把整个脚本程序作为一个策略功能块来执行；也可以在动画界面的事件中执行。

脚本程序编辑环境是用户编写脚本语句的地方。脚本程序编辑环境主要由脚本程序编辑框、编辑功能按钮、MCGS 嵌入版组态软件操作对象列表和函数列表、脚本语句和表达式 4

部分构成。

（1）脚本程序编辑框用于编写脚本程序和脚本注释，用户必须遵照 MCGS 嵌入版组态软件规定的语法结构和编写规范来编写脚本程序，否则不能通过语法检查。

（2）编辑功能按钮提供了文本编辑的基本操作，使用这些操作可以方便用户编辑和提高用户编辑速度。

（3）脚本语句和表达式列出了 MCGS 嵌入版组态软件使用的 3 种语句的编写形式和 MCGS 嵌入版组态软件允许的表达式类型。用鼠标单击要选用的语句和表达式符号按钮，在脚本编辑处光标所在的位置填上语句或表达式的标准格式。例如，用鼠标单击“if…then”按钮，则 MCGS 嵌入版组态软件提供一个“if…then”结构，并把输入光标停到合适的位置上。

（4）MCGS 嵌入版组态软件操作对象列表和函数列表，以树结构的形式列出了工程中所有的窗口、策略、设备和变量，以及系统支持的各种方法、属性和各种函数，以供用户快速地查找和使用。

二、脚本程序的语言要素

在 MCGS 嵌入版组态软件中，脚本程序使用的语言非常类似于普通的 Basic 语言。本节对脚本程序的语言要素进行详细的说明。

1. 脚本程序的数据类型

MCGS 嵌入版组态软件脚本程序使用的数据类型只有 3 种：

- 开关型：表示开或关的数据类型，通常 0 表示关，非 0 表示开；也可以作为整数使用。
- 数值型：其值在 $3.4\times10^{\pm38}$（3.4E±38）范围内。
- 字符型：最多 512 个字符组成的字符串。

2. 脚本程序的变量、常量及函数等

（1）变量：在脚本程序中，用户不能定义子程序和子函数，其中数据对象可以看成脚本程序中的全局变量，所有的程序段都可共享变量的值。可以用数据对象的名称来读写数据对象的值，也可以对数据对象的属性进行操作。

开关型、数值型、字符型 3 种数据对象分别对应于脚本程序中的 3 种数据类型。在脚本程序中不能对组对象和事件型数据对象进行读写操作，但可以对组对象进行存盘处理。

（2）常量：

- 开关型常量：0 或非 0 的整数，通常 0 表示关，非 0 表示开；
- 数值型常量：带小数点或不带小数点的数值，如 12.45 和 100；
- 字符型常量：双引号内的字符串，如“OK”“正常”。

（3）系统变量：MCGS 嵌入版组态软件系统定义的内部数据对象作为系统内部变量，在脚本程序中可自由使用：在使用系统变量时，变量的前面必须加“$”符号，如 ：$Date。

（4）系统函数：MCGS 嵌入版组态软件系统定义的内部函数，在脚本程序中可自由使用。在使用系统函数时，函数的前面必须加“!”符号，如： !abs( )。

（5）表达式：由数据对象（包括设计者在实时数据库中定义的数据对象、系统内部数据对象和系统函数）、括号和运算符组成的运算式称为表达式，表达式的计算结果称为表达式的值。

当表达式中包含有逻辑运算符或比较运算符时，表达式的值只可能为 0（条件不成立，假）或非 0（条件成立，真），这类表达式称为逻辑表达式；当表达式中只包含算术运算符，而表达式的运算结果为具体的数值时，这类表达式称为算术表达式。常量或数据对象是狭义的表达式，这些单个量的值即为表达式的值。表达式值的类型即为表达式的类型，必须是开关型、数值型、字符型 3 种类型中的一种。

表达式是构成脚本程序的最基本元素，在 MCGS 嵌入版组态软件的组态过程中，需要通过表达式来建立实时数据库对象与其他对象的连接关系，正确输入和构造表达式是完成组态运行策略的一项重要内容。

3. 脚本程序的运算符

（1）算术运算符：∧乘方、*乘法、／除法、＼整除、+加法、–减法、Mod 取模运算。

（2）逻辑运算符：AND 逻辑与、NOT 逻辑非、OR 逻辑或、XOR 逻辑异或。

（3）比较运算符：>大于、>=大于等于、=等于、<=小于等于、<小于、< >不等于。

（4）运算符优先级：按照优先级从高到低的顺序，各个运算符排列如下：

“( )”“∧”“*，／，＼，Mod、+，–”“<, >, <=, >=, =, < >”“NOT”“AND，OR，XOR”。

三、脚本程序的基本语句

由于 MCGS 嵌入版组态软件的脚本程序用来实现某些多分支流程的控制及操作处理，因此其中包括几种最简单的语句：赋值语句、条件语句、退出语句和注释语句。同时，为了提供一些高级的循环和遍历功能，还提供了循环语句。所有的脚本程序都可由这 5 种语句组成，当需要在一个程序行中包含多条语句时，各条语句之间必须用“:”分开，程序行也可以是没有任何语句的空行。大多数情况下，一个程序行只包含一条语句，赋值程序行中根据需要可在一行中放置多条语句。

1. 脚本程序的赋值语句

赋值语句的形式为：数据对象=表达式。赋值号用“=”表示，它的具体含义是：把“=”右边表达式的运算值赋给左边的数据对象。赋值号左边必须是能够读写的数据对象。例如，开关型数据、数值型数据以及能进行写操作的内部数据对象，而组对象、事件型数据对象、只读的内部数据对象、系统函数以及常量，均不能出现在赋值号的左边，因为不能对这些对象进行写操作。

赋值号的右边为一表达式，表达式的类型必须与左边数据对象值的类型相符合，否则系统会提示“赋值语句类型不匹配”的错误信息。

2. 脚本程序的条件语句

条件语句有如下三种形式：

```
（1）If 表达式 Then 赋值语句或退出语句
（2）If 表达式 Then
   语句
End If
```

```
(3) If 表达式 Then
    语句
Else
   语句
End If
```

条件语句中的 4 个关键字“If”“Then”“Else”“End if”不分大小写。如果拼写不正确，检查程序时会提示出错信息。

3．脚本程序的循环语句

循环语句为 While 和 EndWhile，其结构为：

```
While 条件表达式
…
EndWhile
```

当条件表达式成立时（非 0），循环执行 While 和 EndWhile 之间的语句，直到条件表达式不成立（为 0）时退出。

4．脚本程序的退出语句

退出语句为“Exit”，用于中断脚本程序的运行，停止执行其后面的语句。一般在条件语句中使用退出语句以便在某种条件下，停止并退出脚本程序的执行。

5．脚本程序的注释语句

以单引号“'”开头的语句称为注释语句，在脚本程序中只起到注释说明的作用，实际运行时，系统不对注释语句做任何处理。

任务 4-2　脚本程序的调试

脚本程序编制完成后，系统将首先对程序代码进行检查，以确认脚本程序的编写是否正确。检查过程中，如果发现脚本程序有错误，则会显示相应的出错信息，以提示可能的出错原因，帮助用户查找和排除错误。常见的提示信息有：

（1）组态设置正确，没有错误；

（2）未知变量；

（3）未知表达式；

（4）未知的字符型变量；

（5）未知的操作符；

（6）未知函数；

（7）函数参数不足；

（8）括号不配对；

（9）IF 语句缺少 ENDIF；

（10）IF 语句缺少 THEN；

（11）ELSE 语句缺少对应的 IF 语句；

（12）ENDIF 缺少对应的 IF 语句；

（13）未知的语法错误。

根据系统提供的错误信息做出相应的改正，系统检查通过后可以在运行环境中运行。这样达到简化组态过程、优化控制流程的目的。

任务 4-3　脚本程序实例

一、计数器

MCGS 嵌入式组态系统内嵌有 255 个系统计数器。计数器的系统序号为 1～255。以 1 号计数器为例，要求用按钮启动、停止 1 号计数器，使其复位，并对其限制最大值。函数的具体应用可以看“在线帮助”。计数器的运行效果图如图 4-1 所示。具体操作过程如下：

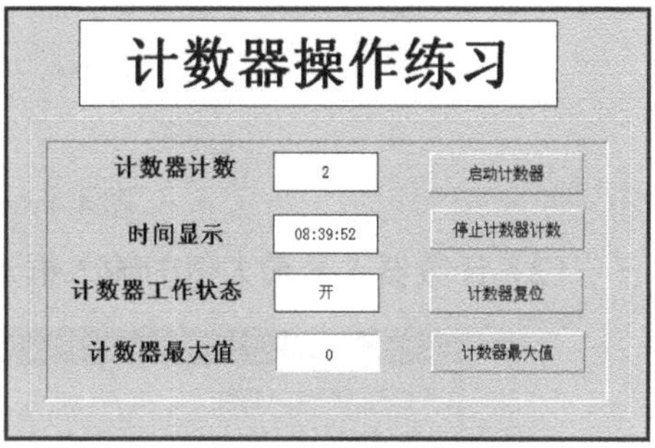

图 4-1　计数器的运行效果图

1. 建立计数器所需的变量

进入 MCGS 嵌入版组态软件工作台，单击“实时数据库”选项卡，单击“新增对象”按钮，新增 4 个变量——计数器 1 号、计数器 1 号工作状态、计数器 1 号显示时间、计数器 1 号最大值，按图 4-2 所示进行设置。

2. 制作用户窗口画面

进入 MCGS 嵌入版组态软件工作台，单击“用户窗口”选项卡，再双击“脚本程序”窗口，进入“动画组态”。从“工具箱”中选中 5 次“标签”，按效果图放置，分别为：计数器操作练习，计数器计数，时间显示，计数器工作状态，计数器最大值。再从“工具箱”中选中 3 次“标签”，按效果图放置，作为“计数器计数”“时间显示”“计数器工作状态”在运行时对应显示用；从“工具箱”中选中“输入框”，针对“计数器最大值”运行时进行输入，如图 4-3 所示。所用到的数据变量：计数器 1 号、计数器 1 号时间显示、计数器 1 号工作状态、计数器 1 号最大值，在变量的属性设置窗口中进行设置。

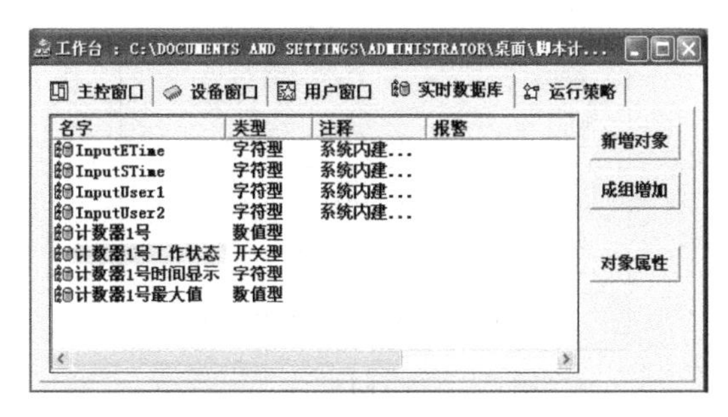

图 4-2　1 号计数器的变量设置

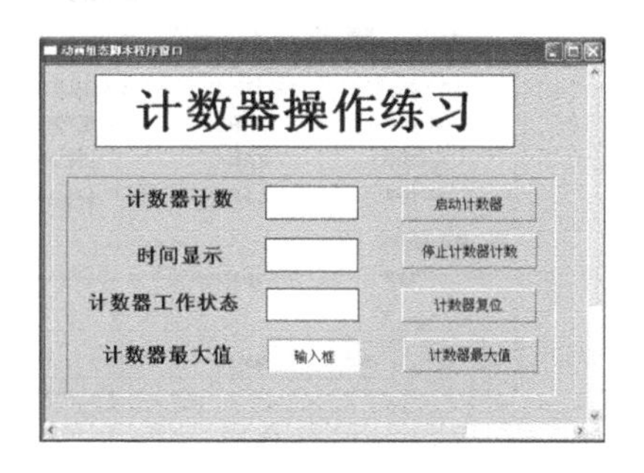

图 4-3　用户窗口的窗口设置

3．用户窗口画面变量连接设置

（1）先对 3 个显示输出框进行变量连接，如图 4-4 至图 4-6 所示。

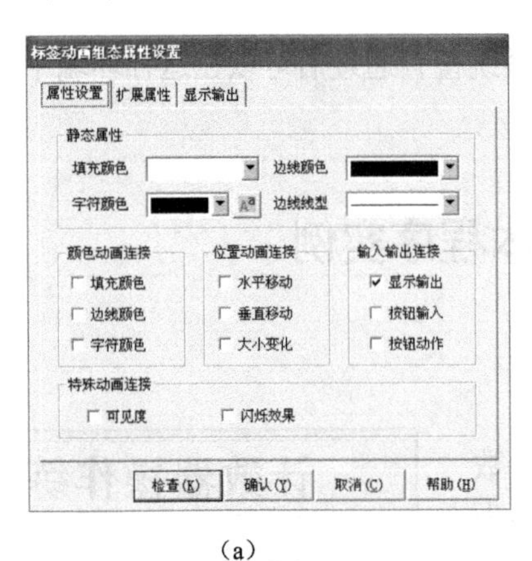

（a）

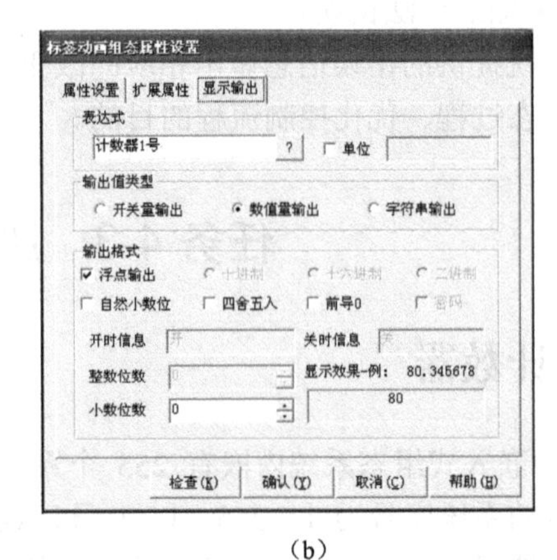

（b）

图 4-4　计数器 1 号计数的显示框设置

（2）计数器 1 号最大值的输入框进行变量连接设置，如图 4-7 所示。

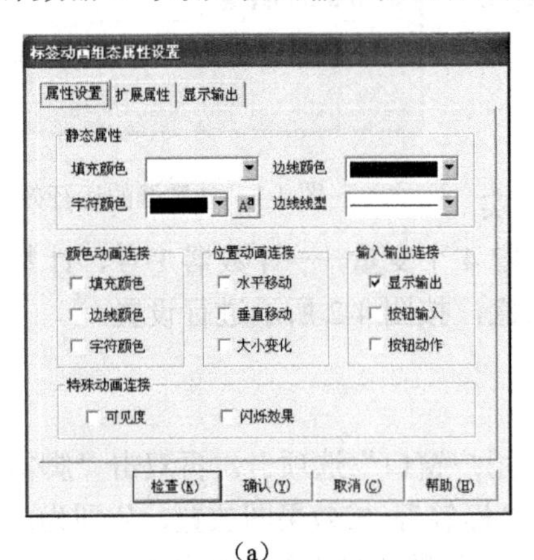

（a）

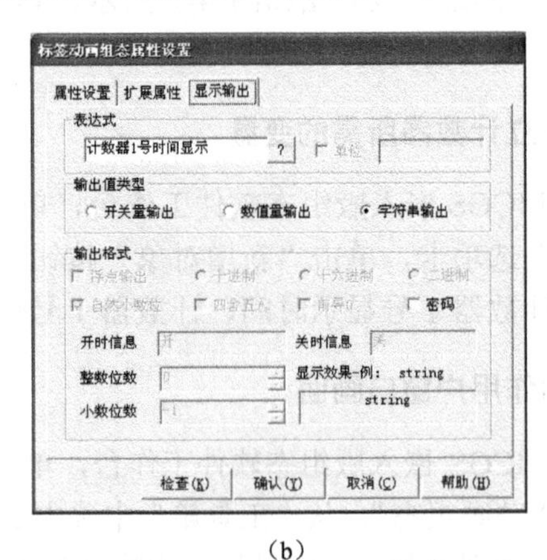

（b）

图 4-5　计数器 1 号时间显示的显示框设置

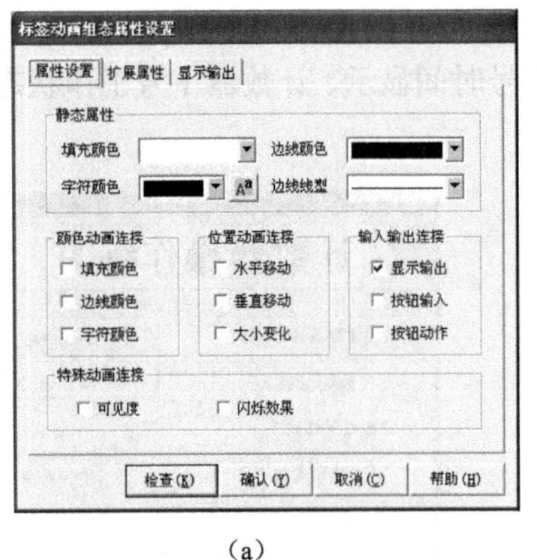

（a）

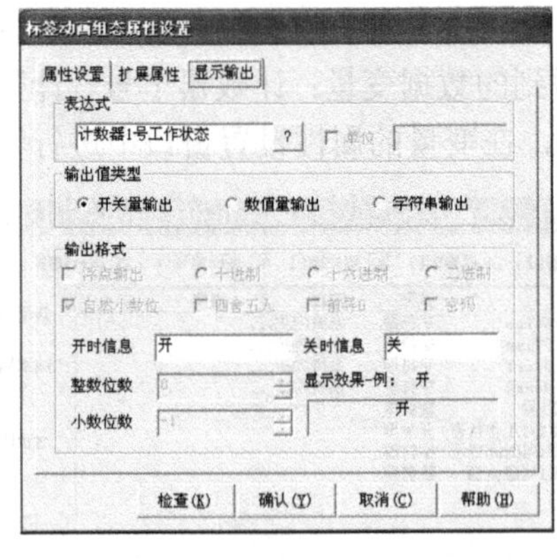

（b）

图 4-6　计数器 1 号工作状态的显示框设置

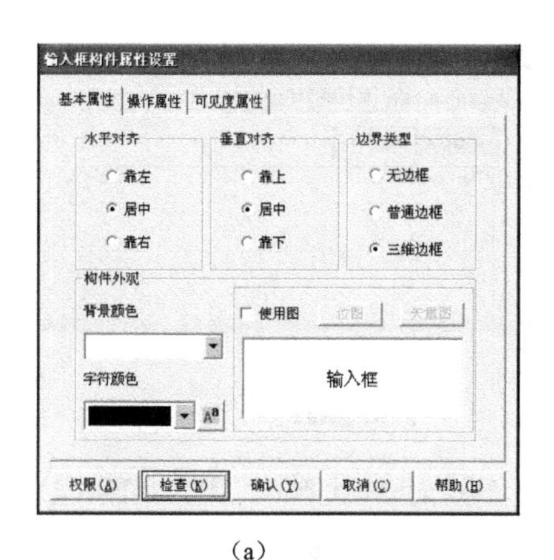

（a）

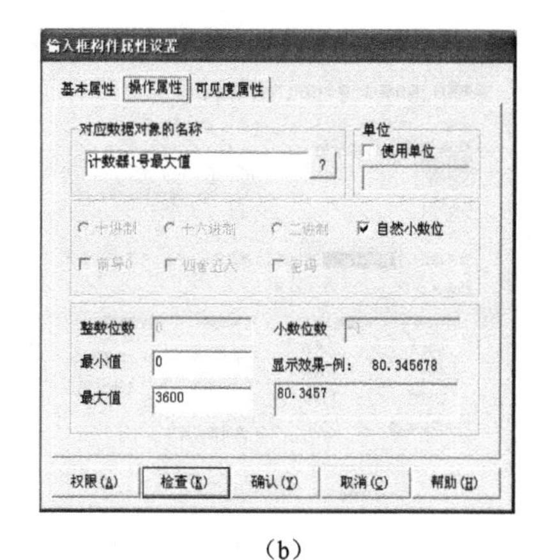

（b）

图 4-7　计数器 1 号最大值的输入框设置

4．脚本程序注释

启动计数器的脚本程序为：

```
!TimerRun(1)
```

停止计数器计数的脚本程序为：

```
!TimerStop(1)
```

计数器复位的脚本程序为：

```
!TimerReset(1,0)
```

计数器最大值的脚本程序为：

```
!TimerSetLimit(1,计数器 1 号最大值,0)
```

用户窗口的脚本程序为：

```
计数器 1 号=!TimerValue(1,0)
计数器 1 号时间显示= $Time
计数器 1 号工作状态=!TimerState(1)
```

对 4 个标准按钮进行属性设置，如图 4-8 至图 4-11 所示。

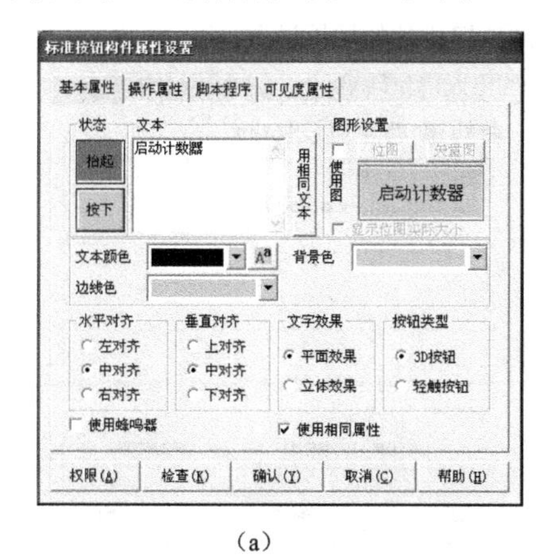

（a）

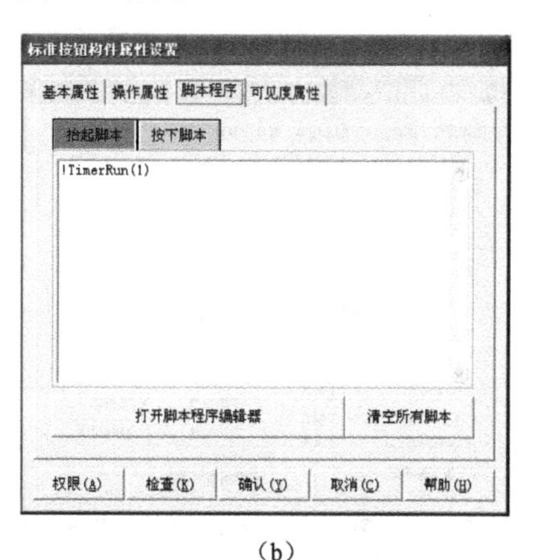

（b）

图 4-8　启动计数器的标准按钮构件的属性设置

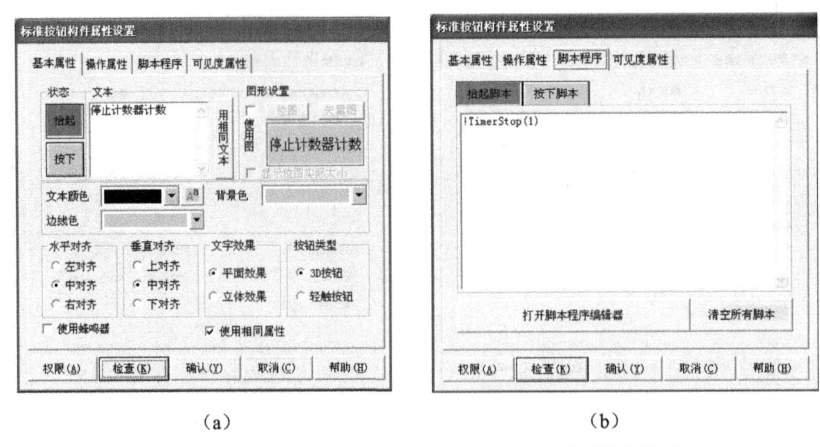

（a）　　（b）

图 4-9　停止计数器的计数标准按钮构件的属性设置

5. 编辑用户窗口的脚本程序

脚本程序编写完成后，单击“检查”按钮，检查脚本程序语法是否正确。当语法正确后单击“确认”按钮完成脚本程序的设置，退出循环脚本编辑窗口。进入模拟运行环境时，就会按照脚本程序编写的计数器的使用方式出现相应的工作状态。编辑用户窗口的脚本程序在“循环脚本”选项卡中设置，如图 4-12 所示。

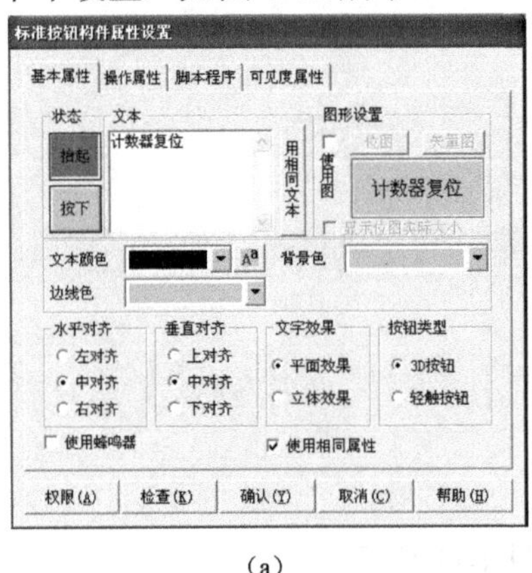

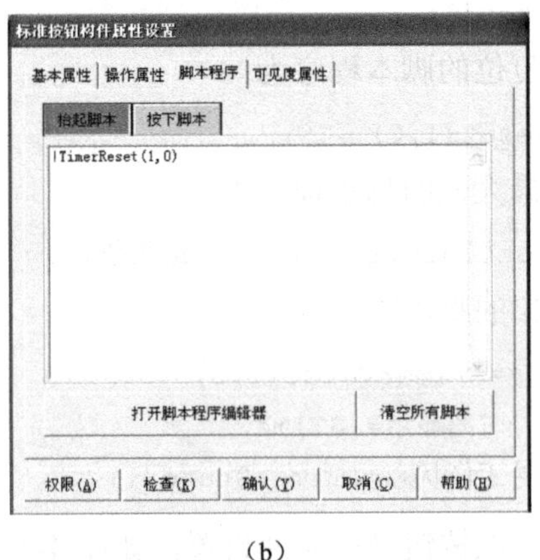

（a）　　（b）

图 4-10　计数器复位的标准按钮构件的属性设置

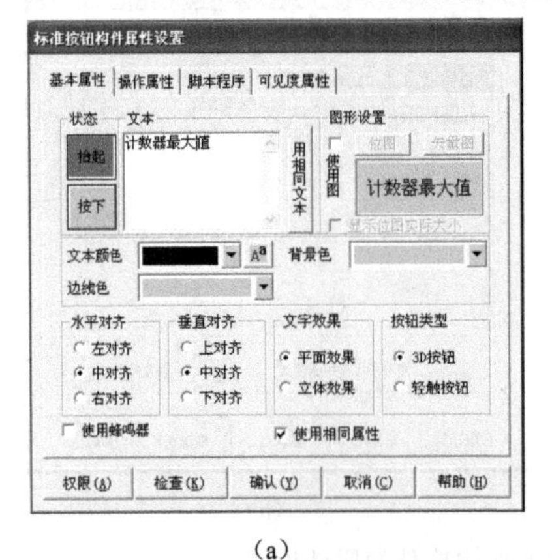

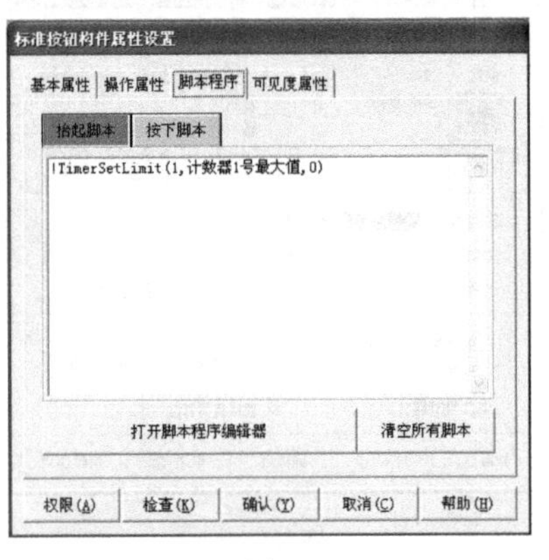

（a）　　（b）

图 4-11　计数器最大值的标准按钮构件的属性设置

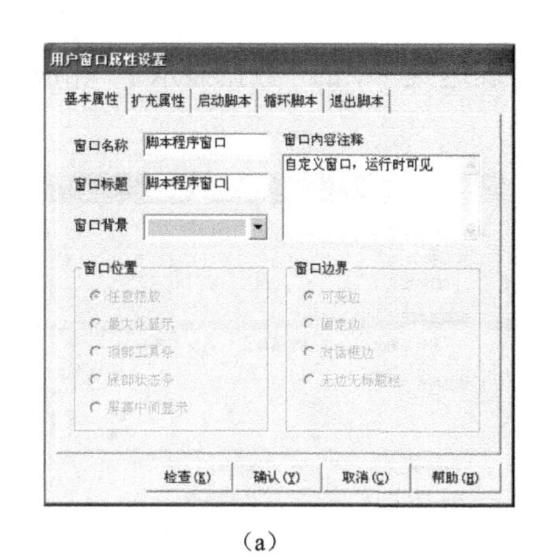

（a）

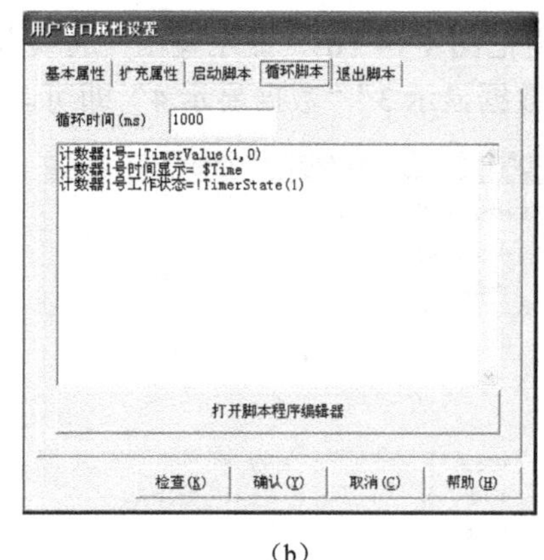

（b）

图 4-12　编辑用户窗口的脚本程序

二、字符串分解

在实际应用过程中经常要用到字符串操作。例如，对西门子 S7-200 系列 PLC 中的“V 数据存储器”进行处理。下面以字符串转换应用工程为例进行说明。

输入 0～9 999 之间的某个数，先要把这个数转换为字符串，当不足 4 位字符时，前面补“0”；然后对字符串进行分解，分解后先转换为相应的 ASCII 码，再用十六进制数表示。字符串分解的运行效果图如图 4-13 所示。

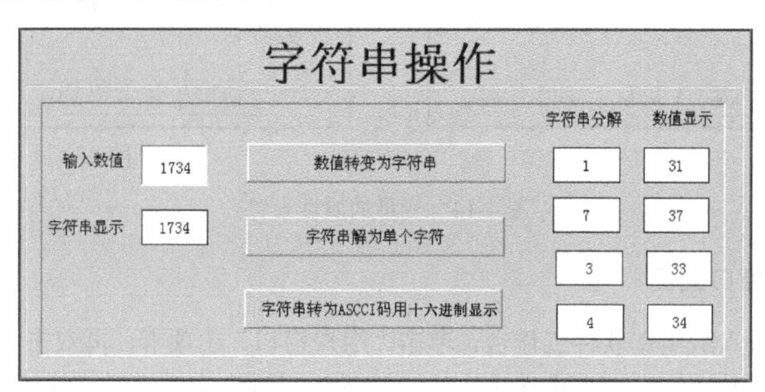

图 4-13　字符串分解的运行效果图

下面详细介绍字符串转换的具体制作过程。

1．建立计数器所需的变量

进入 MCGS 嵌入版组态软件工作台，单击“实时数据库”选项卡，单击“新增对象”按钮，新增 10 个变量：数据显示 1、数据显示 2、数据显示 3、数据显示 4、数值输入（这 5 个为数值型变量）；字符串分解 1、字符串分解 2、字符串分解 3、字符串分解 4，字符串显示（这 5 个为字符串型变量）。

变量“数值输入”“字符串显示”“字符串分解 1”和“数据显示 1”的属性设置分别如图 4-14（a）（b）（c）（d）所示。“字符串分解 2”“字符串分解 3”“字符串分解 4”的属性设置，只需把图 4-14（c）“显示输出”选项卡“表达式”中的“字符串分解 1”相应地改为“字符串分解 2”“字符串分解 3”“字符串分解 4”；“数据显示 2”“数据显示 3”“数据显示 4”的属性设置只需把图 4-14（d）“显示输出”选项卡“表达式”中的“数据显示 1”相应地改为“数据显示 2”“数据显示 3”“数据显示 4”即可。

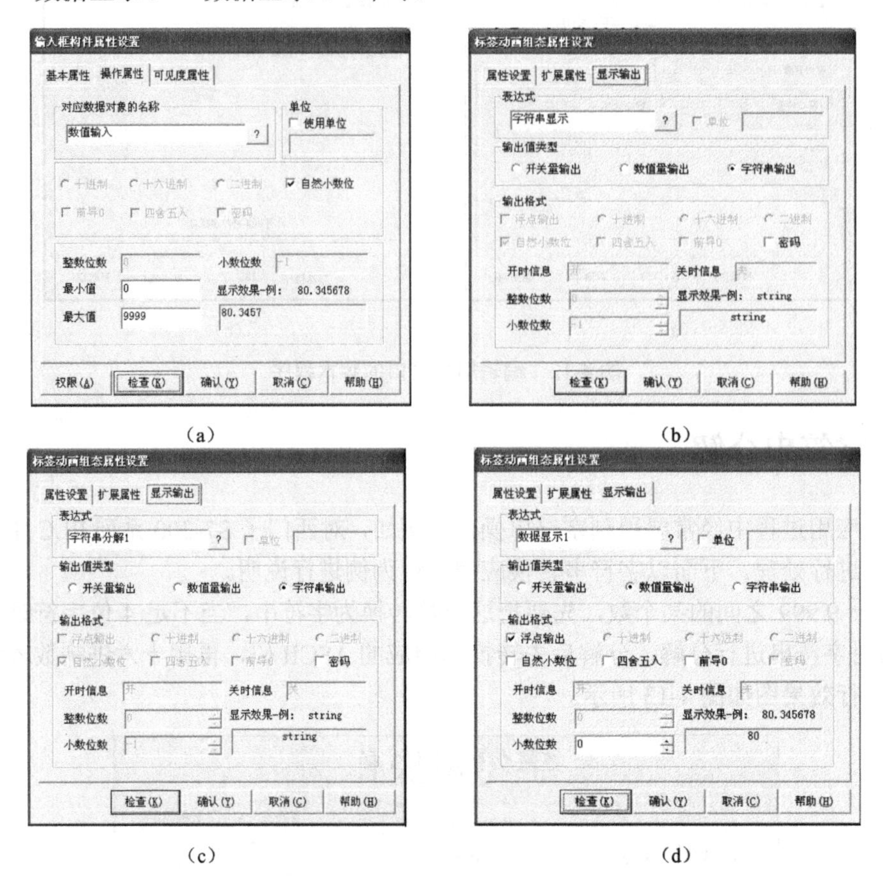

图 4-14 变量的属性设置

2．制作用户窗口画面

进入 MCGS 嵌入版组态软件工作台，单击“用户窗口”选项卡，再双击“脚本程序”窗口，进入“动画组态”，从“工具箱”中选中 5 次“标签”，按图 4-13 所示运行效果图放置，显示文字分别为：字符串操作、输入数值、字符串显示、字符串分解、数值显示。再从“工具箱”中选中“输入框”，放在“输入数值”后面；从“工具箱”中选中“标签”，放在“字符串显示”后面，用于显示字符串。窗口的整体画面设置如图 4-15 所示。

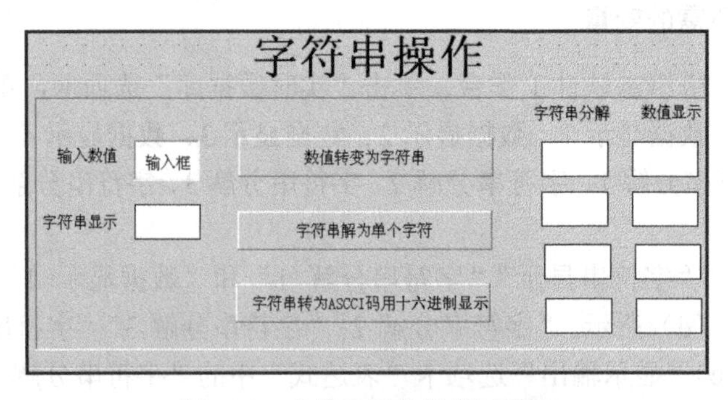

图 4-15 字符串操作的窗口画面

3．用户窗口画面变量连接设置

从“工具箱”中选中 3 次“标准按钮”，分别拖放到桌面适当位置，按钮名分别为：数值转变为字符串、字符串分解为单个字符、字符转为 ASCII 码用 16 进制显示。

4．脚本程序的编写

窗口画面中的 3 个按钮分别按图 4-16 至图 4-18 所示进行设置。

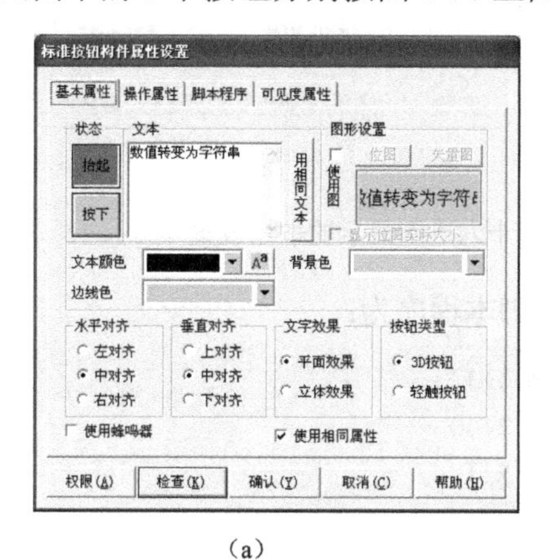

（a）

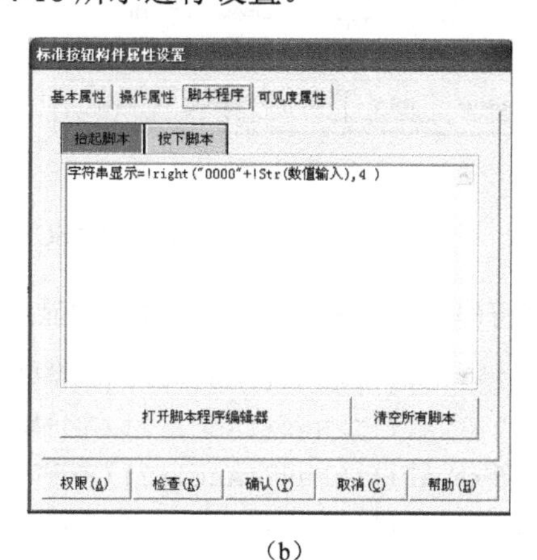

（b）

图 4-16　数值转变为字符串的按钮设置

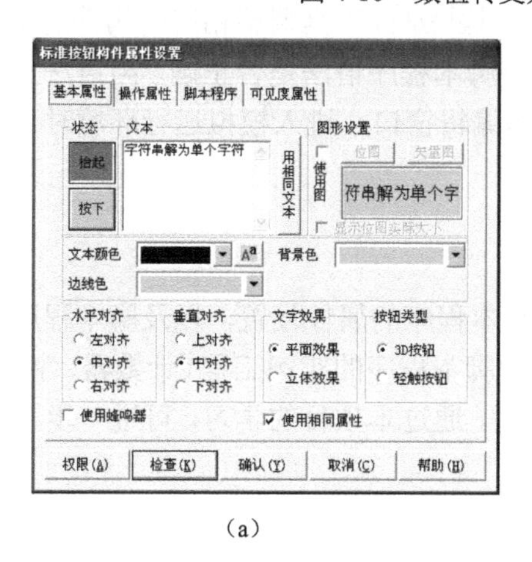

（a）

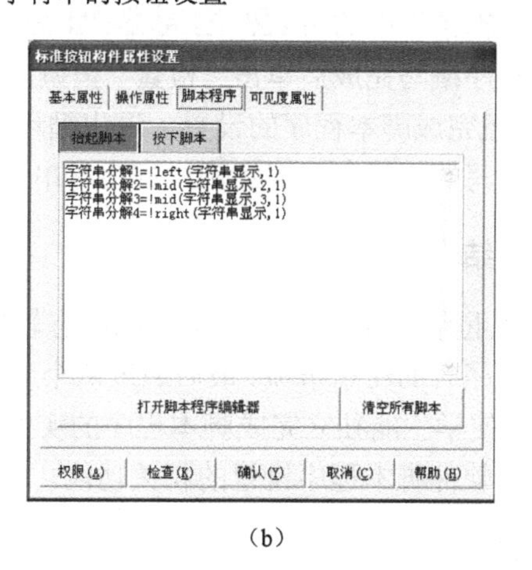

（b）

图 4-17　字符串分解为单个字符的按钮设置

（1）数值转变为字符串的脚本程序为：

```
字符串显示=!right("0000"+!Str(数值输入),4 )
```

（2）字符串分解为单个字符的脚本程序为：

```
字符串分解 1=!left(字符串显示,1)
字符串分解 2=!mid(字符串显示,2,1)
字符串分解 3=!mid(字符串显示,3,1)
字符串分解 4=!right(字符串显示,1)
```

(a)

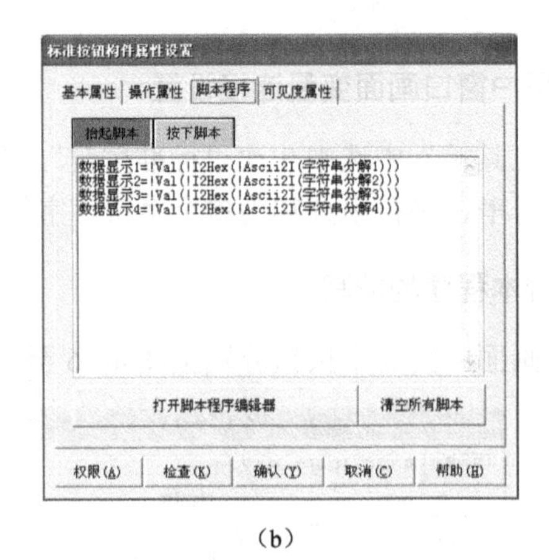

(b)

图 4-18　字符串转为 ASCII 码用十六进制显示的按钮设置

（3）字符串转为 ASCII 码用十六进制显示的脚本程序为：

```
数据显示 1=!Val(!I2Hex(!Ascii2I(字符串分解 1)))
数据显示 2=!Val(!I2Hex(!Ascii2I(字符串分解 2)))
数据显示 3=!Val(!I2Hex(!Ascii2I(字符串分解 3)))
数据显示 4=!Val(!I2Hex(!Ascii2I(字符串分解 4)))
```

脚本程序输入完成后，单击“检查”按钮，确认正确后退出。用户窗口的画面组态完成后，可以用“编辑条”中的工具调整相应的构件的位置关系。

脚本程序编写完成后单击“检查”按钮，检查脚本程序语法是否正确。当语法正确后单击“确认”按钮完成脚本程序的设置，退出循环脚本编辑窗口。进入模拟运行环境时，就会按照脚本程序编写的字符串分解实例进行字符串分解。

项目小结

本项目重点介绍了 MCGS 嵌入版组态软件脚本程序的属性设置，以及脚本程序的分类和编写脚本程序时的注意事项。最后通过两个应用的脚本程序的实例工程（计数器，字符串分解）进行讲解，使学生能独立完成脚本程序的实例工程。通过本项目的学习，可进一步了解 MCGS 嵌入版组态软件脚本程序设置的相关功能。

思考题

（1）什么是 MCGS 嵌入版组态软件的脚本程序？

（2）MCGS 嵌入版组态软件的脚本程序的特点有哪些？

（3）MCGS 嵌入版组态软件在编写脚本程序时要注意什么？

项目 5　MCGS 嵌入版组态软件的报警设置

学习目标

- ▶ 掌握组态软件报警功能的设计；
- ▶ 熟悉运行策略和报警功能的操作流程；
- ▶ 学习报警功能脚本程序的编写和使用方法。

能力目标

- ▶ 掌握组态软件报警功能的设计能力；
- ▶ 具备报警功能的脚本程序编写能力；
- ▶ 具备报警构件和报警显示构件连接的组态能力。

MCGS 嵌入版组态软件把报警处理作为数据对象的属性封装在数据对象内，由实时数据库来自动分析处理。当数据对象的值或状态发生改变时，实时数据库判断对应的数据对象是否产生了报警或已产生的报警是否已经结束，并把所发生的报警信息通知给组态工程的其他部分。实时数据库根据用户的组态设定，把报警信息存入指定的存盘数据库文件。实时数据库负责对报警进行判断、通知和存储三项工作，报警产生后进行其他处理操作，完成该报警信息的使用和报警显示等功能。

任务 5-1　实时报警组态设置

报警的属性在“数据对象属性设置”对话框的“报警属性”选项卡中进行设置。选中“允许进行报警处理”复选框，确定报警的优先级，使实时数据库能对该对象进行报警处理；除了定义报警属性，还要填写报警注释，正确设置报警值或报警状态，如图 5-1 所示。

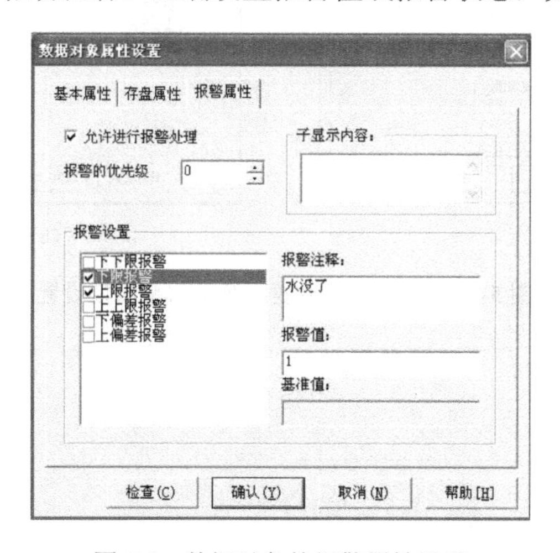

图 5-1　数据对象的报警属性设置

本任务课件请扫二维码 5-1，本任务视频讲解请扫二维码 5-2。

二维码 5-1

二维码 5-2

数值型数据对象有 6 种报警：下下限、下限、上限、上上限、上偏差、下偏差。开关型数据对象有 4 种报警方式：开关量报警、开关量跳变报警、开关量正跳变报警和开关量负跳变报警。开关量报警可以选择开报警或者关报警两种状态，当一种状态为报警状态时，另一种状态就为正常状态。用户在使用时可以根据不同的需要选择一种或多种报警方式。事件型数据对象不进行报警值或状态设置，当对应的事件产生时报警也就产生，且事件型数据对象报警的产生和结束是同时完成的。字符型数据对象和组对象不能设置报警属性，但对组对象而言，所包含的成员可以单个设置报警。组对象一般可用来对报警进行分类管理，以方便系统其他部分对同类报警进行处理。当报警信息产生时，可以设置报警信息是否需要自动存盘，这种设置操作需要在数据对象属性设置窗口的“存盘属性”选项卡中完成。

这里以循环水控制系统中的“液位 1”数据对象为例来说明定义数据对象报警信息的过程。在实时数据库中双击“液位 1”数据对象，在“报警属性”选项卡中选中“允许进行报警处理”；在“报警设置”下面选中“上限报警”选项，把报警值设为 9 m，报警注释为“水满了”，如图 5-2（a）所示；选中“下限报警”选项，把报警值设为 1 m，报警注释为“水没了”，报如图 5-2（b）所示。在“存盘属性”选项卡中，选中“自动保存产生的报警信息”，如图 5-3 所示。单击“确认”按钮，完成数据对象的属性设置。

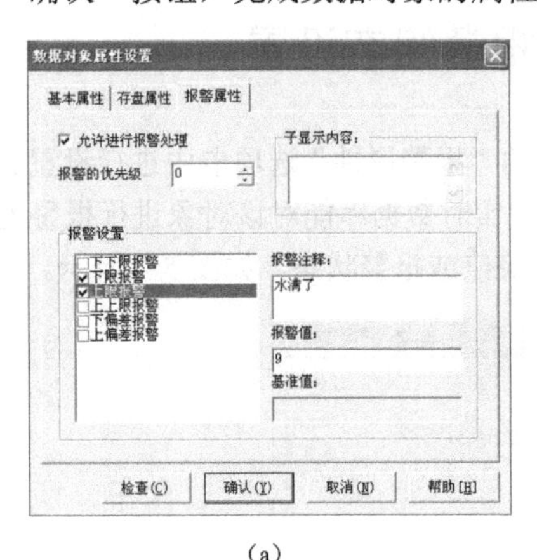

（a）

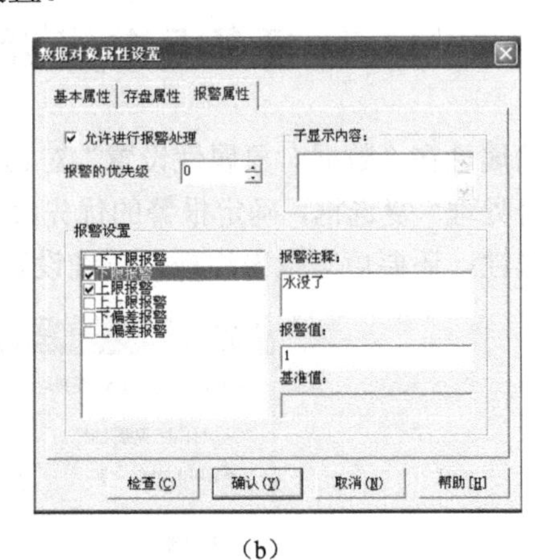

（b）

图 5-2 “液位 1”数据对象的报警属性设置

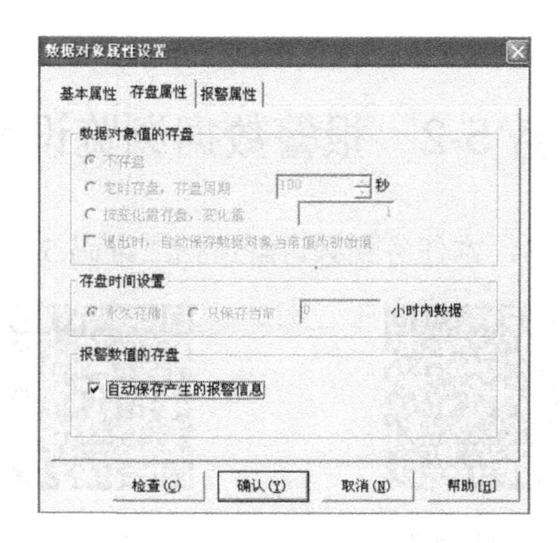

图 5-3　“液位 1”数据对象的存盘属性设置

对于“液位 2”“液位 3”数据对象，只需把其“上限报警”的报警值分别设为 4 m 和 8 m，把其“下限报警”的报警值分别设为 2 m 和 3 m，注释内容及其他设置与“液位 1”相同。具体操作如图 5-4 和图 5-5 所示。

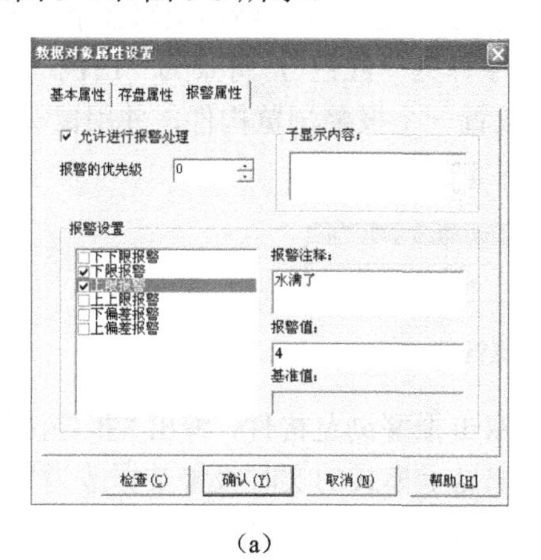

（a）

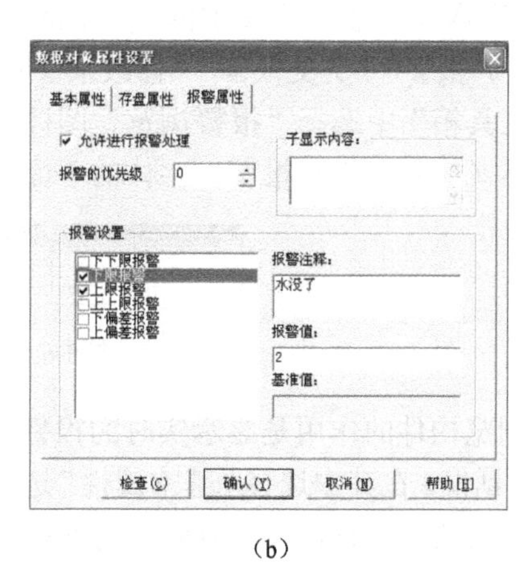

（b）

图 5-4　“液位 2”数据对象的报警属性设置

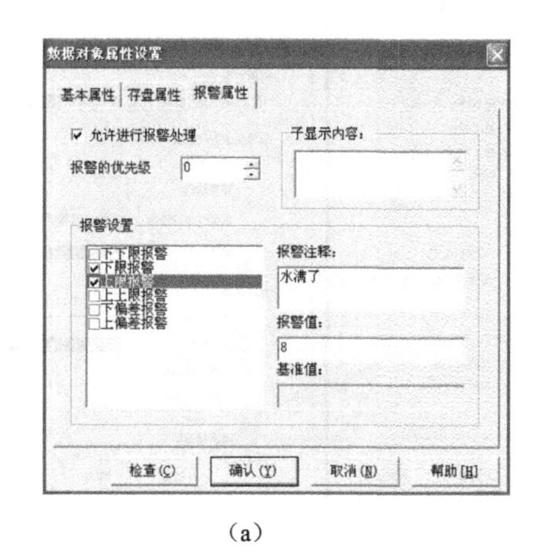

（a）

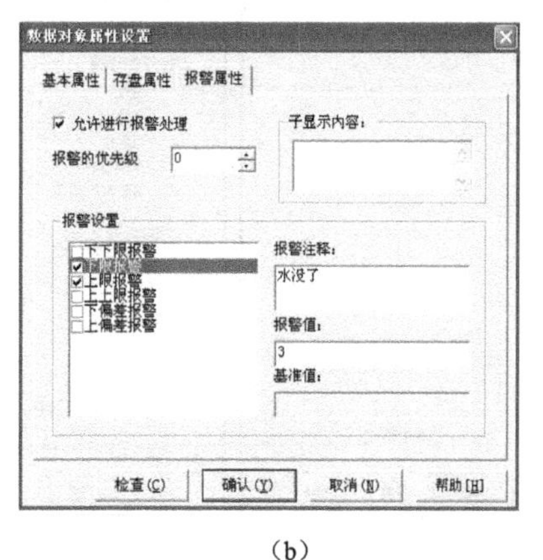

（b）

图 5-5　“液位 3”数据对象的报警属性设置

任务 5-2 报警数据浏览设置

本任务课件请扫二维码 5-3，本任务视频讲解请扫二维码 5-4。

二维码 5-3

二维码 5-4

实时数据库只负责报警的判断、通知和存储 3 项工作，而报警产生后所要进行的其他处理操作需要用户在组态过程中实现。

打开“用户窗口”，进入“报警”窗口。在工具条中单击“工具箱”，从“工具箱”中选择“标签”图标 A，放置 3 个文本框，并用鼠标将其调整到适当大小。然后填写 3 个文本框内容，分别为“实时报警”“历史报警”“修改报警限值”，字体为“红色”，背景为“白色”。

从“工具箱”中选择“报警浏览”图标，放置一个报警浏览构件，并用鼠标将其调整到适当大小（放到“实时报警”字体的下面），如图 5-6 所示。

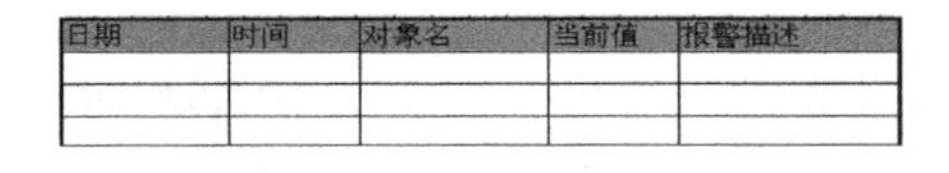

日期	时间	对象名	当前值	报警描述

图 5-6 报警浏览构件

报警浏览构件的作用是显示实时的报警信息。双击报警浏览构件，弹出“报警浏览构件属性设置”对话框。在其中选择“基本属性”选项卡，把显示模式的实时报警数据改为“液位组”，基本显示行数改为 3 行，滚动方向选为“新报警在上”，如图 5-7（a）所示；其他设置如图 5-7（b）和（c）所示。单击“确认”按钮后报警显示设置完毕。

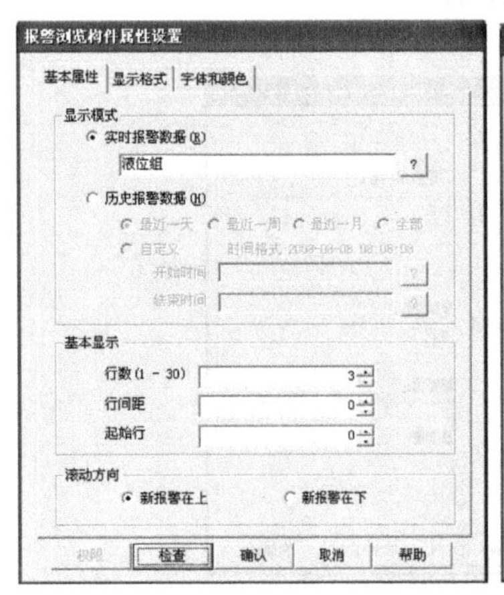

（a）

（b）

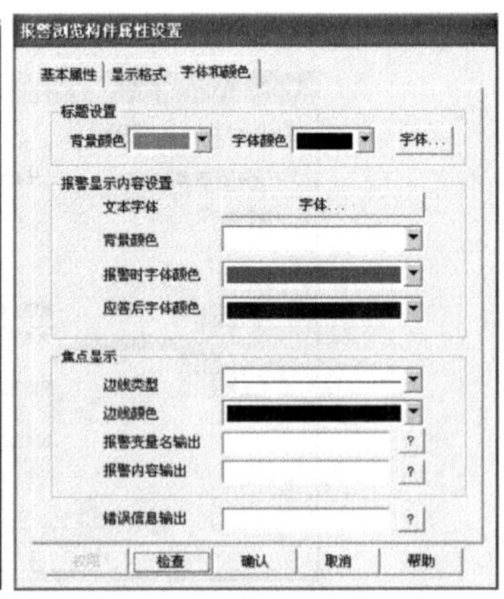

（c）

图 5-7 报警浏览构件的属性设置

在组态软件用户窗口“工具箱”中选择“报警显示”图标，放置一个报警显示构件（放到“历史报警”字体的下面），并用鼠标将它调整到适当大小，如图 5-8 所示。

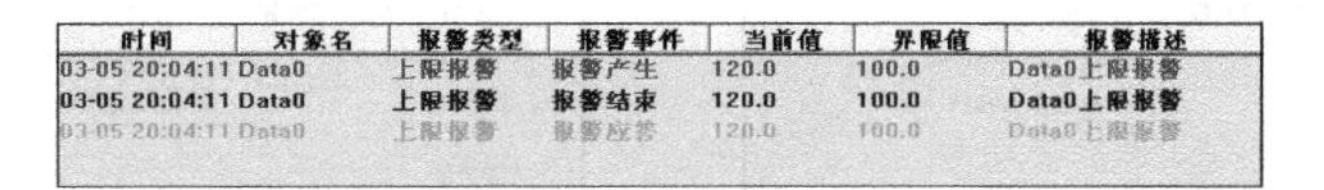

时间	对象名	报警类型	报警事件	当前值	界限值	报警描述
03-05 20:04:11	Data0	上限报警	报警产生	120.0	100.0	Data0上限报警
03-05 20:04:11	Data0	上限报警	报警结束	120.0	100.0	Data0上限报警
03-05 20:04:11	Data0	上限报警	报警应答	120.0	100.0	Data0上限报警

图 5-8　报警显示构件

报警显示构件的作用是显示历史的报警信息。双击报警显示构件，弹出“报警显示构件属性设置”对话框。在其中选择“基本属性”选项卡，把对应的数据对象名称改为“液位组”，最大记录数改为“6”，并且选择“运行时，允许改变列的宽度”复选框，如图 5-9（a）所示；其他设置如图 5-9（b）所示。单击“确认”按钮后报警显示设置完毕。

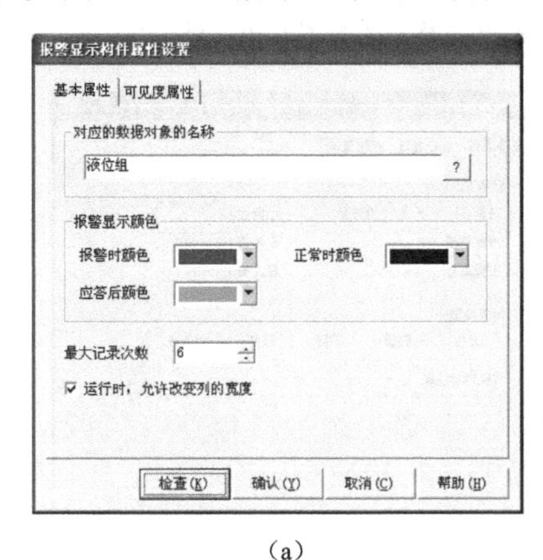

（a）

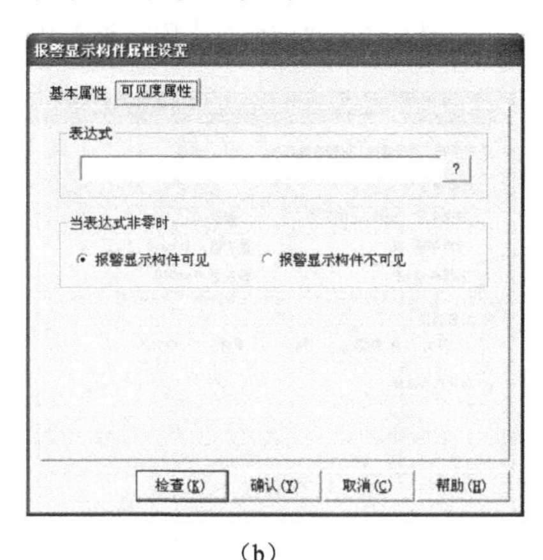

（b）

图 5-9　报警显示构件的属性设置

任务 5-3　修改报警限值组态设置

本任务课件请扫二维码 5-5，本任务视频讲解请扫二维码 5-6。

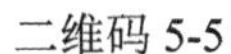

二维码 5-5

二维码 5-6

在对“液位 1”“液位 2”“液位 3”的上下限报警值都定义好后，如果想在运行环境下根据实际情况随时改变报警上下限值，如何实现呢？MCGS 嵌入式组态软件为用户提供了大量的函数，可以根据用户的需要灵活地进行设置。

（1）打开组态软件工作台，选择“实时数据库”选项卡，单击“新增对象”按钮，增加 6 个变量，分别为“液位 1 上限报警”“液位 1 下限报警”“液位 2 上限报警”“液位 2 下限报警”“液位 3 上限报警”“液位 3 下限报警”，具体设置如图 5-10 至图 5-12 所示。

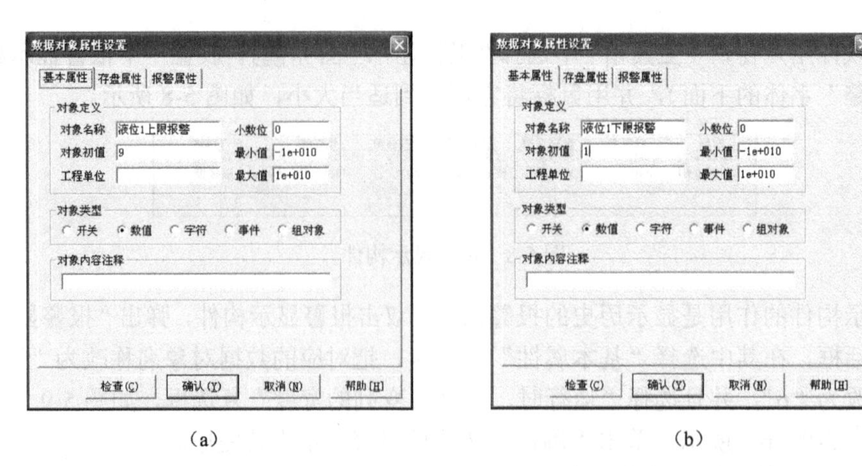

（a）（b）

图 5-10 “液位 1 上限报警”和“液位 1 下限报警”的数据对象属性设置

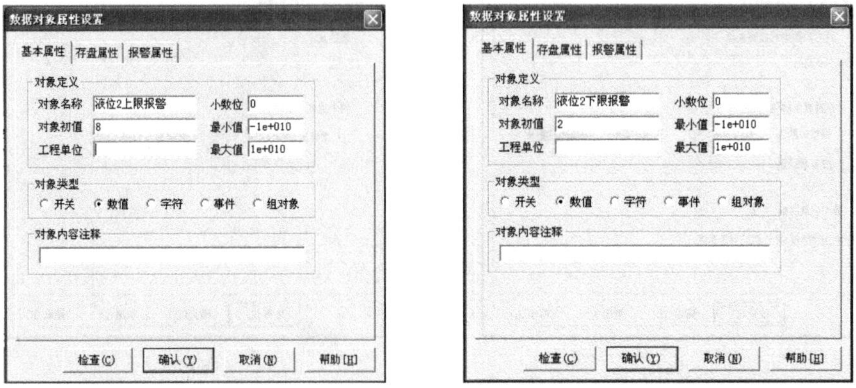

（a）（b）

图 5-11 “液位 2 上限报警”和“液位 2 下限报警”的数据对象属性设置

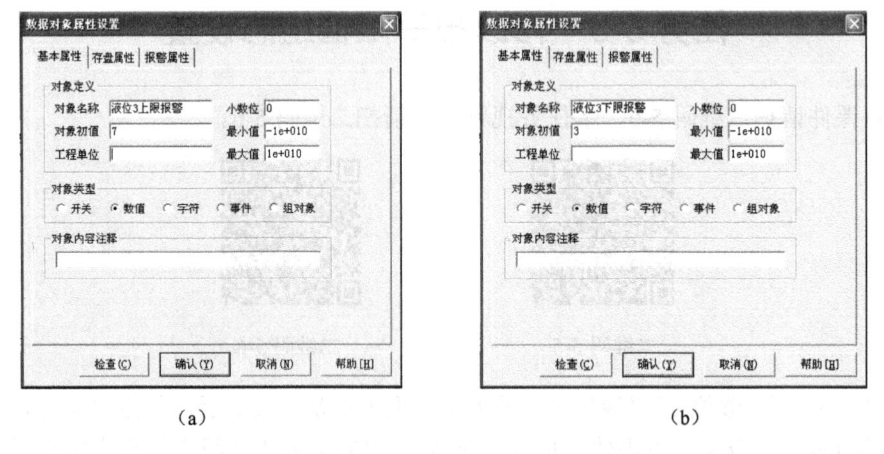

（a）（b）

图 5-12 “液位 3 上限报警”和“液位 3 下限报警”的数据对象属性设置

（2）在组态软件工作台的“用户窗口”选项卡中双击“循环水控制系统”窗口图标。进入该窗口后，在“工具箱”中单击“标签”图标 A 建立 5 个文本框用于文字注释，放置在适当的位置，并分别写入“上限值”“上限值”“液位 1”“液位 2”“液位 3”。单击工具箱中的“输入框”图标 abl 建立 6 个输入框构件，用于在运行时输入液位上下限值，如图 5-13 所示。

以“液位 1 上限报警”输入框为例进行说明：双击 输入框 进行输入框构件属性的设置，在设置属性过程中只需设置“操作属性”，把对应数据对象的名称改为“液位 1 上限报警”即可，其他属性设置不变。“液位 1 上限报警”“液位 1 下限报警”“液位 2 上限报警”“液位 2 下限报警”“液位 3 上限报警”“液位 3 下限报警”输入框的属性设置分别如图 5-14 至图 5-16 所示。

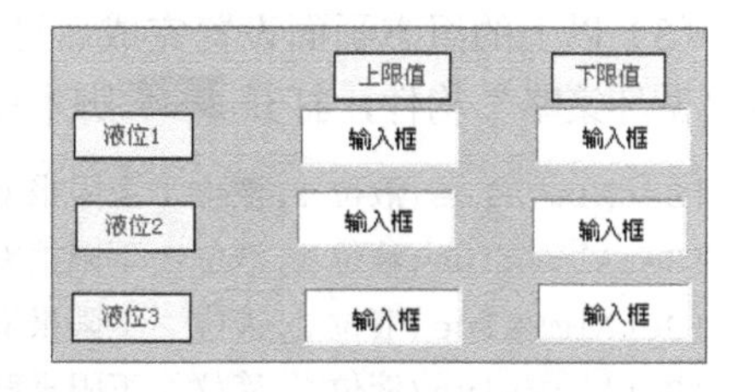

图 5-13　上下限值输入框及文字注释

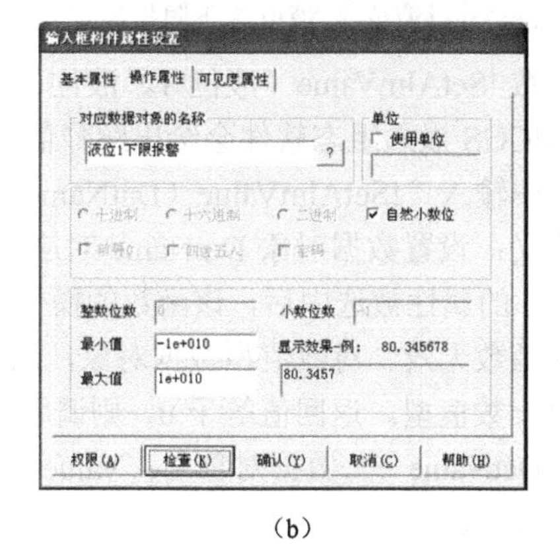

（a）　　（b）

图 5-14　“液位 1 上限报警”和“液位 1 下限报警”输入框属性设置

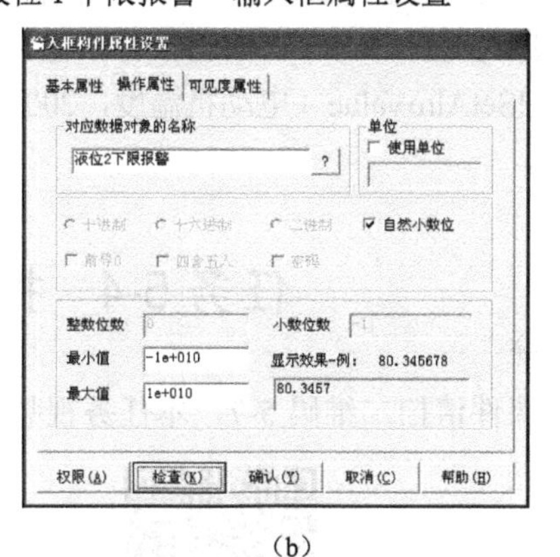

（a）　　（b）

图 5-15　“液位 2 上限报警”和“液位 2 下限报警”输入框属性设置

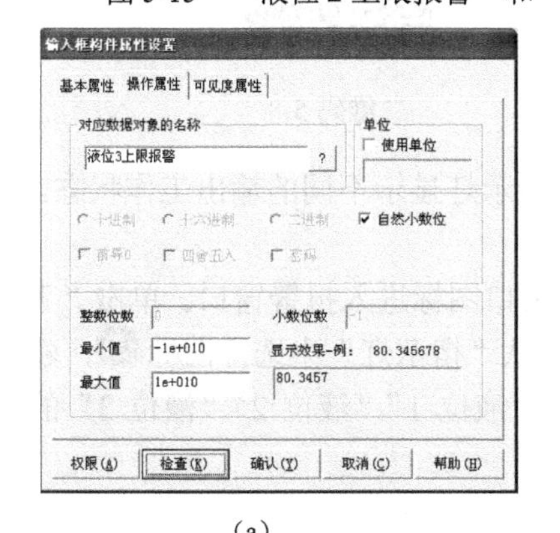

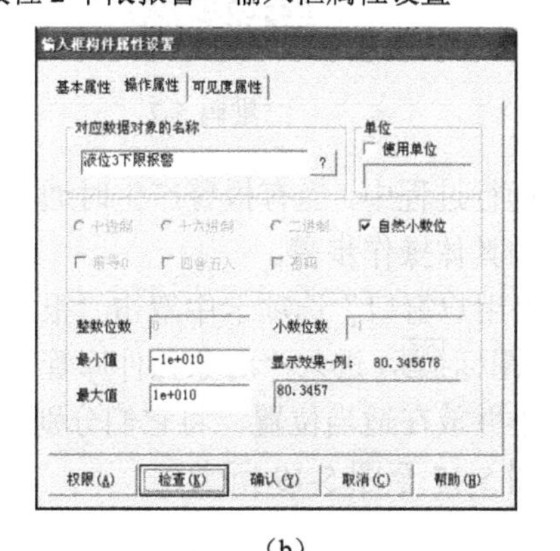

（a）　　（b）

图 5-16　“液位 3 上限报警”和“液位 3 下限报警”输入框属性设置

（3）以上的组态画面设置完成后进入 MCGS 组态环境工作台，在“运行策略”窗口中双击“循环策略”构件，打开 脚本程序编辑环境，在脚本程序中增加以下语句：

```
!SetAlmValue(液位1,液位1上限报警,3)
!SetAlmValue(液位1,液位1下限报警,2)
!SetAlmValue(液位2,液位2上限报警,3)
!SetAlmValue(液位2,液位2下限报警,2)
!SetAlmValue(液位3,液位3上限报警,3)
!SetAlmValue(液位3,液位3下限报警,2)
```

若对函数 !SetAlmValue（液位 1，液位 1 上限报警，3）不了解，则单击工具条上的“在线帮助”，MCGS 嵌入组态软件会给出解释信息。单击“帮助”按钮弹出“MCGS 帮助系统”，在“索引”中输入“!SetAlmValue（DatName，Value，Flag）”。

函数意义：设置数据对象 DatName 对应的报警限值，只有在数据对象 DatName“允许进行报警处理”的属性被选中后，该函数的操作才有意义。对组对象、字符型数据对象、事件型数据对象该函数无效。对数值型数据对象，用 Flag 来标识改变何种报警限值。

返回值：数值型。返回值等于 0，则调用正常；不等于 0，则调用不正常。

参数：DatName——数据对象名；Value——新的报警值，数值型；Flag——数值型，标志要操作何种限值。

Flag 参数具体意义如下：1——下下限报警值，2——下限报警值，3——上限报警值，4——上上限报警值，5——下偏差报警限值，6——上偏差报警限值，7——偏差报警基准值。

例如：“!SetAlmValue（电动机温度，200，3）”把数据对象“电动机温度”的上限报警值设为 200。

任务 5-4　报警灯动画设置

本任务课件请扫二维码 5-7，本任务视频讲解请扫二维码 5-8。

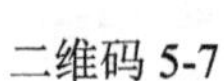
二维码 5-7

二维码 5-8

在实际运行过程中，当有报警产生时通常有指示灯显示不同的输出工作状态。下面讲解制作报警动画的具体操作步骤。

（1）在“用户窗口”选项卡中双击“报警”窗口图标进入报警窗口。单击“工具箱”中的“插入元件”图标，进入“对象元件库管理”，从“指示灯”中选择图标，建立 3 个指示灯，调整大小并放在适当位置，将它们分别用于“液位 1”“液位 2”“液位 3”的报警指示。具体设置如图 5-17 至图 5-19 所示。

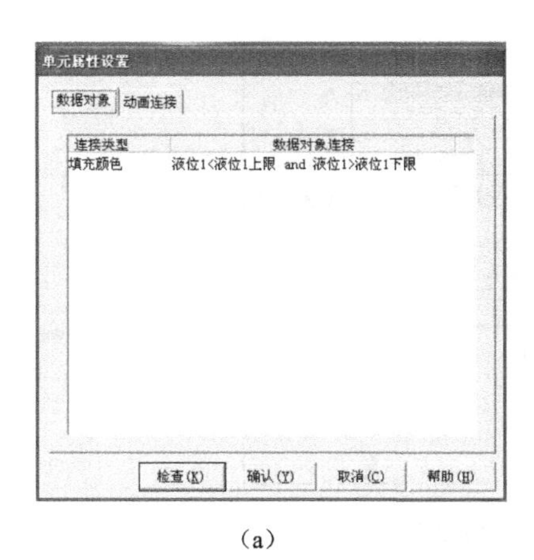

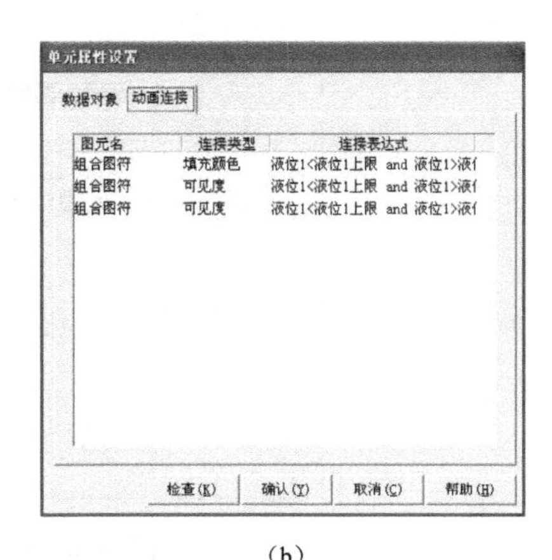

（a）　　（b）

图 5-17　“液位 1”的报警指示灯属性设置

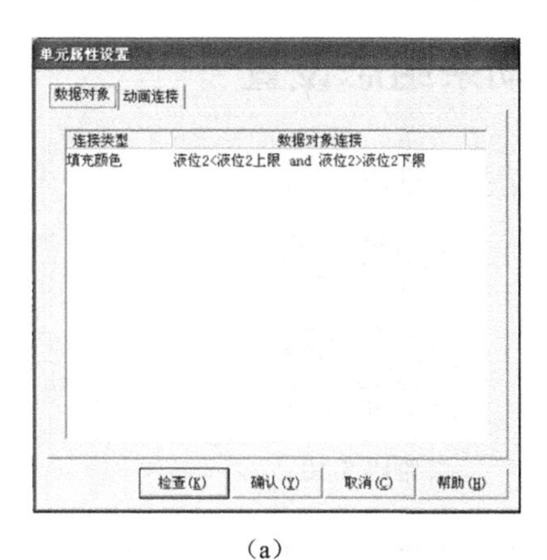

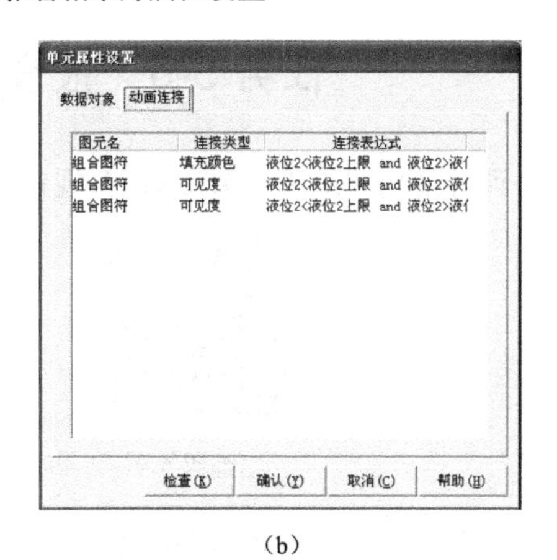

（a）　　（b）

图 5-18　“液位 2”的报警指示灯属性设置

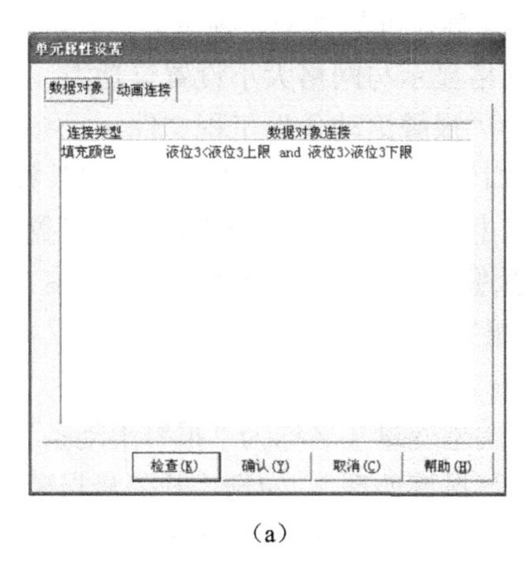

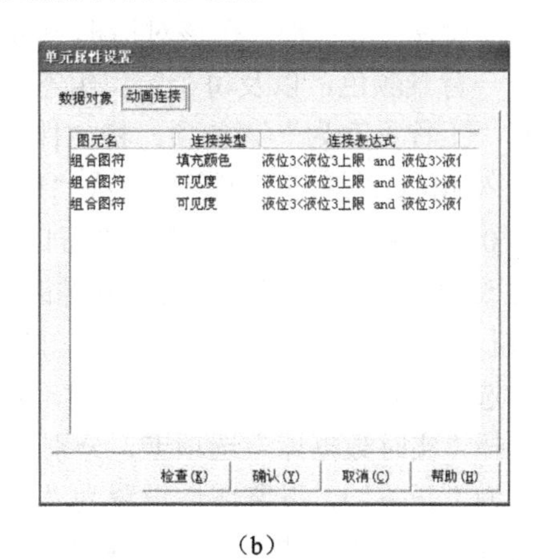

（a）　　（b）

图 5-19　“液位 3”的报警指示灯属性设置

（2）上述报警窗口的属性设置全部完成后，退出“运行策略”窗口。单击“下载”按钮进入模拟运行环境，检查所有设定的报警信息、报警指示灯和修改的报警限值是否按照编写的控制流程出现相应的动画效果。报警窗口效果图如图 5-20 所示。

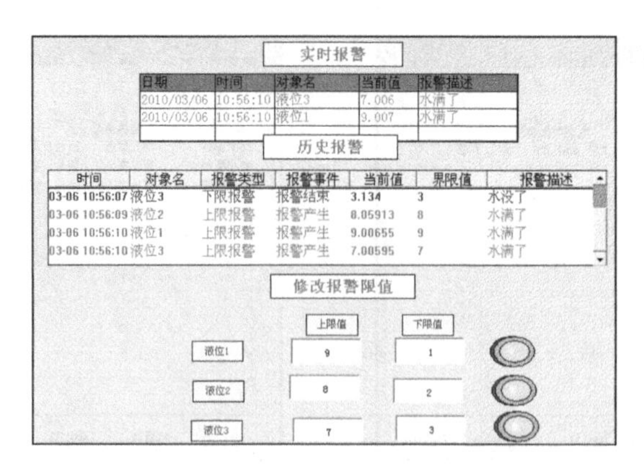

图 5-20　报警窗口效果图

任务 5-5　报警滚动条组态设置

本任务课件请扫二维码 5-9，本任务视频讲解请扫二维码 5-10。

二维码 5-9

二维码 5-10

在计算机上打开 MCGS 嵌入版组态软件以后，在 Windows 桌面上单击“MCGS 组态环境”快捷图标，即可进入 MCGS 嵌入版的组态环境界面。单击“文件”→“新建工程”选项，打开“新建工程设置”对话框。在该对话框中可以设置触摸屏的类型、触摸屏的分辨率大小、每个窗口的统一背景颜色，以及每个窗口组态时的网格显示与网格大小设置等功能。在“文件”菜单中选择“工程另存为”菜单项，将文件另存为“报警滚动条”工程文件。

（1）进入 MCGS 组态工作台后，在“用户窗口”选项卡中单击“新建窗口”按钮，则产生新“窗口 0”。选择“窗口 0”，单击“窗口属性”按钮，进入“用户窗口属性设置”对话框，将窗口名称改为“报警滚动条”，窗口标题改为“报警滚动条”，其他属性设置不变，然后单击“确认”按钮。在“用户窗口”选项卡中，选中“报警滚动条”窗口图标，单击鼠标右键并在下拉菜单中选择“设置为启动窗口”选项，将该窗口设置为启动窗口。

（2）选择“实时数据库”选项卡，分别建立开关型变量（名称为“报警滚动条”）、数值型变量（名称为“开关”），报警属性设置为“允许进行报警处理”，勾选“开关量报警”，在开关量报警的注释中写入“报警显示”的注释信息，“报警值”设为 1，如图 5-21 所示。进入存盘属性设置窗口，选择“自动保存产生的报警信息”，保存变量后进入用户窗口进行设置。在“报警滚动条”窗口中的，单击“窗口工具箱”图标，单击图标 LED 并把它拖放到报警滚动条窗口的适当位置。在窗口中双击报警滚动条，在“跑马灯报警属性设置”对话框中将“显示报警对象”选为刚建立的“报警滚动条”变量。同时，对报警滚动条的显示颜色、字体、滚动速度以及闪烁类型进行设置。跑马灯报警属性设置如图 5-22 所示。在“窗口工具箱”中选取输入框作为输入报警条件，在插入元件库中选择“指示灯显示报警状态”等信息。最后，把各构件的变量都连接在“报警滚动条”的开关变量上，设置完成后保存文件信息。

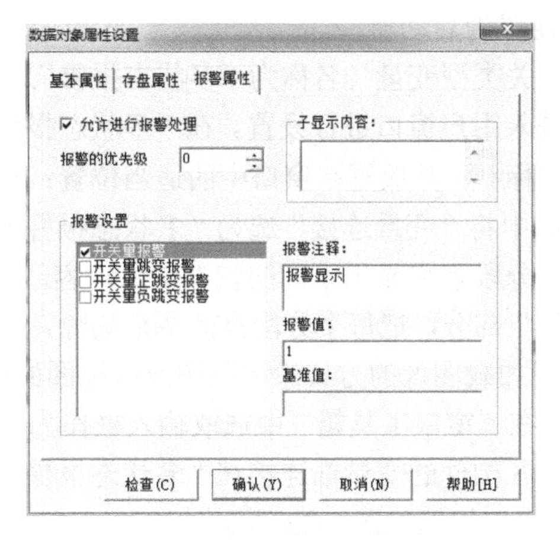

图 5-21　“报警滚动条”变量设置

图 5-22　跑马灯报警属性设置

（3）单击下载按钮，打开“下载配置”窗口。选择“模拟运行”后单击“工程下载”按钮，进入模拟运行环境调试“报警滚动条”工程文件的设计。“报警滚动条”最终模拟窗口如图 5-23 所示。

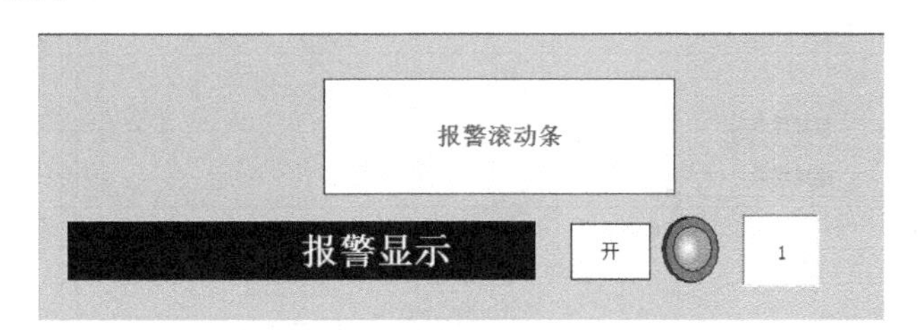

图 5-23　“报警滚动条”最终模拟窗口

任务 5-6　多状态报警工程设置

本任务课件请扫二维码 5-11，本任务视频讲解请扫二维码 5-12。

二维码 5-11

二维码 5-12

进入 MCGS 嵌入版组态软件工作台，单击“文件”→“新建工程”选项，打开“新建工程设置”对话框。同时，将文件另存为“多状态报警”工程文件。

（1）进入组态软件工作台后，在“用户窗口”选项卡中单击“新建窗口”按钮，则产生新“窗口 0”。选中“窗口 0”，单击“窗口属性”按钮，进入“用户窗口属性设置”对话框，将窗口名称改为“多状态报警”，窗口标题改为“多状态报警”，其他属性设置不变，然后单击“确认”按钮。在“用户窗口”中，选中“多状态报警”窗口图标，单击鼠标右键，在弹出的下拉菜单中选择“设置为启动窗口”选项，将该窗口设置为启动窗口。

（2）选择“实时数据库”选项卡，分别建立开关类型变量（名称为“多状态报警”）、数值类型变量（名称为“多状态报警”），保存变量后进入用户窗口进行设置。在“多状态报警”窗口中单击“窗口工具箱”的图标，单击动画按钮图标 并放置在窗口中的适当位置；双击动画按钮打开属性设置对话框，在显示属性设置界面中将“变量连接”选为“多状态报警”数值型变量。在动画按钮基本属性设置界面中添加多个分段点来显示不同的状态信息内容，在每个分段点中都有外形和文字两种状态显示。在“外形”部分，把每个分段点的图形删除，则每个分段点处只显示文字信息；若要只显示图形，可用加载图像的方式添加位图或矢量图的内容。“动画显示构件属性设置”对话框如图 2-24 所示。在“窗口工具箱”中选取输入框作为输入报警条件，输出框用来显示报警状态等信息。最后把各构件的变量都连接在“多状态报警”数值型变量上。设置完成后保存文件。“多状态报警”窗口样例如图 2-25 所示。

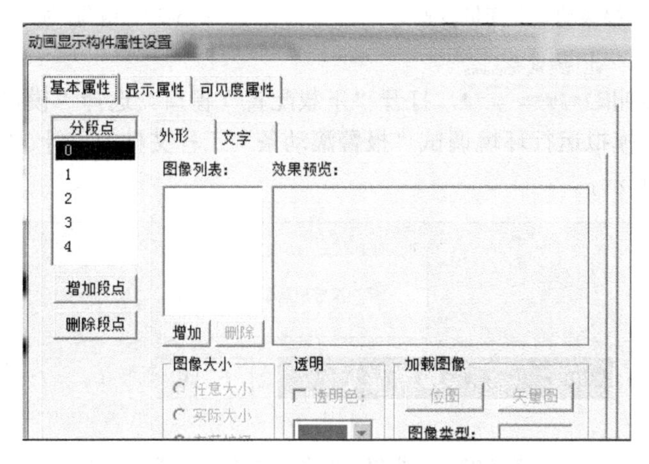

图 2-24　“动画显示构件属性设置”对话框

（3）设置完成后保存文件，然后单击下载工作按钮，打开“下载配置”窗口选择模拟运行后，单击“工程下载”按钮，进入模拟运行环境调试“多状态报警”工程文件的设计。“多状态报警”最终模拟窗口如图 2-26 所示。

图 2-25　“多状态报警”窗口样例

图 2-26　“多状态报警”最终模拟窗口

任务 5-7　弹出框报警组态设置

本任务课件请扫二维码 5-13，本任务视频讲解请扫二维码 5-14。

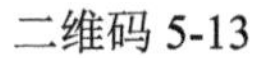

二维码 5-13

二维码 5-14

弹出框报警构件用于在启动窗口显示其他窗口的功能，起到启动窗口调用其他窗口的显示信息的作用。弹出框通过其他窗口弹出来实现，运用报警策略来及时判断报警是否发生，并设置子窗口显示的大小和坐标的功能。

添加子窗口：在工作台界面选择“用户窗口”选项卡，新建“窗口 1”。设置变量名为“弹出框报警”的变量，在变量报警设置框内勾选“允许进行报警处理”，报警变量设置框勾选“开关量报警”，报警值设置为 1，然后单击“确认”按钮完成报警变量设置，如图 5-27 所示。当“弹出框报警”的变量的开关状态为 1 时，在启动窗口会弹出一个小窗口，内容为“水多了”，完成变量属性设置。

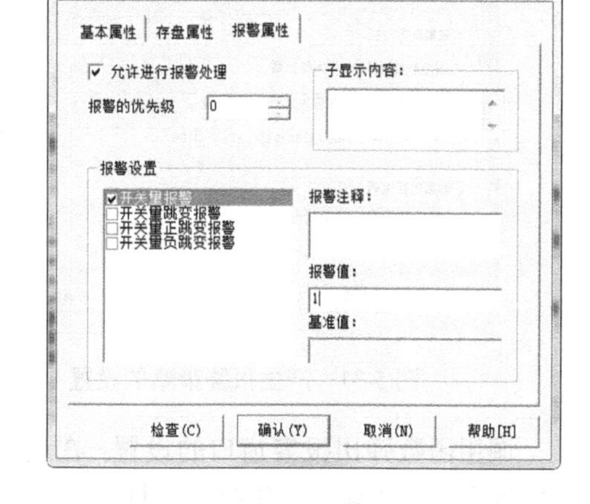

图 5-27　数据对象属性设置图

设置显示信息：打开“窗口 1”，选中工具箱中的“常用符号”打开常用图符工具箱，添加“凸平面”，设置其坐标为（0，0），大小为 310×140，填充色为“银色”，且没有边线，如图 5-28 所示。添加一个“矩形”，设置其坐标为（5，5），大小为 300×130，从窗口工具箱的对象元件库插入“标志”，再添加一个“标签”，文本内容为“水多了”，放到矩形上合适的位置。标志安放位置图如图 5-29 所示。

图 5-28　坐标显示图

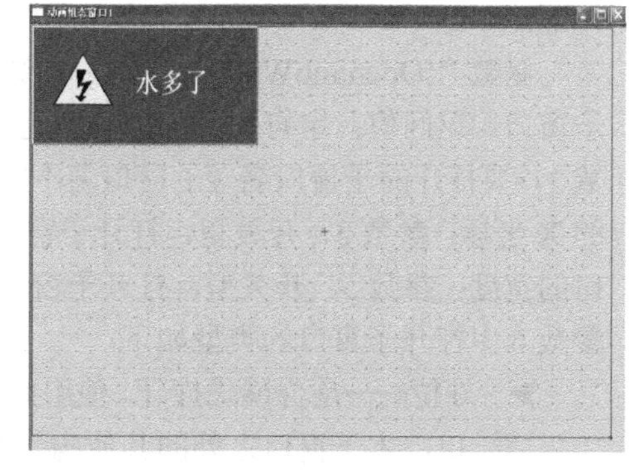

图 5-29　标志安放位置图

设置窗口弹出效果：在工作台界面选择“运行策略”选项卡，单击“新建策略”按钮新建一个策略块。双击新建的策略块进入策略组态窗口，从工具条中选择“新增策略行”，打开策略工具箱，选择“脚本程序”。进入运行策略窗口，选择策略类型为“报警策略”，如图 5-30 所示。需要建立两条报警策略信息：一条为产生报警策略，如图 5-31 所示；另一条为结束报警策略，如图 5-32 所示。双击新建的策略块进入“策略属性设置”对话框，设置策略名称为“弹出框报警产生报警”，对应的数据对象选择“弹出框报警”，对应的报警状态选择“报警产生时，执行一次”，然后单击“确认”按钮保存。双击此策略的脚本程序图标，进入脚本程序窗口，输入脚本程序“!OpenSubWnd(窗口 1,450,300,310,140,0)”，然后单击“确认”按钮保存。采用同样的方法新建“弹出框报警结束报警”策略，对应的报警状态选择“报警结束时，执行一次”，脚本程序为“!CloseSubWnd(窗口 1)”。

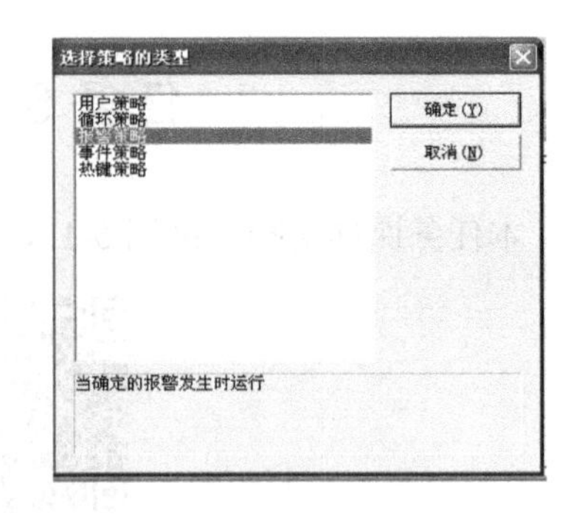

图 5-30 选择策略类型

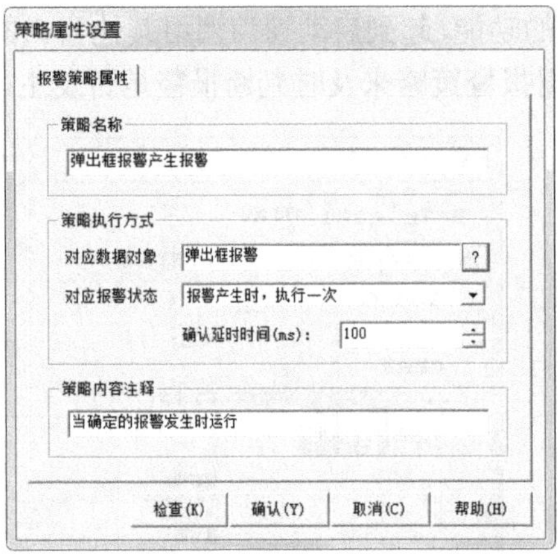

图 5-31 产生报警策略的设置

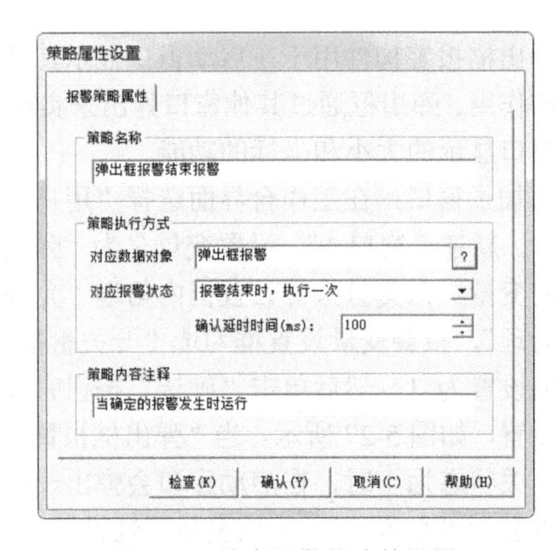

图 5-32 结束报警策略的设置

调用函数弹出报警窗口的设置：在运行策略窗口新建报警策略后，进入策略组态界面，单击鼠标右键，新增一条策略行。打开策略工具箱选取脚本程序放入策略行，在脚本程序编辑窗口输入函数“!OpenSubWnd”和相关参数，完成脚本程序的编辑，然后单击“确认”按钮退出。

子窗口的关闭方法：使用关闭窗口的方法直接关闭。要将整个系统中使用到的此子窗口完全关闭，则使用指定窗口的 CloseSubWnd 函数关闭，可以使用 OpenSubWnd 返回的控件名，也可以直接指定子窗口关闭，此时只能关闭此窗口下的子窗口。OpenSubWnd 函数的使用说明如下：

函数“!OpenSubWnd（参数 1，参数 2，参数 3，参数 4，参数 5，参数 6）”的意义是显示子窗口。返回值：字符型，如成功就返回子窗口 *n*，*n* 表示打开的第 *n* 个子窗口。参数值：参数 1，要打开的子窗口名（子窗口名不能是变量）；参数 2，开关型，打开子窗口相对于本窗口的 X 坐标；参数 3，开关型，打开子窗口相对于本窗口的 Y 坐标；参数 4，开关型，打开子窗口的宽度；参数 5，开关型，打开子窗口的高度；参数 6，开关型，打开子窗口的类型。其中，参数 6 中打开子窗口的类型如下：

- 0 位——是否模式打开，使用此功能必须在此窗口中使用 CloseSubWnd 来关闭本子窗口，本子窗口之外的其他构件对鼠标操作不响应。
- 1 位——是否菜单模式，使用此功能，一旦在子窗口之外按下按钮，则子窗口关闭。
- 2 位——是否显示水平滚动条，使用此功能显示水平滚动条。

- ▶ 3 位——是否垂直显示滚动条，使用此功能，可以显示垂直滚动条。
- ▶ 4 位——是否显示边框，选择此功能，在子窗口周围显示细黑线边框。
- ▶ 5 位——是否自动跟踪显示子窗口，选择此功能，在当前鼠标指针位置上显示子窗口。此功能用于鼠标打开的子窗口，选用此功能则忽略 iLeft 和 iTop 的值；如果此时鼠标指针位于窗口之外，则在窗口中居中显示子窗口。
- ▶ 6 位——是否默认自动调整子窗口的宽度和高度，使用此功能则忽略 iWidth 和 iHeight 的值。

函数“!CloseSubWnd（WndName）”的意义为关闭子窗口。返回值：数值型，返回值 =1，操作成功，返回值 <> 1，操作失败。参数值：WndName，子窗口的名字。

查看效果：组态完成后，当“弹出框报警”变量值为 1 时发生报警，窗口 0 就会弹出窗口显示报警信息。当“弹出框报警”变量值为 0 时，报警信息消失。如果工程启动时有报警产生，报警窗口不会弹出。

项目小结

本项目重点介绍了 MCGS 嵌入版组态软件的报警系统的属性设置，如定义报警、报警显示画面设置、修改报警限值、报警动画等。通过本项目的学习，能够进一步了解 MCGS 嵌入版组态软件的特点，能使用 MCGS 嵌入版组态软件来编写比较复杂的实际工程。

思考题

（1）MCGS 嵌入版组态软件中报警的作用是什么？

（2）MCGS 嵌入版组态软件中有哪几种数据对象可以设置报警？

（3）MCGS 嵌入版组态软件工具箱中的输入框的作用是什么？

（4）MCGS 嵌入版组态软件中的函数“!SetAlmValue( )”的意义是什么？其中的参数分别表示什么？

项目 6 组态软件的安全机制

学习目标

- ▶ 掌握组态软件安全机制的运用；
- ▶ 熟悉组态软件安全机制构件的操作流程；
- ▶ 熟悉利用组态软件安全机制组建工程的步骤和过程。

能力目标

- ▶ 掌握组态软件安全机制的使用方法；
- ▶ 根据工程项目需求实现安全机制的相关功能；
- ▶ 具备组态软件安全机制脚本程序的编写能力。

MCGS 嵌入版组态软件提供了一套完善的安全机制，用户能够自由组态控制按钮和退出系统的操作权限，只允许有操作权限的操作员对某些功能进行操作。MCGS 嵌入版组态软件还提供了工程密码功能，以保护使用 MCGS 嵌入版组态软件开发的成果，开发者可利用这些功能保护自己的合法权益。

本项目课件请扫二维码 6-1。

二维码 6-1

任务 6-1 用户安全权限管理

一、工程安全管理概述

MCGS 嵌入版组态软件系统的操作权限机制和 Windows NT 类似，采用用户组和用户的概念来进行操作权限的控制。在 MCGS 嵌入版组态软件中可以定义多个用户组，每个用户组可以包含多个用户，同一用户又可以隶属于多个用户组。操作权限的分配是以用户组为单位来进行的；而某个用户能否对这个功能进行操作，取决于该用户所在的用户组是否具备对应的操作权限。

按照用户组来分配操作权限的机制，使用户能方便地建立多层次的安全机制。例如，实际应用中的安全机制一般要划分为操作员组、技术员组、负责人组。其中，操作员组的成员一般只能进行简单的日常操作，技术员组负责工艺参数等功能的设置，负责人组能对重要的数据进行统计分析；各组的权限各自独立，但某用户可能因工作需要而进行所有操作，则只需把该用户同时设为隶属于三个用户组即可。

本任务视频讲解请扫二维码 6-2。

二维码 6-2

二、定义用户和用户组

在 MCGS 嵌入版组态软件组态环境中，选取“工具”菜单中“用户权限管理”菜单项，弹出图 6-1 所示的用户管理器窗口。

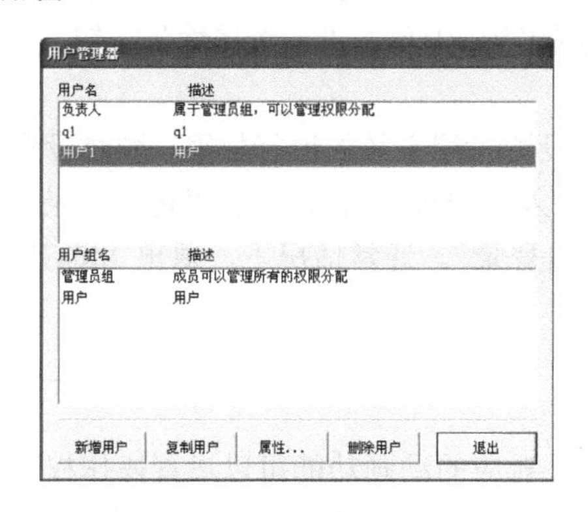

图 6-1　用户管理器窗口

在 MCGS 嵌入版组态软件中，固定有一个名为“管理员组”的用户组和一个名为“负责人”的用户，它们的名称不能修改。管理员组中的用户有权在运行时管理所有的权限分配工作，管理员组的这些特性是由 MCGS 嵌入版组态软件系统决定的，其他所有用户组都没有这些权限。

用户管理器窗口上半部分为已建用户的用户名列表，下半部分为已建用户组的列表。当用鼠标激活用户名列表时，窗口底部显示的按钮是“新增用户”“复制用户”“删除用户”等对用户操作的按钮；当用鼠标激活用户组名列表时，在窗口底部显示的按钮是“新增用户组”“删除用户组”等对用户组操作的按钮。单击“新增用户”按钮，则弹出“用户属性设置”对话框，在该对话框中用户对应的密码要输入两遍，用户所隶属的用户组在下面的列表框中选择。当在用户管理器窗口中单击“属性”按钮时弹出同样的窗口，可以修改用户密码和所属的用户组，但不能修改用户名。

单击“新增用户”按钮可以添加新的用户名，当选中一个用户时，会出现“用户属性设置”对话框，如图 6-2 所示。在该窗口中可以选择该用户隶属于哪个用户组。

单击“新增用户组”按钮可以添加新的用户组，当选中一个用户组时会出现“用户组属性设置”对话框，如图 6-3 所示。在该窗口中可以选择该用户组包括哪些用户。

图 6-2　“用户属性设置”对话框

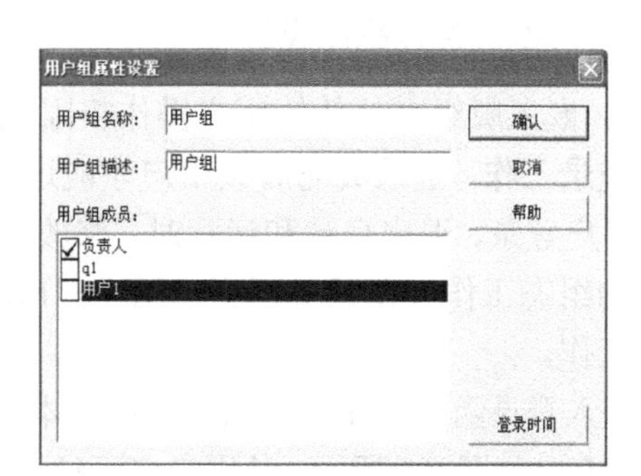

图 6-3　“用户组属性设置”对话框

三、系统权限设置

为了保证工程安全、稳定可靠地工作，防止与工程系统无关的人员进入或退出工程系统，MCGS 嵌入版组态软件系统提供了对工程运行时进入和退出工程的权限管理。打开 MCGS 嵌入版组态软件组态环境，在主控窗口中单击“系统属性”按钮，进入“主控窗口属性设置”对话框，如图 6-4 所示。

单击“权限设置”按钮，设置工程系统的运行权限，同时设置系统进入和退出时是否需要用户登录，共有 4 种组合：“进入不登录，退出登录”“进入登录，退出不登录”“进入不登录，退出不登录”“进入登录，退出登录”。通常情况下，退出 MCGS 嵌入版组态软件系统时，系统会弹出确认对话框。

1. 操作权限设置

当 MCGS 嵌入版组态软件对应的动画功能可以设置操作权限时，在属性设置窗口中都有对应的“权限设置”按钮，单击该按钮后弹出图 6-5 所示的用户权限设置窗口。

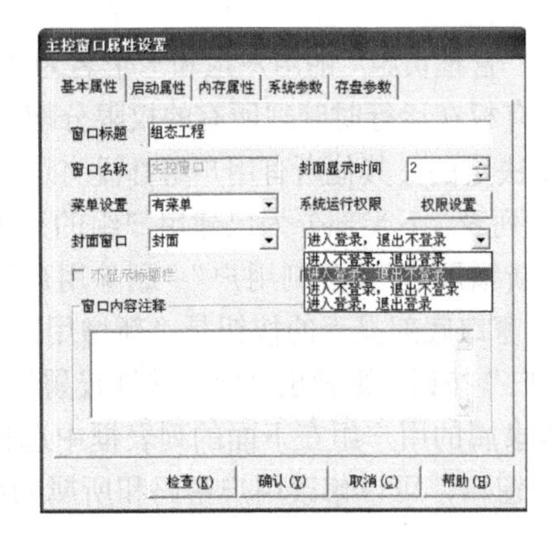

图 6-4　主控窗口属性设置

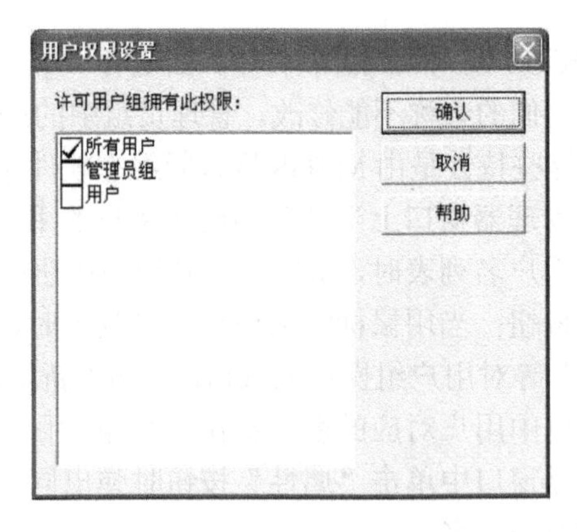

图 6-5　用户权限设置窗口

作为默认设置，能对某项功能进行操作的是所有用户。如果不进行权限设置，则权限机制不起作用，所有用户都能对其进行操作。在用户权限设置窗口中，把对应的用户组选中（复选框内打钩表示选中），则该组内的所有用户都能对该项工作进行操作。注意：一个操作权限可以配置多个用户组。

2. 运行时改变操作权限设置

MCGS 嵌入版组态软件的用户操作权限在运行时才体现出来。某个用户在进行操作之前先要进行登录工作，登录成功后该用户才能进行所需的操作；完成操作后退出登录，使操作权限失效。用户登录、退出登录和运行时，修改用户密码和用户管理等功能都需要在组态环境中进行一定的组态工作。在脚本程序使用中，MCGS 嵌入版组态软件提供的四个内部函数可以完成上述工作。

（1）进入登录函数“! Log On ( )”：在脚本程序中执行该函数，弹出 MCGS 嵌入版组态软件用户登录窗口，如图 6-6 所示。从用户名下拉列表框中选取要登录的用户名，在密码输入框中输入用户对应的密码，然后按回车键或“确认”按钮。如输入正确，则登录成功；否则，会出现对应的提示信息。单击“取消”按钮，则停止登录。

（2）退出登录函数“! Log Off ( )”：在脚本程序中执行该函数，则弹出退出登录对话框（如图 6-7 所示），提示是否要退出登录，“是”为退出，“否”为不退出。

（3）修改密码函数“! Change Password ( )”：在脚本程序中执行该函数，则弹出修改密码对话框（如图 6-8 所示），先输入旧密码再输入两遍新密码，单击“确认”按钮即可完成当前登录用户的密码修改工作。

图 6-6　用户登录窗口

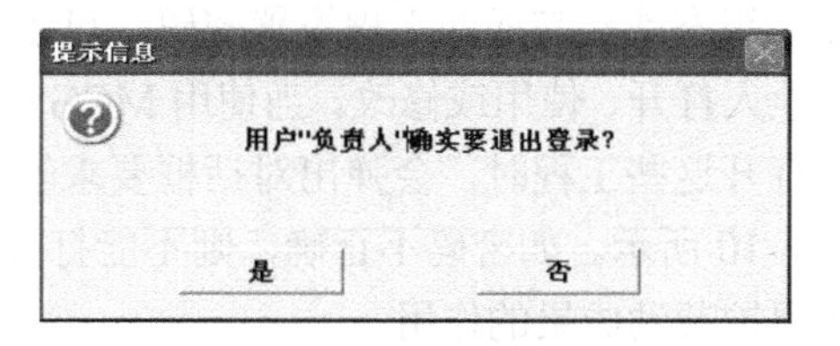

图 6-7　退出登录对话框

（4）用户管理函数“! Edit users ( )”：在脚本程序中执行该函数，则弹出用户管理器窗口，允许在运行时增加、删除用户或修改用户的密码和所隶属的用户组。注意：只有在当前登录的用户属于管理员组时该功能才有效。运行时不能增加、删除或修改用户组的属性。用户管理器窗口如图 6-9 所示。

图 6-8　修改密码对话框

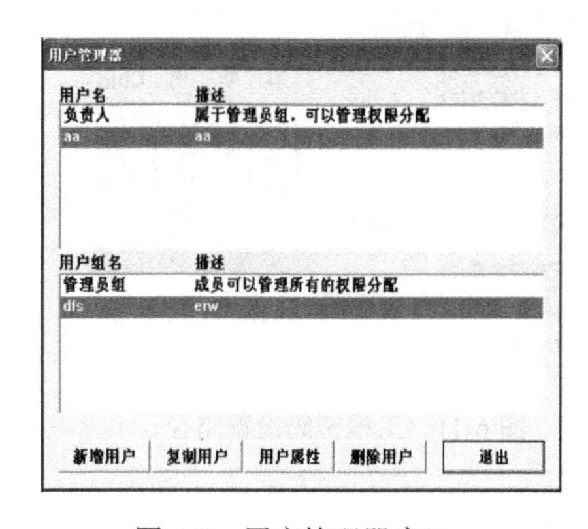

图 6-9　用户管理器窗口

在实际工程中，当需要进行操作权限控制时，一般都在用户窗口中增加 4 个按钮：登录用户、退出登录、修改密码、用户管理。在每个按钮属性窗口的“脚本程序”编辑窗口中分别输入 4 个函数——“! Log On ( )”“! Log Off ( )”“! Change Password ( )”和“! Edit users ( )”，运行时就可以通过这些按钮来进行登录等工作。

任务 6-2　工程安全管理

使用 MCGS 嵌入版组态软件“工具”菜单中“工程安全管理”菜单项的功能，可以实现对工程（组态所得的结果）进行各种保护工作。该菜单项包括工程密码设置。

本任务视频讲解请扫二维码 6-3。

二维码 6-3

1. 工程密码

给正在组态或已完成的工程设置密码，可以保护该工程不被其他人打开、使用或修改。当使用 MCGS 嵌入版组态软件来打开这些工程时，会弹出对话框要求输入工程密码，如图 6-10 所示。如密码不正确，则不能打开该工程，从而起到保护劳动成果的作用。

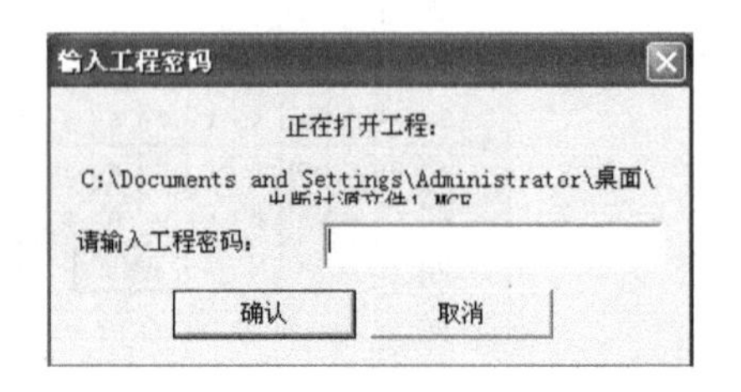

图 6-10 “输入工程密码”对话框

2. 工程密码属性设置

按照图 6-11，在“工具”菜单中选择“工程安全管理”，然后选择“工程密码设置”，则弹出“修改工程密码”对话框，如图 6-12 所示。完成密码修改后单击“确认”按钮，工程加密即可生效，下次打开该工程时需要输入密码。

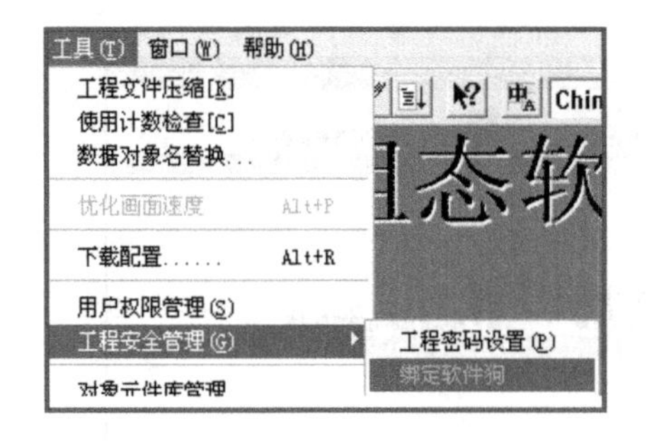

图 6-11 工程密码设置路径

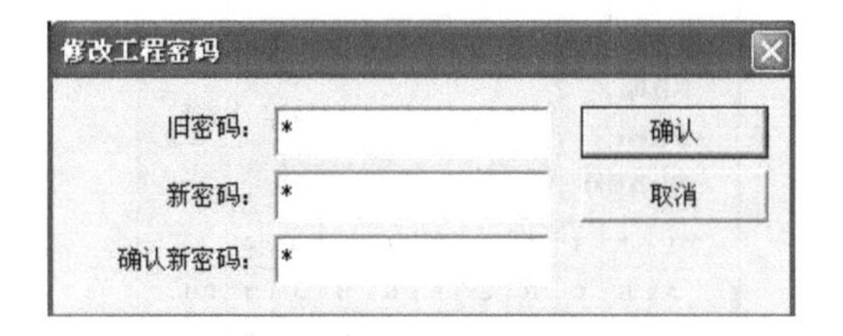

图 6-12 “修改工程密码”对话框

项目小结

本项目重点介绍了 MCGS 嵌入版组态工程安全管理的属性设置与工程密码的设置，以及工程安全管理系统权限设置和运行时改变操作权限的操作。通过本项目的学习，可进一步了解 MCGS 嵌入版组态软件工程安全管理属性设置的特点，应用工程安全管理来管理好实际工程。

思考题

（1）什么是 MCGS 嵌入版组态软件的工程安全管理？

（2）什么是 MCGS 嵌入版组态软件的工程密码？

（3）MCGS 嵌入版组态软件的工程安全管理的系统权限是如何进行设置的？

项目 7　组态软件的数据管理

学习目标

- ▶ 掌握组态软件数据管理的设计运用；
- ▶ 熟悉组态软件数据管理构件的操作流程；
- ▶ 掌握组态软件数据管理设计的步骤和方法。

能力目标

- ▶ 掌握组态软件数据管理的使用方法；
- ▶ 具备组态软件数据管理功能的设计能力；
- ▶ 具备组态软件报表和曲线功能的灵活运用能力。

在实际工程中，多数控制系统都需要对数据进行采集并对设备所采集的数据进行存盘和统计分析，根据实际情况打印出数据报表。本项目介绍数据报表的基本功能与属性设置。数据报表的功能是根据实际需要以一定格式将统计分析后的数据记录显示和打印出来。数据报表在实际控制系统中起重要作用，是数据显示、查询、分析、统计、打印的最终体现，是整个工厂控制系统的最终结果输出；它是对生产过程中系统监控对象的状态的综合记录和规律总结。

任务 7-1　实时数据报表组态设置

实时数据报表将当前时间的数据变量按一定报告格式显示和打印出来。实时数据报表通过 MCGS 嵌入版组态软件的实时表格构件来显示实时数据。

本任务课件请扫二维码 7-1，本任务视频讲解请扫二维码 7-2。

二维码 7-1

二维码 7-2

一、报表窗口

打开 MCGS 嵌入版组态软件工作台，单击“用户窗口”选项卡，单击“新建窗口”按钮产生一个新窗口，再单击“窗口属性”按钮，弹出“用户窗口属性设置”对话框，将窗口名称和窗口标题都改为“报表”，如图 7-1 所示。单击“确认”按钮，再单击“动画组态”按钮，进入“报表”窗口。用“标签”A做注释：实时报表，历史报表，存盘数据浏览报表。

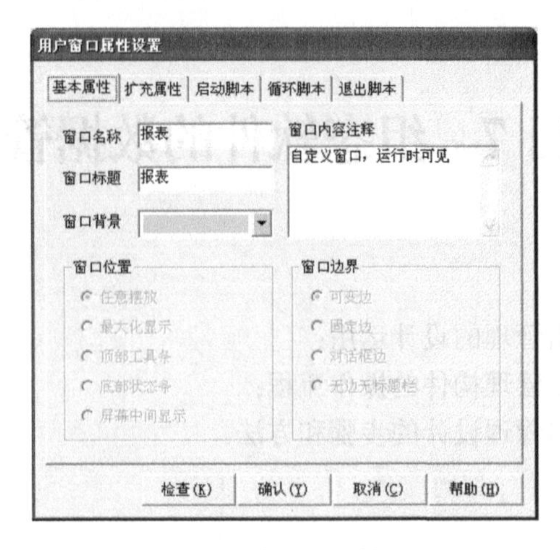

图 7-1 用户窗口属性设置

二、建立自由表格

在工具条中单击“帮助”图标，拖放在“工具箱”中，再单击“自由表格”图标，就会获得 MCGS 嵌入版组态软件的在线帮助。仔细阅读，然后再按下面的步骤进行操作。

（1）在“工具箱”中单击“自由表格”图标，拖放到窗口适当位置（放在“实时报表”的下面）。双击表格进入自由表格的属性设置界面。如要改变单元格大小，把鼠标指针移到 A 与 B 之间或 1 与 2 之间，当鼠标指针变化时，按住并拖动到所需的位置即可，单击鼠标右键可对表格进行编辑与调整，如图 7-2 所示。

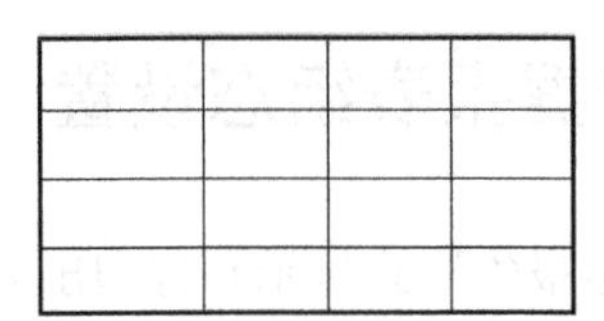

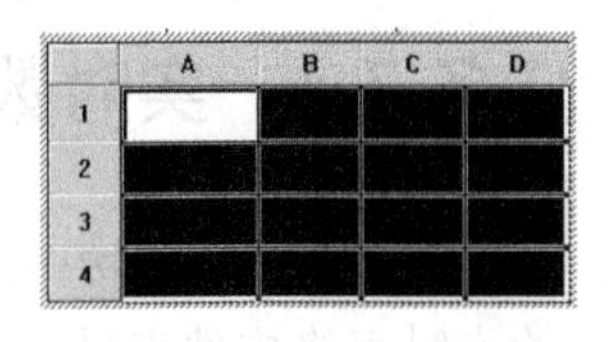

图 7-2 自由表格

（2）对自由表格的属性设置进行修改，把自由表格删减为 A、B 两列并添加为 7 行的形式，然后双击 A 列的表格并写入相应的文字，如图 7-3 所示。在表格内单击鼠标右键，选择“连接”或直接按 F9，再单击鼠标右键，从实时数据库中选取所要连接的变量进行双击或直接输入变量名，如图 7-4 和图 7-5 所示。

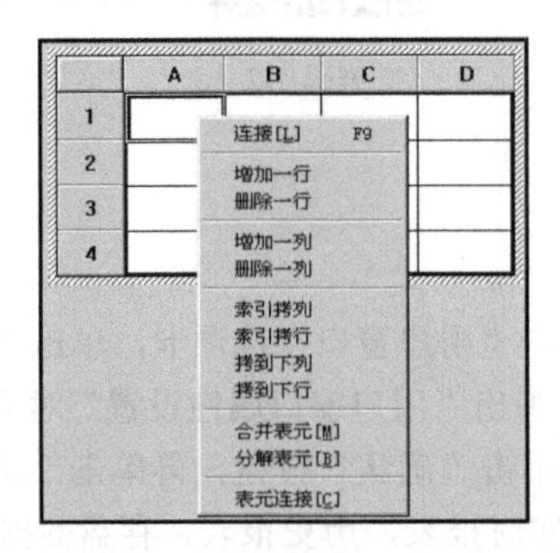

液位1	
液位2	
液位3	
水泵	
进水阀	
控制阀	
出水阀	

图 7-3 自由表格的修改

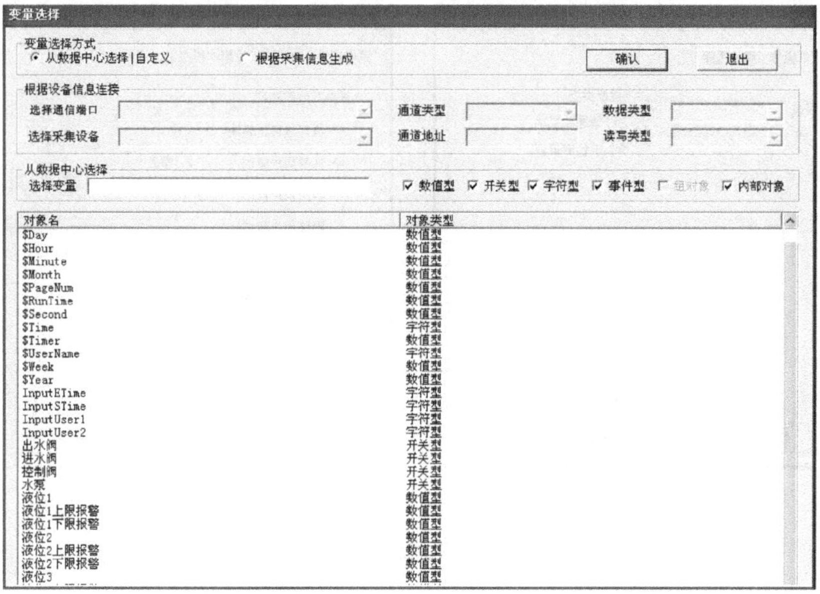

对象名	对象类型
$Day	数值型
$Hour	数值型
$Minute	数值型
$Month	数值型
$PageNum	数值型
$RunTime	数值型
$Second	数值型
$Time	字符型
$Timer	数值型
$UserName	字符型
$Week	数值型
$Year	数值型
InputETime	字符型
InputSTime	字符型
InputUser1	字符型
InputUser2	字符型
出水阀	开关型
进水阀	开关型
控制阀	开关型
水泵	开关型
液位1	数值型
液位1上限报警	数值型
液位1下限报警	数值型
液位2	数值型
液位2上限报警	数值型
液位2下限报警	数值型
液位3	数值型

图 7-4　自由表格的变量选择

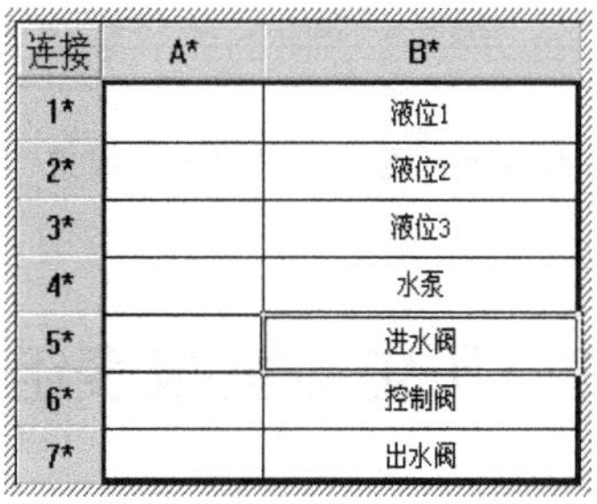

连接	A*	B*
1*		液位1
2*		液位2
3*		液位3
4*		水泵
5*		进水阀
6*		控制阀
7*		出水阀

图 7-5　自由表格的连接变量

三、建立菜单管理

进入 MCGS 嵌入版组态软件工作台，单击“主控窗口”选项卡，如图 7-6 所示。在主控窗口中单击“菜单组态”按钮，再在工具条中单击“新增菜单项”图标，会产生“操作 0”菜单图标。双击“操作 0”，弹出“菜单属性设置”对话框，对菜单属性进行设置，如图 7-7 所示。

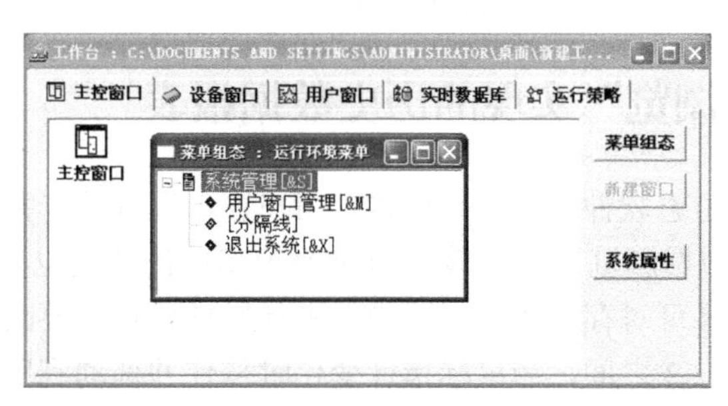

图 7-6　主控窗口

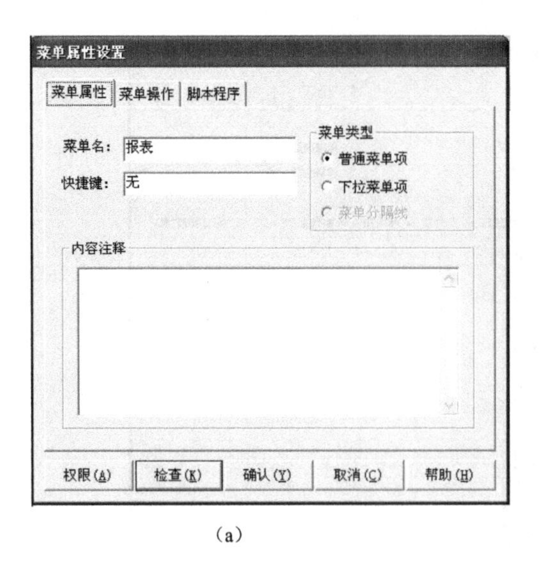

（a）

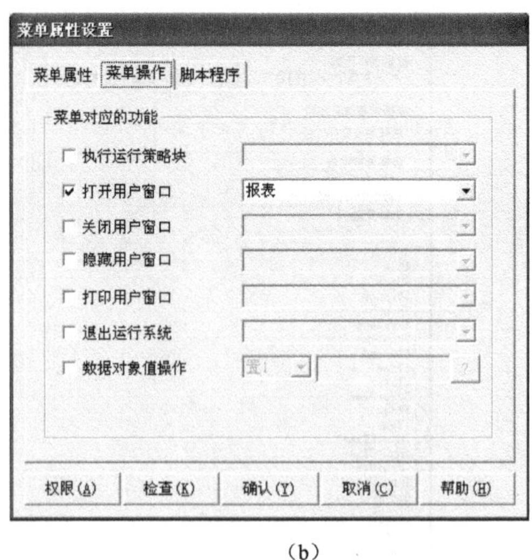

（b）

图 7-7　“菜单属性设置”对话框

按 F5 进入运行环境后，单击菜单项中的“数据显示”会打开数据显示窗口，进行实时数据显示。菜单管理的运行效果如图 7-8 所示。

系统管理[S]　安全管理　循环水控制系统　曲线　报警　报表　封面

图 7-8　菜单管理的运行效果

任务 7-2　历史数据报表组态设置

本任务课件请扫二维码 7-3，本任务视频讲解请扫二维码 7-4。

二维码 7-3

二维码 7-4

历史数据报表是从历史数据库中提取的数据记录，它以一定的格式显示历史数据。实现历史数据报表有两种方式：一种是利用存盘数据浏览构件，另一种是利用历史表格构件。

一、“存盘数据浏览”实现的历史数据报表

打开 MCGS 嵌入版组态软件工作台，单击“用户窗口”选项卡并进入“报表”窗口。在“工具箱”中单击“存盘数据浏览”图标，拖放到窗口中的适当位置（放在“存盘数据浏览报表”的下面）。双击表格可对存盘数据浏览构件进行属性设置。要改变单元格大小，则把鼠标指针移到 A 与 B 或 1 与 2 之间，当鼠标指针变化时按住并拖动到所需位置即可，单击鼠标右键可进行编辑与调整，如图 7-9 所示。

对存盘数据浏览构件的属性设置进行修改，把存盘数据浏览表格删减为 5 列并添加为 3 行的形式，然后双击第 1 行的表格并写入相应的文字，如图 7-10 所示。双击表格进入“存盘数据浏览构件属性设置”对话框，对其进行属性设置，主要包括数据来源、显示属性、时间条件和外观设置，其他设置不变，具体操作如图 7-11 所示。

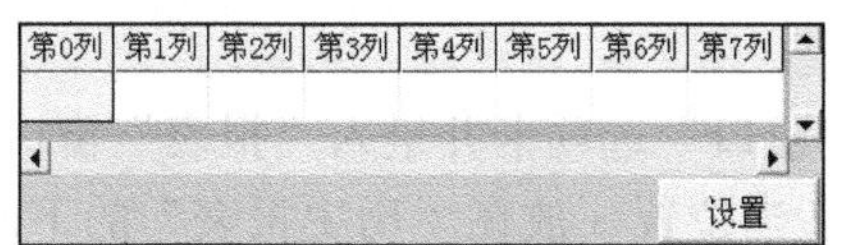

第0列
第1列
第2列
第3列
第4列
第5列
第6列
第7列
设置

图 7-9　存盘数据浏览构件

序号
时间
液位1
液位2
液位3
设置

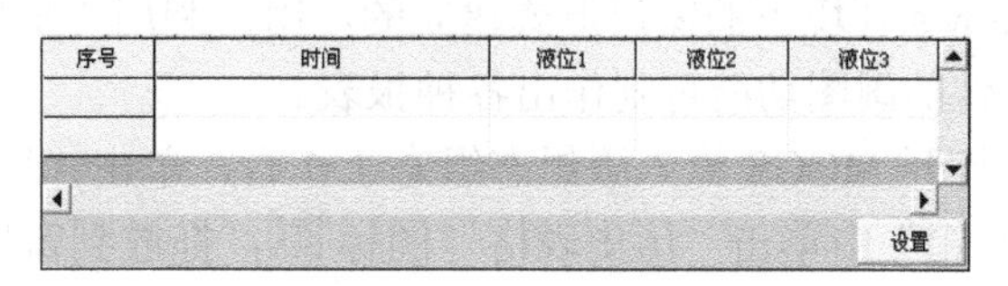

图 7-10　属性设置前的存盘数据浏览报表

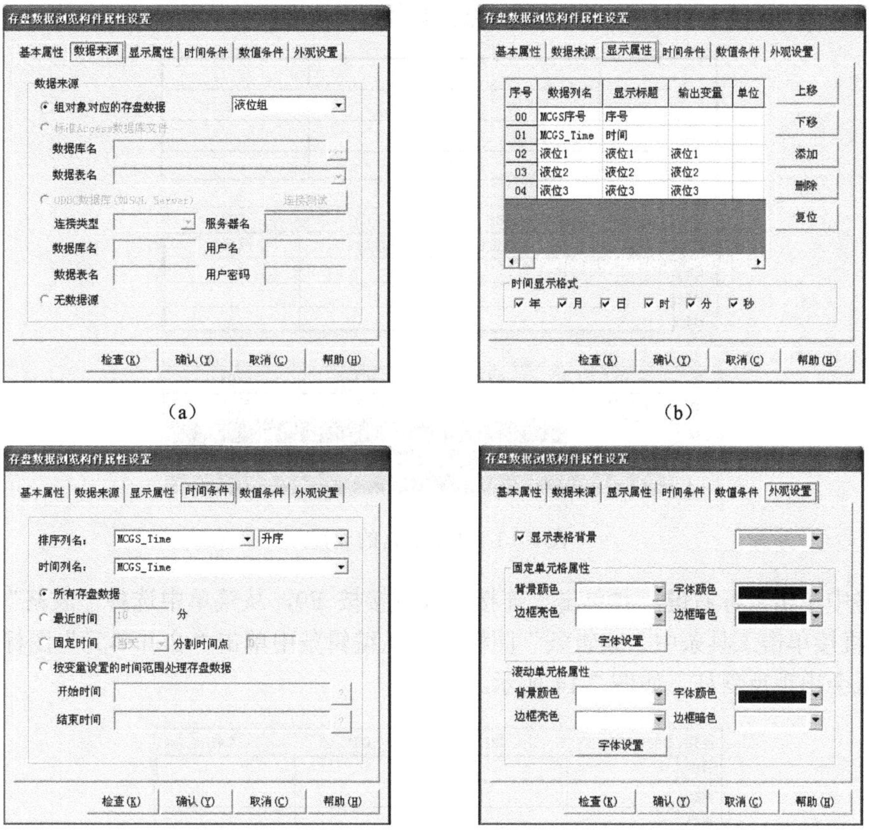

（a）　（b）

（c）　（d）

图 7-11　存盘数据浏览构件的属性设置

上述操作完成后按 F5 进入运行环境，然后打开菜单项中的“报表”窗口，检查存盘数据浏览报表是否符合工厂实际的要求，如图 7-12 所示。

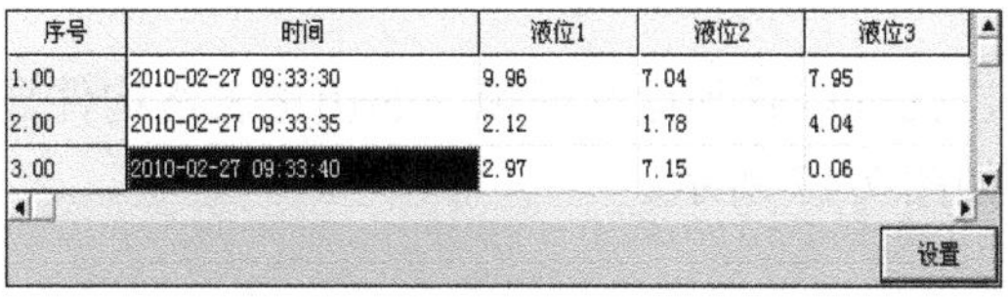

序号
时间
液位1
液位2
液位3
1.00
2010-02-27 09:33:30
9.96
7.04
7.95
2.00
2010-02-27 09:33:35
2.12
1.78
4.04
3.00
2010-02-27 09:33:40
2.97
7.15
0.06
设置

图 7-12　运行环境下的存盘数据浏览报表

二、历史表格实现的历史数据报表

历史表格是利用 MCGS 嵌入版组态软件的历史表格构件来完成的。历史表格构件是基于 Windows 环境下的窗口形式建立的，用户利用历史表格构件的格式编辑功能并配合 MCGS 组态软件的画图功能可制作出各种报表。

打开 MCGS 嵌入版组态组态工作台，单击“用户窗口”选项卡并进入“报表”窗口，在“工具箱”中单击“历史表格”图标，拖放到窗口适当位置（放在“历史报表”的下面）。双击表格进入历史报表的属性设置界面。如要改变单元格大小，把鼠标指针移到在 C1 与 C2 之间，当鼠标指针发生变化时，按住并拖放到所需位置即可；单击鼠标右键可进行编辑。按住鼠标左键从 R2C1 拖动到 R4C4，表格会反黑。具体操作如图 7-13 所示。

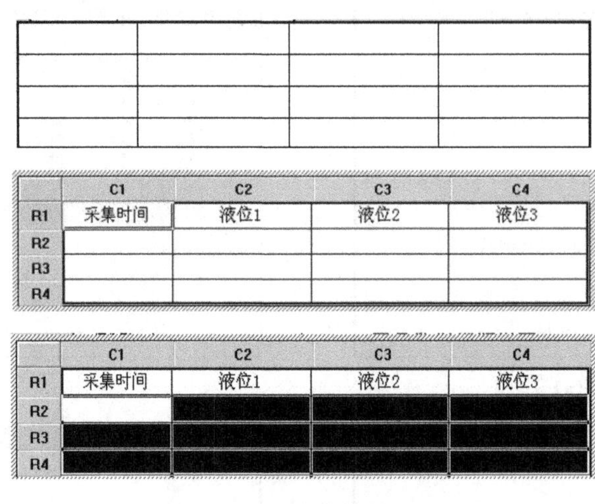

图 7-13　历史表格的设置

在表格中单击鼠标右键，并单击“连接”或直接按 F9，从菜单中选择“表格”→“合并表元”，或直接单击工具条中“编辑条”图标，从编辑条中单击“合并单元”图标，表格中所选区域会出现反斜杠，如图 7-14 所示。

连接	C1*	C2*	C3*	C4*
R1*				
R2*				
R3*				
R4*				

图 7-14　历史表格的连接设置

双击表格中反斜杠处，弹出“数据库连接设置”窗口，其中主要设置包括基本属性、数据来源、显示属性、时间条件，其他设置不变，具体设置如图 7-15 所示。设置完毕后单击“确认”按钮退出。

这时若进入运行环境，就可以看到运行环境下的历史表格构件显示的报表，如图 7-16 所示。数据报表的整体画面如图 7-17 所示。

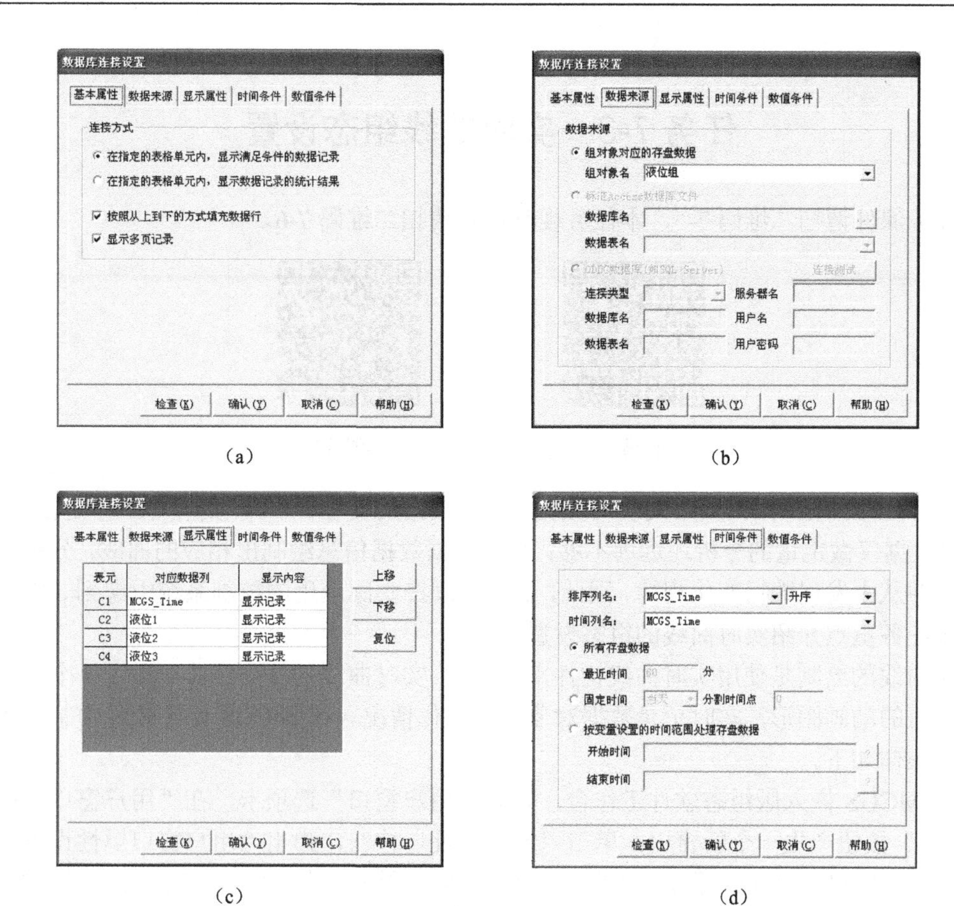

图 7-15　数据库连接设置

采集时间	液位1	液位2	液位3
0-02-27 09:33	9.96137	7.03648	7.95009
0-02-27 09:33	2.11572	1.7821	4.04481
0-02-27 09:33	2.96604	7.14513	0.0607337

图 7-16　运行环境下的历史表格构件显示的报表

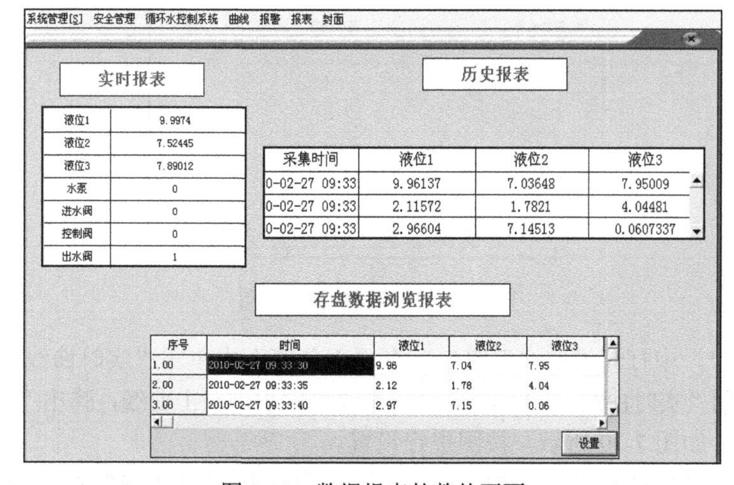

图 7-17　数据报表的整体画面

任务 7-3　实时曲线组态设置

本任务课件请扫二维码 7-5，本任务视频讲解请扫二维码 7-6。

二维码 7-5

二维码 7-6

在实际应用的控制系统中，对实时数据、历史数据的查看、分析、处理等工作是很烦琐的。而且，对数据仅做定量的分析还远远不够，必须根据数据信息绘制出相应的曲线，分析曲线的变化趋势并从中发现数据变化规律。因此，曲线处理在实际应用的控制系统中起到非常重要的作用。本任务重点介绍实时曲线的组态设置。

实时曲线的绘制是使用实时曲线构件来完成的。实时曲线构件是用曲线显示一个或多个数据对象数值的动画图形，实时记录数据对象值的变化情况。在 MCGS 组态软件中制作实时曲线的具体操作如下。

打开 MCGS 嵌入版组态软件工作台，单击“用户窗口”选项卡，在“用户窗口”中单击“新建窗口”按钮产生一个新窗口。单击“窗口属性”按钮，弹出“用户窗口属性设置”对话框，将窗口名称和窗口标题都改为“曲线”，如图 7-18 所示。单击“确认”按钮，然后单击“动画组态”按钮进入“曲线”窗口，用“标签”图标做注释：实时曲线，历史曲线。

图 7-18　用户窗口属性设置

在“用户窗口”中打开“曲线”窗口，在“工具箱”中单击“实时曲线”图标，拖放到适当位置（放到“实时曲线”文字的下面）并调整大小。双击曲线，弹出“实时曲线构件属性设置”对话框，如图 7-19 所示，按图进行设置。

实时曲线构件属性设置完成后单击“确认”按钮即可。此时按 F5 进入运行环境，然后单击“曲线”菜单，即可看到实时曲线，如图 7-20 所示。双击曲线可以将它放大。

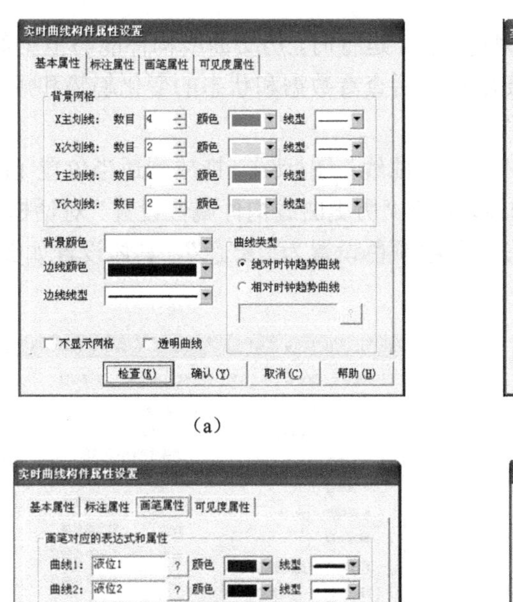

（a）　（b）

（c）

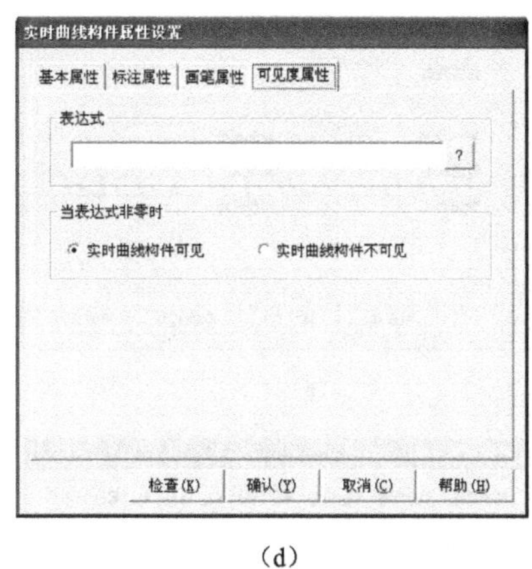

（d）

图 7-19　实时曲线构件属性设置

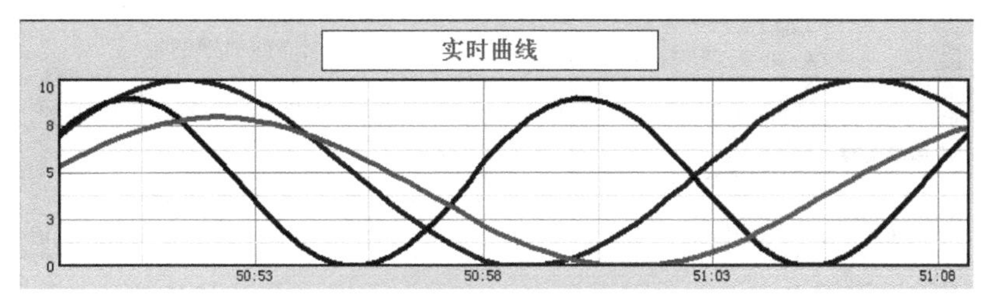

图 7-20　实时曲线构件在运行模式下的显示

任务 7-4　历史曲线组态设置

本任务课件请扫二维码 7-7，本任务视频讲解请扫二维码 7-8。

二维码 7-7

二维码 7-8

历史曲线构件实现了历史数据的曲线浏览功能。运行时，历史曲线构件能够根据需要画出相应历史数据的趋势效果图。历史曲线主要用于事后查看数据和状态的变化趋势和规律。本任务主要介绍历史曲线的组态设置，具体操作如下：

在“曲线”窗口中打开“工具箱”，单击“历史曲线”图标，拖放到适当位置（放到“历史曲线”文字的下面）并调整大小。双击曲线，弹出“历史曲线构件属性设置”对话框，将“液位1”曲线颜色设置为“绿色”，将“液位2”曲线颜色设置为“红色”。具体设置如图7-21所示。

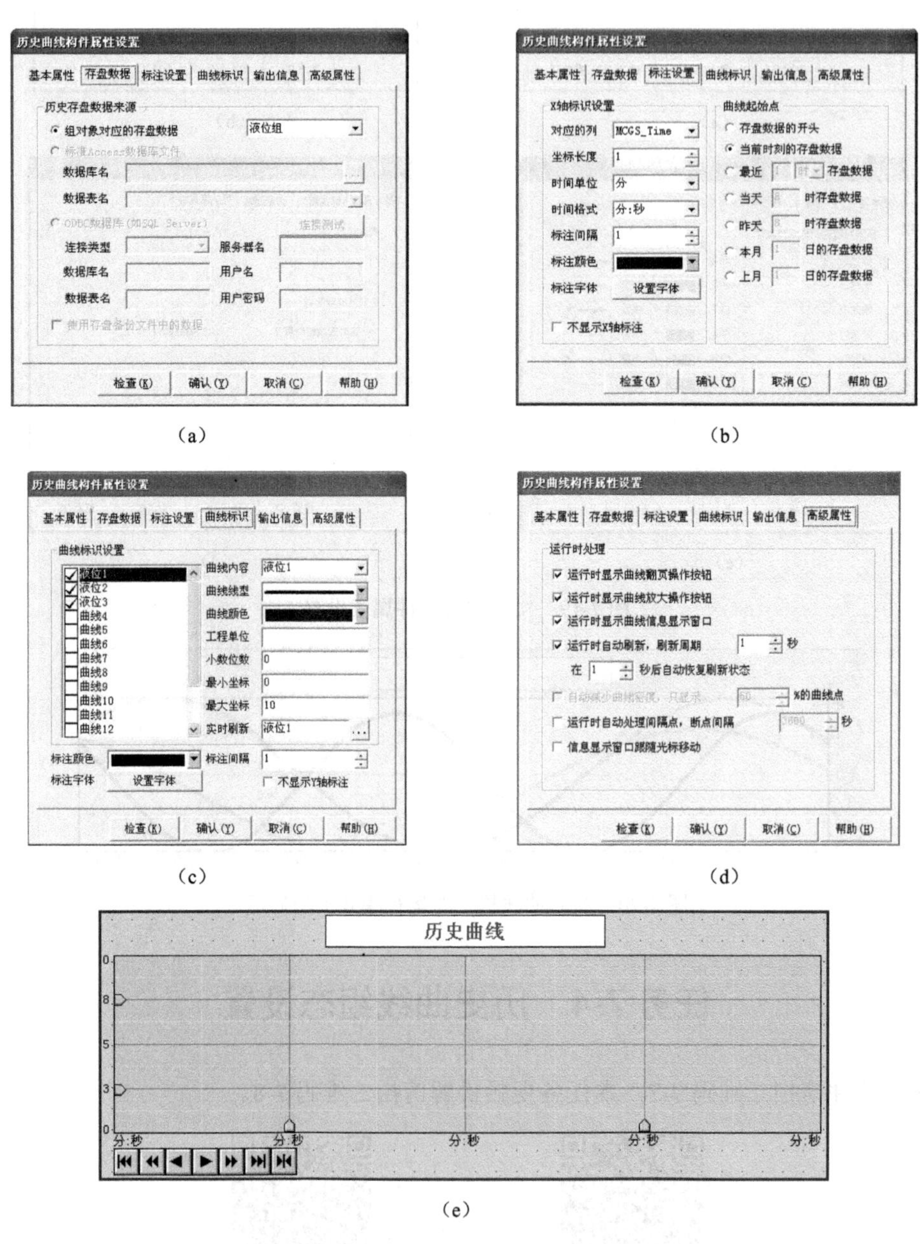

图7-21 历史曲线构件属性设置

历史曲线构件属性设置完成后，单击“确认”按钮即可。此时按F5进入运行环境，并在运行环境中打开“曲线”窗口，即可得到历史曲线的效果图，如图7-22所示。

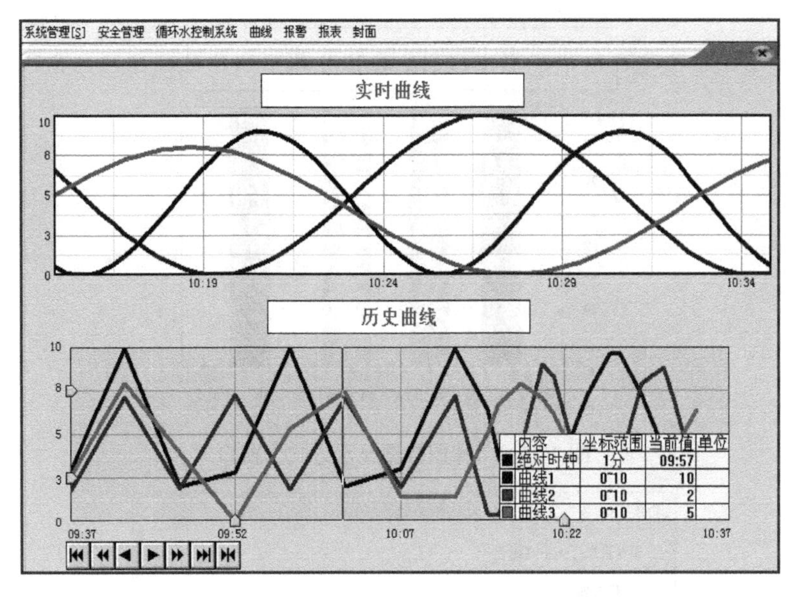

图 7-22　历史曲线效果图

任务 7-5　棒图数据组态设置

本任务课件请扫二维码 7-9，本任务视频讲解请扫二维码 7-10。

二维码 7-9

二维码 7-10

棒图数据直观显示数据的变化，数据的增减通过棒图的“大小变化”来实现。棒图数据显示用于实时查看数据和状态的变化趋势和规律，其显示方式不是由组态软件组态环境构建的，而需要根据实际工程来组态完成。

新建一个用户窗口，名称为“棒图数据显示方式”，在该窗口中打开“工具箱”，根据样例窗口制作相应的图形构件，把图形拖放到适当位置并调整大小。在“工具箱”中单击“常用图符”图标，选择适当图形作为棒图，拖放到适当位置并调整大小；根据需要放置多个棒图，并调整其位置和大小；选择矩形作为棒图数据显示背景，放在最底层，其颜色尽量选为浅颜色，并且通过“标签”图标制作横坐标和纵坐标。“棒图数据显示方式”窗口如图 7-23 所示。依次双击每个棒图，弹出“动画组态属性设置”对话框，对各棒图的颜色进行设置，如图 7-24 所示。

1. 添加坐标平面

在棒图窗口添加一个“矩形”构件，进入“动画组态属性设置”对话框，设置填充颜色为白色，边线颜色为黑色，单击“确认”按钮保存，完成坐标平面的添加。

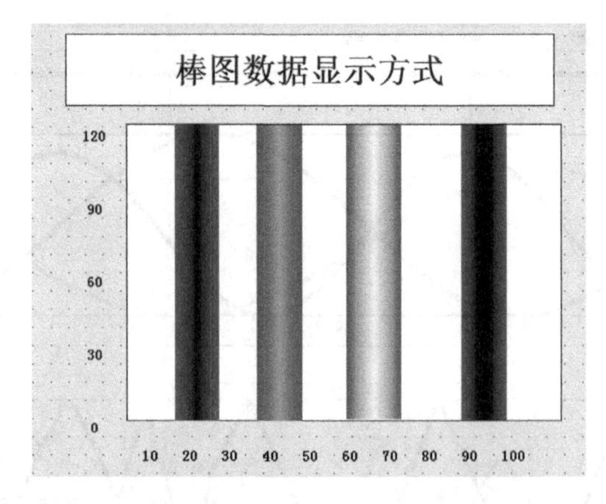

图 7-23　“棒图数据显示方式”窗口

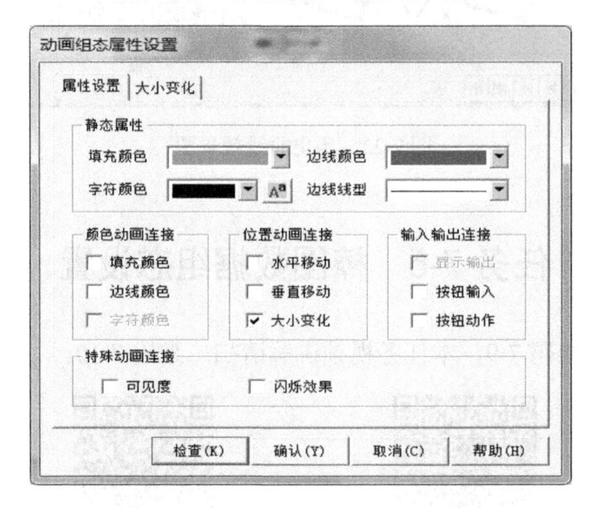

图 7-24　棒图属性设置

2. 制作 Y 轴坐标

在棒图窗口添加一个“标签”，进入“标签动画组态属性设置”对话框。在“属性设置”选项卡中设置填充颜色为“没有填充”，边线颜色为“没有边线”，字符颜色为黑色；在“扩展属性”选项卡的“文本内容输入”中添加：120，90，60，30，0（每个数字字符间隔 2 行输入），Y 轴坐标制作完成。设置完成后下载运行，查看棒图数据显示方式是否满足组态要求，棒图数据显示效果如图 7-25 所示。

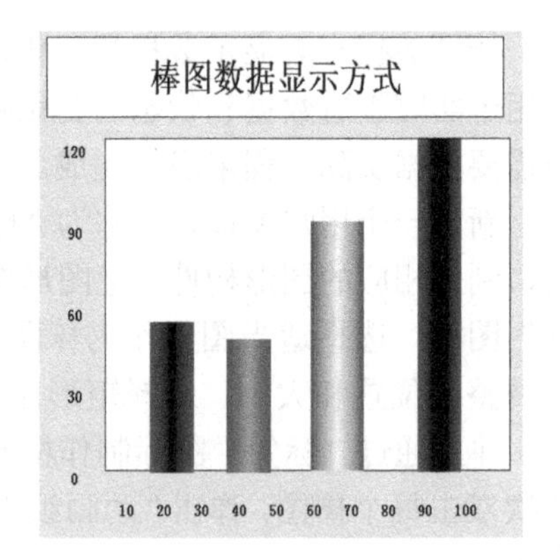

图 7-25　棒图数据显示效果

3. 制作棒图

在用户窗口选择常用图符工具箱添加“竖管道”▯作为棒图，然后进入“动画组态属性设置”对话框对其进行设置。在“属性设置”选项卡中，填充颜色为红色，选中“大小变化”；在“大小变化”选项卡中，关联表达式定义为数值型数据对象（如“数据 2”），单击“变化方向”右侧的图标按钮，选择大小变化方向为单向向上变化，变化方式为“缩放”；“大小变化连接”选择合适的变化百分比和表达式的值。棒图数据显示设置如图 7-26 所示。制作另外三个棒图，分别设置填充颜色为绿色、灰色和蓝色，“最大变化百分比”分别为 100、100 和 70，其他设置同第一个棒图。当表达式的值大于等于 100 时，最大变化百分比设为 100%，则图形对象的大小与初始大小相同。不管表达式的值如何变化，图形对象的大小都在最小变化百分比与最大变化百分比之间变化。

4. 添加脚本

用户窗口属性设置对话框，“循环脚本”选项卡中添加棒图变化的脚本程序，如图 7-27 所示。

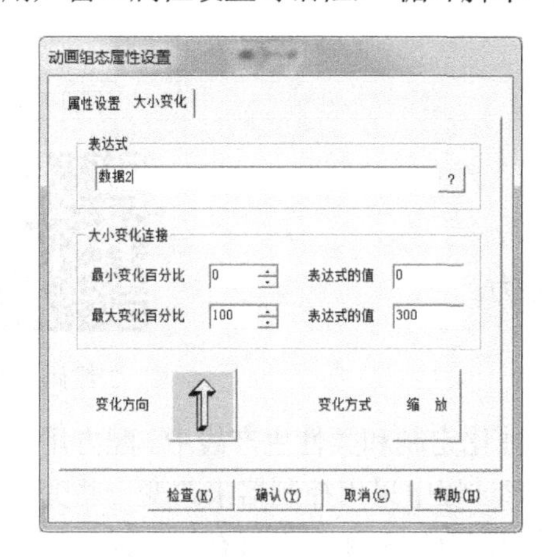

图 7-26　棒图数据显示设置

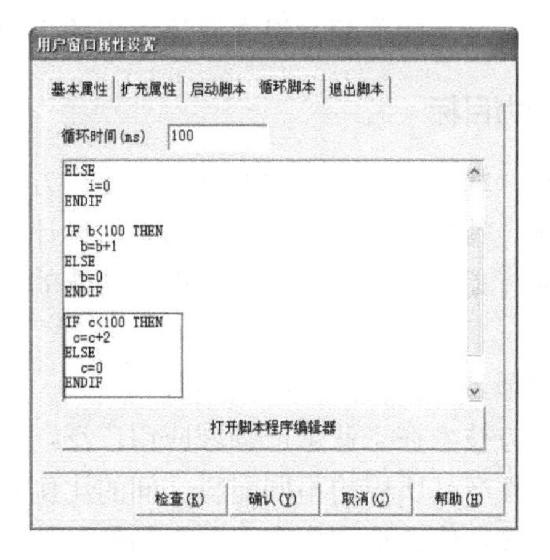

图 7-27　添加棒图脚本程序

项目小结

本项目重点介绍了 MCGS 嵌入版组态软件数据报表、曲线和棒图的属性设置，数据报表的分类和三种不同的制作形式（由自由表格制作的实时数据报表、由存盘数据浏览构件实现的历史报表、由历史表格构件实现的历史报表），以及实时曲线和历史曲线的制作。通过对本项目的学习使学生能够进一步了解 MCGS 嵌入版组态软件数据属性设置的特点，并使用数据报表来完善复杂的实际工程。

思考题

（1）什么是 MCGS 嵌入版组态软件的存盘数据浏览构件？它的特点有哪些？
（2）MCGS 嵌入版组态软件中有哪几种数据报表的形式？
（3）MCGS 嵌入版组态软件工具箱中有哪几种制作报表的工具？
（4）MCGS 嵌入版组态软件的存盘数据浏览构件与历史表格构件的区别是什么？
（5）什么是 MCGS 嵌入版组态软件的实时曲线，它的特点有哪些？
（6）什么是 MCGS 嵌入版组态软件的历史曲线，它的特点有哪些？
（7）MCGS 嵌入版组态软件工具箱中有哪几种制作曲线的工具？
（8）MCGS 嵌入版组态软件中的实时曲线构件与历史曲线构件的区别是什么？
（9）MCGS 嵌入版组态软件中的棒图数据显示使用哪些数据显示环境？

项目 8　组态软件的配方组态设计

学习目标

- ▶ 掌握组态软件配方组态的设计；
- ▶ 熟悉组态软件配方组态构件的定义和操作流程；
- ▶ 组态软件配方组态设计过程的步骤和方法。

能力目标

- ▶ 掌握组态软件配方组态的使用方法；
- ▶ 具备对组态软件配方组态的设计能力；
- ▶ 具备对组态软件配方组态功能的灵活运用能力。

二维码 8-1

本项目课件请扫二维码 8-1。

配方技术在工业生产领域应用广泛，尤其是在个性化定制和柔性生产线中。配方用来描述生产一件产品所用的不同配料之间的比例关系，在生产过程中采用控制器来改变一些变量对应的参数设定值，达到生产不同产品的目的。本项目介绍 MCGS 嵌入版组态软件提供的配方解决方案，通过对具体实例的讲解，使学生尽快掌握配方的组态实现方法。配方是同一类数据的集合，如机器参数或生产数据，配方通过触摸屏查看，通过修改配方数据来实现。根据数据存储方式的不同，配方大致分为两种模式进行组态：

（1）配方数据存储于 PLC：将需要的配方数据先上传到触摸屏进行显示，用户选取特定配方并修改，再下载到 PLC 中作为当前配方。配方数据存储于 PLC 的方式应用于早期的控制系统，因为早期的触摸屏本身不能存储配方，只能利用 PLC 的存储空间来实现。

（2）配方数据存储于触摸屏：配方数据存储于触摸屏之中，由触摸屏显示所有配方数据，用户选取特定配方下载到 PLC 中作为当前配方。

本项目以面包配方为例，介绍运用 MCGS 嵌入版组态软件实现这两种配方模式的应用。假设面包配方中仅有面粉、水、糖 3 个参数，不同的比例混合可制成无糖面包、低糖面包和甜面包 3 种不同口味。配方中只有面粉、水、糖 3 个成员，按 3 个成员含量的不同分成 3 条配方记录。两种模式的样例配方运行效果分别如图 8-1 和图 8-2 所示。

图 8-1　配方数据存储于 PLC 模式运行效果

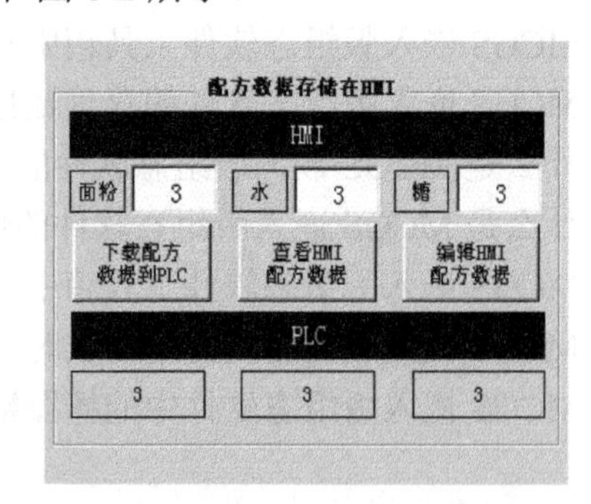

图 8-2　配方数据存储于触摸屏模式运行效果

任务 8-1　配方管理设置与组态设计

1. 配方管理设置

触摸屏组态软件的配方功能构件采用数据库处理方式，用户可建立和保存多种配方，每种配方的配方成员和配方记录可任意修改，各配方成员的参数都在工程开发和运行环境中修改。配方数据库的某个记录为当前的配方记录，将当前配方所记录的配方参数装载到组态软件实时数据库的对应变量中，将实时数据库的变量值保存到当前配方记录中，提供对当前配方记录的保存、删除、锁定和解锁等功能。

组态软件配方构件由 3 部分组成，即配方组态设计、配方操作和配方编辑。配方管理设置方法如下：单击“工具”菜单下的“配方组态设计”进行配方组态，设置各配方所要求的各种成员和参数值，即面包生产所需的各种原料及参数配置比例；在运行策略中设置对配方参数的操作方式，以及编辑配方记录、装载配方记录等操作；动态编辑配方，在运行环境中动态地编辑配方参数。

2. 配方组态设计

在组态软件组态环境中单击“工具”菜单下的“配方组态设计”菜单项，进入配方组态设计窗口。配方组态设计是独立的配方编辑环境，使用配方构件时必须熟悉配方组态设计的各种操作。配方组态设计窗口由“配方菜单”“配方列表框”和“配方显示表格”等部分组成。其中，“配方菜单”用于完成配方以及配方编辑和修改操作；“配方列表框”用于显示工程中所有的配方；“配方结果显示”用于显示所选定的配方的各种参数，在“配方结果显示”中对各种配方参数进行编辑和修改。

使用配方组态设计窗口进行配方参数设置的步骤如下：单击“文件”菜单中的“新增配方”菜单项，建立一个默认的配方结构，默认的配方名称为“配方”，配方的参数个数为 6 个。将配方参数名称修改为“面包配方”，对应的数据库变量为空，数据类型为数值型，配方的最大记录个数为 32 个。通过“文件”菜单下的“配方改名”修改配方构件的名字，通过“配方参数”修改配方的参数个数和最大记录个数（即配方表的行数和列数），在“配方结果显示”中修改配方参数。在“文件”菜单中选择“配方参数”菜单项，进入配方编辑状态，可进行配方参数的设定与修改。下面分别介绍不同配方数据存储配置的使用方法。

任务 8-2　实例：配方数据存储于 PLC

配方数据将全部配方数据存放于 PLC，触摸屏仅能浏览 PLC 中的配方数据。选择修改一条配方项，下载某一条配方项到特定区域，使 PLC 正常运行。面包配方的 3 个配方项均存储在西门子 S7-200 的 V 寄存器中，其数据格式选择 16 位无符号二进制数，每个配方成员占 2 字节存储空间，每个配方项为 6 字节，则 3 个配方项共 18 字节。设定存于 V 寄存器 0～17 的 18 字节连续地址空间，初始的数据通过 PLC 编程软件写入。配方数据写入位置示意图如图 8-3 所示。

以西门子 S7-200 PLC 作为控制器模拟面包生产机，接收面包配方的 3 个参数，接收内容存放在 V 寄存器 100～105 字节的地址中。面包配方存储地址如图 8-4 所示。

	PLC地址	数据
第1条配方起始地址 →	VWUB000	1
	VWUB002	1
	VWUB004	5
第2条配方起始地址 →	VWUB006	2
	VWUB008	0
	VWUB010	0
第3条配方起始地址 →	VWUB012	3
	VWUB014	0
	VWUB016	0

图 8-3 配方数据写入位置示意图

PLC地址	数据
VWUB100	
VWUB102	1
VWUB104	5

图 8-4 面包配方存储地址

根据配方地址设计组态软件的配方功能，在组态软件的数据库中添加变量，用于操作配方数据，在设备窗口添加 PLC 设备并进行设定。在用户窗口中添加若干标签、输入框和按钮构件，编辑脚本程序用于显示与操作配方组态环境配方。

1. 建立配方变量

在组态软件工作台“实时数据库”选项卡中新建 3 个数值型变量“面粉”“水”“糖”，属性设置保持默认值，用于实现配方数据的显示和修改。新建一个字符型变量“设备字符串”，属性设置保持默认值，用于与设备进行信息传送。新建一个数值型变量“offset”，属性设置保持默认值，用于存储 PLC 中配方数据偏移地址。新建两个数值型变量“a”和“b”，属性设置保持默认值，用于解析“设备字符串”变量。变量创建好之后添加必要的备注，数据建立完成后实时数据库中的变量如图 8-5 所示。

2. 添加设备

切换到工作台设备窗口，使用设备工具箱添加“通用串口父设备”与“西门子-S7200PPI”两个设备，将“西门子-S7200PPI”作为“通用串口父设备”的子设备。双击“西门子-S7200PPI”进入设备编辑窗口，在窗口左上方查看“驱动模版”信息，确保此驱动程序是“新驱动模版”，如图 8-6 所示。

名字	类型	注释
a	数值型	解析设备字符串
b	数值型	解析设备字符串
InputETime	字符型	系统内建数据对象
InputSTime	字符型	系统内建数据对象
InputUser1	字符型	系统内建数据对象
InputUser2	字符型	系统内建数据对象
offset	数值型	PLC地址偏移量
面粉	数值型	面包配方成员
设备字符串	字符型	与设备进行信息传送
水	数值型	面包配方成员
糖	数值型	面包配方成员

图 8-5 实时数据库中创建的变量

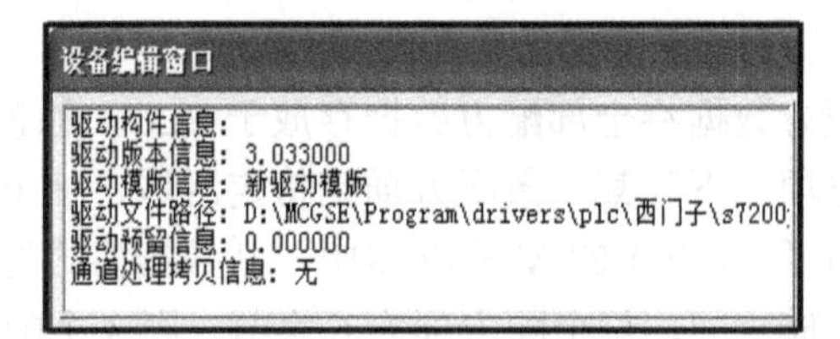

图 8-6 设备编辑窗口

实时查看 PLC 中的配方数据，为设备添加数据的通道并连接变量，实时查看这些数据。在工程界面中添加标签或者输入框构件，关联“设备 0_通信状态”变量，用于显示 PLC 和触摸屏当前的通信状态，保证工程正常运行；通信状态为 0 表示 PLC 和触摸屏通信正常。通道连接变量如图 8-7 所示。

3. 创建动画构件和编写脚本程序

切换回工作台“用户窗口”界面，新建一个用户窗口，添加标签、输入框、按钮、自由表格等构件，组态窗口如图 8-8 所示。

索引	连接变量	通道名称
0000	设备0_通信状态	通信状态
0001	设备0_读写VWUB000	读写VWUB000
0002	设备0_读写VWUB002	读写VWUB002
0003	设备0_读写VWUB004	读写VWUB004
0004	设备0_读写VWUB006	读写VWUB006
0005	设备0_读写VWUB008	读写VWUB008
0006	设备0_读写VWUB010	读写VWUB010
0007	设备0_读写VWUB012	读写VWUB012
0008	设备0_读写VWUB014	读写VWUB014
0009	设备0_读写VWUB016	读写VWUB016

图 8-7　通道连接变量

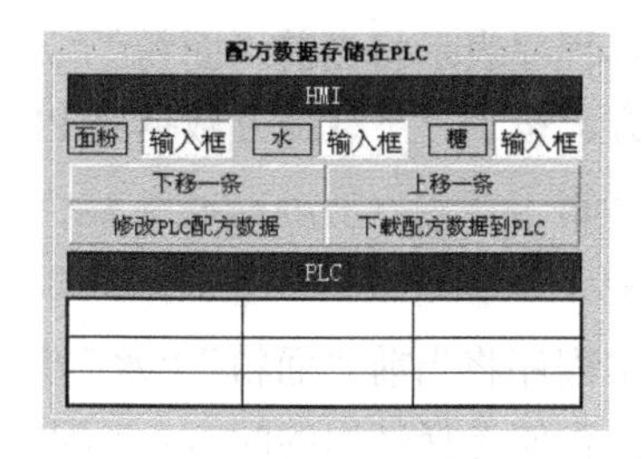

图 8-8　组态窗口

组态窗口中三个输入框的属性设置：进入属性设置对话框，在“操作属性”选项卡中，分别关联数据中心的变量“面粉”“水”和“糖”，用于配方数值的显示与修改。选择“PLC”标签下面的自由表格构件激活表格构件，进入表格编辑模式。选择“表格”菜单的“连接”命令，会发现表格的行号和列号后面加星号（“*”）显示，用鼠标右键单击表格，在打开的变量选择对话框中采用从数据中心选择的方式选择“面粉”“水”“糖”，相关变量关联按图 8-7 所示的通道连接变量，用于显示通道数据。按下“下移一条”按钮的脚本程序如下；

```
if offset = 12 then exit
if (offset < 12) then offset = offset + 6
!SetDevice(设备 0,6,"ReadBlock(V,offset,[WUB][WUB][WUB],1,设备字符串)") a = 1
b = 1
b = !InStr(a, 设备字符串, ",")
面粉 = !Val(!Mid(设备字符串, a, (b -a))) a = b + 1
b = !InStr(a, 设备字符串, ",")
水 = !Val(!Mid(设备字符串, a, (b - a)))
糖 = !Val(!Mid(设备字符串, (b + 1), (!Len(设备字符串)-b)))
```

该脚本程序的意义是在规定的地址范围内，将 PLC 地址以一组配方数据的长度为单位向后移动，读取 PLC 存储器中偏移量位置的配方数据，将得到的数据进行解析并赋值给配方成员，用于显示与修改。按下“上移一条”按钮的脚本程序如下：

```
if offset = 0 then exit
if (offset >= 6) then offset = offset - 6
!SetDevice(设备  0,6,"ReadBlock(V,offset,[WUB][WUB][WUB],1,设备字符串)") a = 1
b = 1
b = !InStr(a, 设备字符串, ",")
面粉 = !Val(!Mid(设备字符串, a, (b -a))) a = b + 1
```

```
b = !InStr(a, 设备字符串, ",")
水 = !Val(!Mid(设备字符串, a, (b - a)))
糖 = !Val(!Mid(设备字符串, (b + 1), (!Len(设备字符串) - b)))
```

该脚本程序表示在地址规定的范围内，将 PLC 地址以一组配方数据的长度为单位向前移动，读取 PLC 存储器中偏移量位置的配方数据，将得到的数据进行解析并赋值给配方成员，用于显示与修改。按下“修改 PLC 配方数据”按钮的脚本程序如下：

```
设备字符串 = !StrFormat("%g,%g,%g", 面粉, 水, 糖)
!SetDevice(设备 0, 6, "WriteBlock(V,offset,[WUB][WUB][WUB], 1, 设备字符串)")
```

该脚本程序表示将当前“面粉”“水”“糖”的数值按规定格式写入 PLC 配方数据存储区以修改配方。按下“下载配方数据到 PLC”按钮的脚本程序如下：

```
设备字符串 = !StrFormat("%g,%g,%g", 面粉, 水, 糖)
!SetDevice(设备 0, 6, "WriteBlock(V,100,[WUB][WUB][WUB], 1, 设备字符串)")
```

该脚本程序将当前“面粉”“水”“糖”的数值按规定格式写入 PLC 的特定存储区中，在特定存储区存储选择使用的配方。当配方对应的实时数据库中变量名称有序时，利用批量读写设备命令实现数据操作，无须解析字符串。将 Data1、Data2、Data3 面包配方的“面粉”“水”“糖”3 个变量用配方调用批量读写函数 ReadPV、WritePV 来进行查看和修改。

```
!SetDevice(设备 0,6,"ReadPV(V,offset,WUB,3,Data1, nReturn)")
```

该脚本程序表示读取 V 寄存器从地址 offset 开始的 3 个 16 位无符号二进制数值，并放入组态软件中以变量 Data1 为起始的连续 3 个变量（Data1、Data2 和 Data3）中；执行是否成功通过 nReturn 返回，0 表示成功，非 0 表示失败。该脚本程序控制读取上一条或者下一条配方数据，并通过组态变量显示出来。

```
!SetDevice(设备 0,6, "WritePV(V,offset,WUB,3,Data1,nReturn)")
```

该脚本程序将组态软件中以变量 Data1 为起始的连续 3 个变量（Data1、Data2 和 Data3）的值，以 16 位无符号二进制形式写入 V 寄存器，即以地址 offset 为起始的连续 3 个寄存器；执行是否成功通过 nReturn 返回，0 表示成功，非 0 表示失败。该脚本程序控制将指定配方数据写入 PLC 指定位置，以达到修改或执行配方数据的目的。

4. 使用配方

将编辑完成的配方工程文件下载到触摸屏，并连接好西门子-S7200PPI 设备。工程运行效果图如图 8-9 所示。

进入组态软件运行环境，单击“上移一条”和“下移一条”切换配方项，当前配方项数据显示在“HMI”（触摸屏）下方的 3 个输入框构件中。单击“修改 PLC 配方数据”将“HMI”下方的 3 个输入框中的数据按规定格式写入 PLC 中，修改 PLC 中当前配方数据。配方数据修改过程示意图如图 8-10 所示。

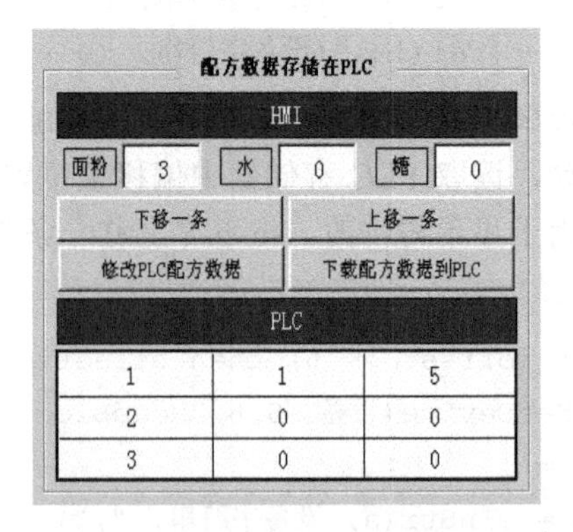

图 8-9 配方数据存储于 PLC 的工程运行效果图

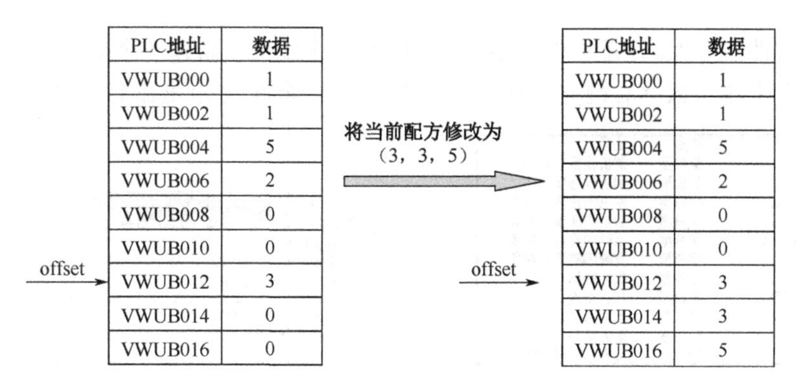

图 8-10　配方数据修改过程示意图

当从组态软件运行环境切换到要采用的配方数据时，单击“下载配方数据到 PLC”，将配方下载到 PLC 特定区域，改为使用此配方数据。此地址随工程的不同而不同，一般为确定值。最下方的表格控件关联目标 PLC 中各地址的数据，实时显示 PLC 中的全部配方数据，保证组态配方工程的正常运行，前提是 PLC 与触摸屏的通信正常。

任务 8-3　实例：配方数据存储于触摸屏

配方数据存储于触摸屏的模式，其所有配方数据均存储于触摸屏中，运行时利用组态软件的配方功能可方便地进行查看和修改。当需要查看 PLC 中当前使用的数据时，将 PLC 中对应地址的数据通过通道读取和显示在组态窗口。在触摸屏上浏览所有配方数据，选择修改指定配方项，下载某一个配方项到特定区域使 PLC 正常运行。使用西门子 S7-200 PLC 模拟面包生产机，接收面包配方的 3 个参数，接收地址为 V 寄存器 100～105 字节。

在组态软件的实时数据库中添加变量，用于稍后操作配方数据，在设备窗口添加 PLC 设备并进行设定，使用配方组态工具编辑配方成员、配方项和配方数据。在用户窗口添加若干标签、输入框和按钮构件，并编辑必要的脚本程序用于配方的显示与操作。在组态环境中设定完毕后下载工程到触摸屏，在运行环境中操作配方。

1. 配方数据存储于触摸屏的配方组态

在“实时数据库”选项卡中新建数值型变量“面粉”“水”和“糖”，属性设置保持默认值，用于关联显示配方数据。新建组对象“原料组”并将“面粉”“水”“糖”添加为组成员，此变量用于操作组配方数据。新建字符型变量“设备字符串”，属性设置保持默认值，此变量用于与设备进行信息传送。新建数值型变量“a”和“b”，属性设置保持默认值，此变量用于解析“设备字符串”。配方变量创建完毕后的变量如图 8-11 所示。切换到工作台“设备窗口”选项卡，使用设备工具箱添加“通用串口父设备”与“西门子_S7200PPI”两个设备，将“西门子_S7200PPI”作为“通用串口父设备”的子设备。双击“西门子_S7200PPI”进入设备编辑窗口，在窗口左上角查看“驱动模版”信息，确保此驱动程序是“新驱动模版”，如图 8-12 所示。

2. 设计配方

在组态软件组态环境中选择“工具”菜单的“配方组态设计”菜单项，打开配方组态设计工具，单击“文件”的“新增配方组”，或单击工具栏 按钮新建一个配方组（“配方组 0”），在“配方组 0”上单击鼠标右键并选择“配方组改名”，将配方组重命名为“面包配方”。

名字	类型	注释
a	数值型	解析设备字符串
b	数值型	解析设备字符串
InputETime	字符型	系统内建数据对象
InputSTime	字符型	系统内建数据对象
InputUser1	字符型	系统内建数据对象
InputUser2	字符型	系统内建数据对象
面粉	数值型	配方成员
设备字符串	字符型	与设备进行信息传送
水	数值型	配方成员
糖	数值型	配方成员
原料组	组对象	操作一组配方数据

图 8-11　实时数据库中创建的变量

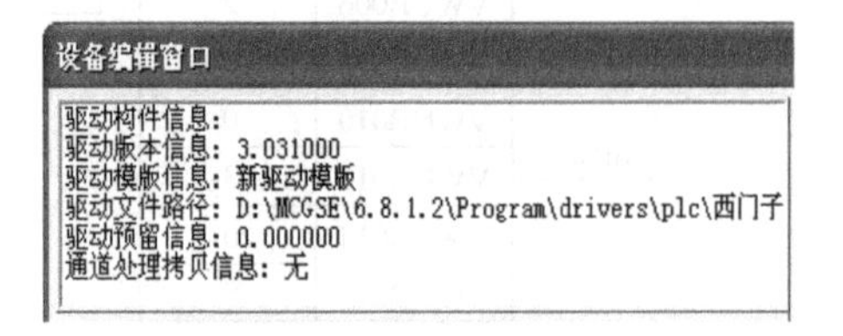

图 8-12　设备编辑窗口

选择“格式”→“增加一行”，或用工具栏中的按钮新建一个配方成员，在配方成员的变量名称处单击鼠标右键，在弹出的变量选择对话框中选择变量“面粉”。再新建两个配方成员分别连接变量“水”和“糖”。单击“使用变量名做列标题名”按钮，将配方成员分别命名为“面粉”“水”和“糖”。创建好的配方成员如图 8-13 所示。

编号	变量名称	列标题	输出延时
0	面粉	面粉	0
1	水	水	0
2	糖	糖	0

图 8-13　创建好的配方成员

选择“编辑”→“编辑配方”，或单击工具栏 按钮，打开“配方修改”对话框。单击“增加”按钮，即可增加一个配方项，“配方修改”对话框如图 8-14 所示。然后保存并退出“配方修改”对话框，选择“文件”→“保存配方”，或单击工具栏 按钮，保存配方。保存后关闭组态软件的配方组态。

3. 创建动画构件和编写脚本程序

切换回组态软件的工作台“用户窗口”选项卡，新建一个用户窗口并打开它，创建标签、按钮、输入框等动画构件。组态窗口如图 8-15 所示。

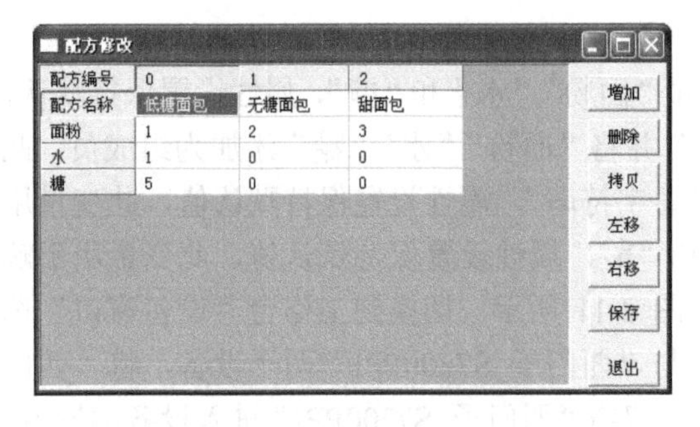

配方编号	0	1	2
配方名称	低糖面包	无糖面包	甜面包
面粉	1	2	3
水	1	0	0
糖	5	0	0

图 8-14　“配方修改”对话框

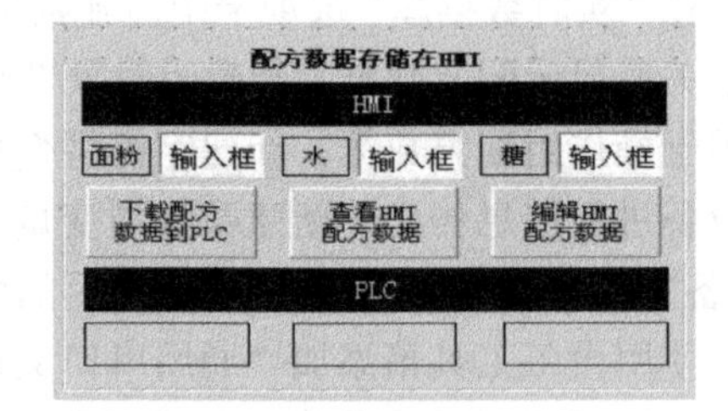

图 8-15　组态窗口

在组态窗口中将 2 个标签作为标题，分别命名为“HMI”（触摸屏）与“PLC”；3 个输入框用于显示触摸屏配方数据值；下面 3 个标签用于显示 PLC 设备上的数据值。将“HMI”下方的 3 个输入框分别关联数据中心变量“面粉”“水”和“糖”，用于配方成员的显示与修改。

“PLC”下面 3 个标签作为“显示输出”，用于 PLC 中数据的显示。在关联变量时，勾选“根据采集信息生成”，通信端口选择“通用串口父设备 0[通串口父设备]”，采集设备选择“设备0[西门子_S7200PPI]”，通道类型选择“V 寄存器”，数据类型选择“16 位无符号二进制”，读写类型选择“读写”。3 个标签的通道地址依次填写“100”“102”“104”。3 个标签均选择作为数值量输出，3 个按钮构件的文本分别设为“下载配方数据到 PLC”“查看 HMI 配方数据”和“编辑 HMI 配方数据”。按下“下载配方数据到 PLC”按钮的脚本程序如下：

```
设备字符串 = !StrFormat("%g,%g,%g", 面粉, 水, 糖)
!SetDevice(设备 0, 6, "WriteBlock(V,100,[WUB][WUB][WUB], 1,设备字符串)")
```

该脚本程序表示将当前配方数据“面粉”“水”“糖”的数值按规定格式写入 PLC 设备中。

按下“查看 HMI 配方数据”按钮的脚本程序如下：

```
!RecipeLoadByDialog("面包配方","请选择一个面包配方")
```

该脚本程序表示调出配方查看对话框查看配方数据。

按下“编辑 HMI 配方数据”按钮的脚本程序如下：

```
!RecipeLoadByDialog("面包配方")
```

该脚本程序表示调出配方修改对话框，编辑指定配方数据。在工程界面添加一个标签或者输入框构件，关联一个表示 PLC 通信状态的开关型变量，用于显示 PLC 和触摸屏当前的通信状态，保证工程正常运行。通信状态为 0 表示 PLC 和触摸屏通信正常。下载编辑好的配方工程至触摸屏，并连接好 PLC 设备，然后运行触摸屏。配方数据存储于触摸屏的工程运行效果图如图 8-16 所示。

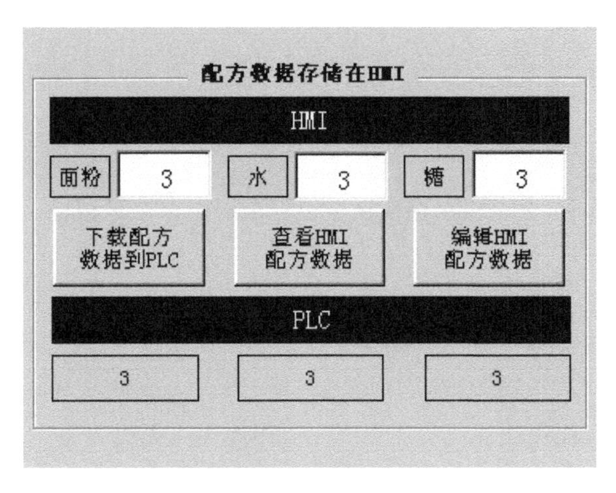

图 8-16　配方数据存储于触摸屏的工程运行效果图

输入框数据对象初值为 0，当选择指定配方项后，配方项数据显示在“HMI”（触摸屏）下方的 3 个输入框中。单击“下载配方数据到 PLC”按钮，将“HMI”下方 3 个输入框中的数据按规定格式写入 PLC 中。单击“查看 HMI 配方数据”按钮，调出配方查看窗口。单击“编辑 HMI 配方数据”按钮，调出配方编辑窗口，编辑、修改配方数据，完成组态配方的设计。

项目小结

本项目重点介绍了 MCGS 嵌入版组态软件配方组态的属性设置，配方组态构件分为组态设计、组态配方操作和配方编辑。对本项目的学习使学生能够进一步了解 MCGS 嵌入版组态软件配方组态属性设置的特点，并使用配方组态来完善复杂的实际工程。

思考题

（1）MCGS 嵌入版组态软件的配方组态构件的特点有哪些？

（2）MCGS 嵌入版组态软件的配方组态编辑有哪些操作？

（3）MCGS 嵌入版组态软件的配方组态记录如何编辑与修改？

工程应用篇

项目 9　水利闸门启闭监控系统组态工程实例

学习目标

- ▶ 了解组态软件的组态过程、操作方法和实现功能；
- ▶ 学会使用组态软件实现对水利闸门启闭监控系统的设计制作全过程；
- ▶ 熟悉组态软件的动画制作、控制要求、控制流程设计、脚本程序编写等多项操作；

能力目标

- ▶ 掌握触摸屏组态图形构件的使用技能；
- ▶ 具备对水利闸门启闭监控系统的分析能力；
- ▶ 具备利用窗口对水利闸门启闭监控系统进行组态的能力；
- ▶ 熟练利用组态软件调用内部函数与脚本程序，完成组态动画功能；
- ▶ 熟练掌握水利闸门启闭监控系统的软硬件调试能力。

本项目课件请扫二维码 9-1，本项目视频讲解请扫二维码 9-2。

二维码 9-1

二维码 9-2

一、实训设备

计算机 1 台，MCGS 嵌入版组态软件 1 套，T717B 型 MCGS 触摸屏 1 台及相应的数据通信线，三菱 FX 系列 PLC 1 台，三菱 FX 系列 PLC 编程软件 1 套。

二、工作过程及控制要求

水利闸门启闭监控系统的设计，要求以触摸屏和 PLC 为控制核心，实现水利闸门设备的水位检测、限位保护、水闸开度的点位控制及运行状态指示等功能。在触摸屏组态画面中制作一个水利闸门启闭控制面板，按照水利闸门启闭系统的工作原理设计组态窗口、电气关联图形的工艺设计。组态画面对闸门启闭机的运行状态进行监视与控制，同时触摸屏与外围电路设备联动工作。通过触摸屏组态画面的启动按钮，控制 PLC 进行开闸操作，启动水利闸门设备，经过 1 s 延时后依次水流动作联动其他设备。水利闸门合闸时先慢慢合上闸门，再依次停止水流进入，水轮机及其他设备实现组态画面的同步显示。水利闸门启闭监控系统自动化控制功能如下：

（1）水利前限位开关检测水位；

（2）水利闸门启闭监控系统分为开闸和合闸两部分，由控制面板控制，开闸后输水道上的各箭头按顺水流方向顺序延时启动，合闸后按逆水流方向顺序延时停止；

（3）在紧急情况下，闸门可通过急停按钮实现紧急“停车”；

（4）触摸屏组态监控画面显示水轮机及发电机运转信息，水利闸门启闭监控系统通过 PLC 反馈检测信号来控制闸门绳索，完成闸门的启闭动作。

三、组态工程设计与制作

水利闸门启闭监控系统根据触摸屏对 PLC 的实时监控，达到对水利闸门工作状态的反馈作用，水利闸门启闭监控系统的组态窗口由输水道、滤网、超声波传感器、闸门电动机（简称闸门电机）、闸门、水轮机、发电机等设备组成。闸门电机在水利闸门启闭系统中有着重要的地位，保证闸门安全稳定的运行。水利闸门启闭监控系统采用手动及自动控制方式相结合，其全部操作都在触摸屏控制面板上进行。触摸屏控制面板设有闸门的启动按钮和停止按钮，为 PLC 提供输入信号。

水利闸门启闭监控系统组态工程的设计，包括设备窗口、用户窗口、实时数据库和运行策略四部分。其中，设备窗口用于连接三菱 FX 系列 PLC 编程设备；用户窗口通过组建模拟仿真画面来反馈实际设备的工作状态；实时数据库用于组态工程所需的开关型和数值型的变量；运行策略用于编写脚本程序和设计定时器，以运行整个组态工程的编辑程序。组态工程设计框图如图 9-1 所示。

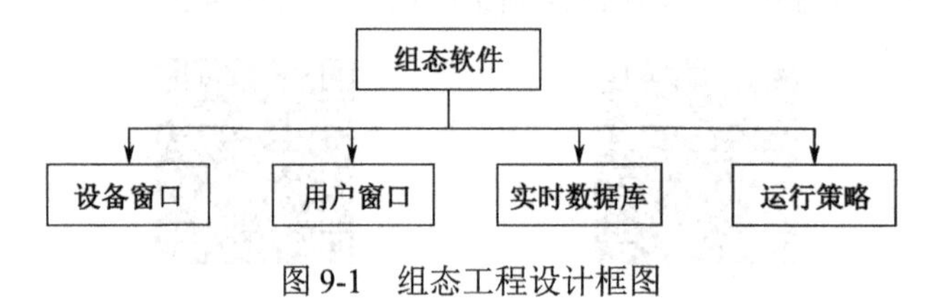

图 9-1 组态工程设计框图

（一）设备窗口

组态软件的设备窗口用于建立通用串口父设备并连接设备 0（三菱 FX 系列 PLC 的编程口），组态设备窗口如图 9-2 所示。进入 PLC 设备编程窗口，添加 3 个 M 类辅助寄存器来实现触摸屏对 PLC 控制的启动、停止与复位 3 个变量，添加 3 个 X 类寄存器来实现 PLC 对触摸屏反馈的启动、停止、复位 3 个控制变量。设备窗口变量如图 9-3 所示。

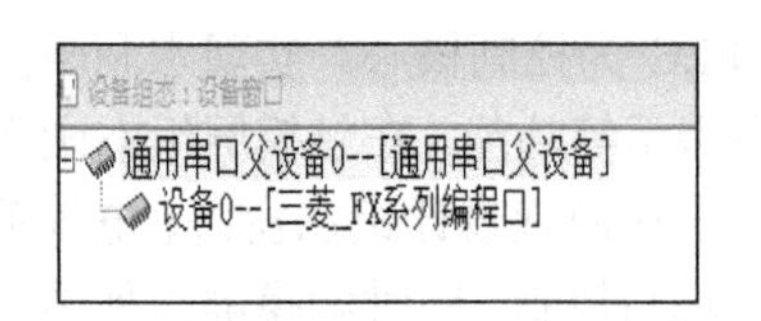

图 9-2 组态设备窗口

索引	连接变量	通道名称	通道处理
0000		通讯状态	
0001	移动	只读X0000	启动
0002	停止	只读X0001	停止
0003	复位	只读X0002	复位
0004	移动	读写M0020	启动
0005	停止	读写M0021	停止
0006	复位	读写M0022	复位

图 9-3 设备窗口变量

（二）用户窗口

组态软件的用户窗口由单机窗口和联机窗口组成，窗口内分别设置切换按钮（“联机”按钮或“单机”按钮）实现窗口间的相互切换。单机窗口是用于模拟调试水利闸门启闭监控系统的仿真窗口，联机窗口是用于显示触摸屏与 PLC 连接的组态窗口。

1. 单机窗口

单机窗口用于调试水利闸门监控系统的控制功能。单机窗口中的水利闸门设备包括超声波传感器、拦污阀、闸门电机、输水道、水轮机、发电站等设备，如图 9-4 所示。

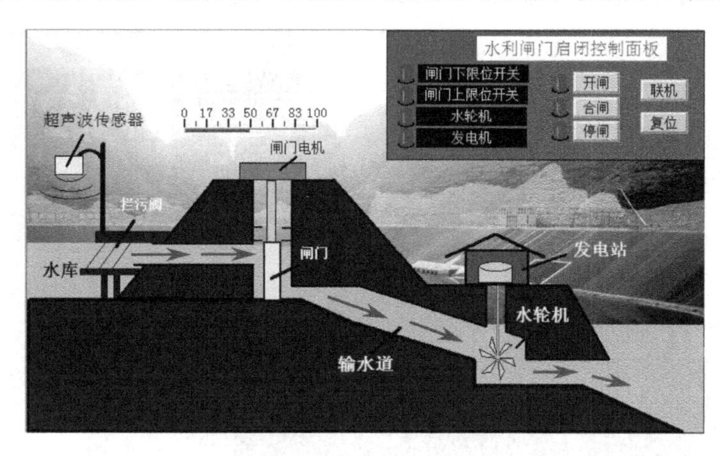

图 9-4　单机窗口

单机窗口用来描述水利闸门启闭监控系统的工作过程，其中全部设备都通过触摸屏面板中闸门的启动、停止按钮进行操作。水利闸门启闭监控系统的组态动作流程如下：当位于上游的超声波传感器检测到液位到达预警水位时，可通过触摸屏面板上的按钮打开闸门，让水流向下游流出；拦污阀过滤掉水流中的杂物，以避免因较大的石料或木料进入输水道时对水轮机造成损害，亦可防止形成堵塞。水利闸门电机上方的数值条用来显示闸门的开度，供工作人员实时监控闸门的开合程度。在单机窗口中设计了 6 个红色的箭头代表水流的流向。当水流经输水道从高处流向低处时，由于高低差而产生的势能带动水轮机转动，驱动发电机发电。水轮机在转动的同时有效降低水流的流速，避免因水的流速过大而对下游造成危害，水流流速的减慢通过图形来显示其变化过程。单机窗口控制面板（如图 9-5 所示）中设置了 5 个按钮、7 个指示灯以及显示闸门开度的输出框，控制水利闸门启闭系统的工作状态，按钮和指示灯等组件用来监视和控制闸门启闭系统的工作切换，并实现对水利闸门开合动作过程的演示。

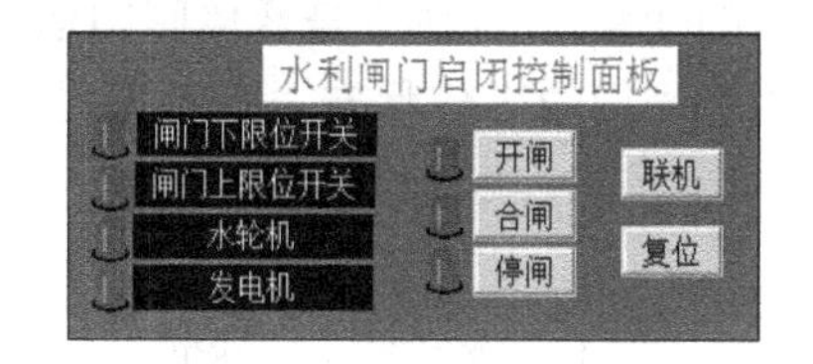

图 9-5　单机窗口控制面板

2. 联机窗口

联机窗口是显示触摸屏与 PLC 设备关联控制的窗口，它通过超声波传感器、拦污阀、闸门电机组、输水道、水轮机、发电站等设备描述水利闸门启闭监控系统的自动控制过程，如图 9-6 所示。

联机窗口的工作过程：当位于上游的超声波传感器检测到液位到达预警水位时，通过 PLC 控制器自动打开闸门让水流向下游流出；拦污阀有效过滤掉水流中的杂物，避免因较大的石料或木料进入输水道时对水轮机造成损害，也防止形成堵塞。联动窗口也设计了 6 个红色的箭头代表水流的流向。当水流经输水道从高处流向低处时，由于高低差而产生的势能会带动水轮机转动，让发电机发电；水轮机转动时降低水流的流速，避免因水流流速过大而对下游造成危害。联机窗口控制面板中设置了 7 个按钮、6 个指示灯以及显示闸门开度的输出框，其中指示灯用于显示控制闸门的开合状态；开闸按钮、停闸按钮和合闸按钮分别对应闸门启闭系统中闸门的打开、闭合和停止；复位按钮起到设备参数全部清零的作用。当出现意外状况时，可手动按下停闸按钮，则水利闸门启闭系统设备全部停止工作，以保护人员与设备安全。

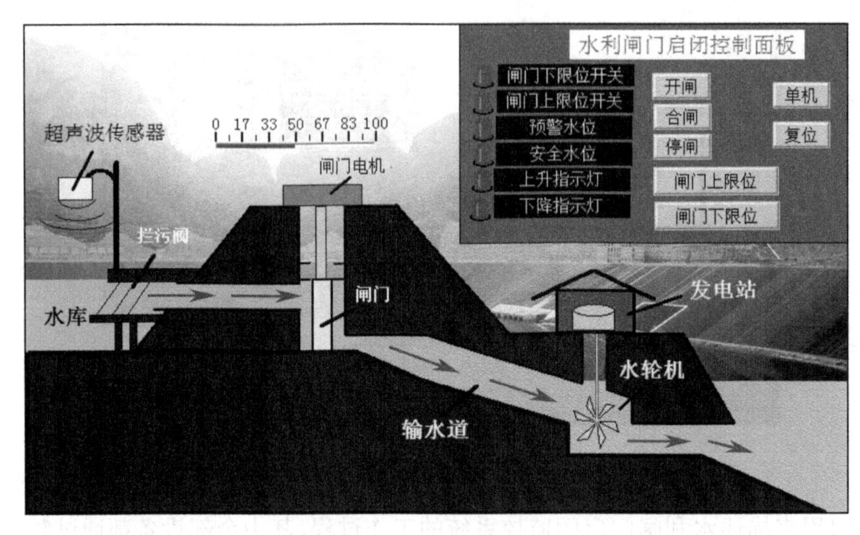

图 9-6　联机窗口

（三）实时数据库

实时数据库提供了水利闸门启闭监控系统所需的数值型与开关型变量。例如，“箭头 1”～“箭头 6”代表水流在输水道中的流动过程，“开闸”“合闸”“停闸”“闸门上限位”“闸门下限位”和“复位”6 个变量用来控制闸门的运行。“开闸”和“合闸”分别是启动和关闭整套系统的变量，“停闸”是暂停闸门运行的变量；“闸门”和“闸门绳索”为数值型变量，用于反映水利闸门的工作状态。实时数据库变量表如表 9-1 所示。

表 9-1　实时数据库变量表

变量名	类型	注释	变量名	类型	注释
开闸	开关型	按钮控制闸门的开启	箭头 1	数值型	代表流动的水流
合闸	开关型	按钮控制闸门的关闭	箭头 2	数值型	代表流动的水流
停闸	开关型	按钮控制闸门的急停	箭头 3	数值型	代表流动的水流
闸门上限位	开关型	闸门的上限位开关	箭头 4	数值型	代表流动的水流
闸门下限位	开关型	闸门的下限位开关	箭头 5	数值型	代表流动的水流
复位	开关型	按钮实现急停的复位	箭头 6	数值型	代表流动的水流
闸门绳索	数值型	绳索控制闸门的移动	闸门	数值型	闸门的移动变量

（四）运行策略流程及循环脚本

水利闸门启闭监控系统的运行策略是设计 13 个定时器：定时器 1～6 用于控制闸门开启时代表水流流动的箭头 1～6 延时显示，显示水流渐渐流入输水道；定时器 7～11 用于控制闸门闭合后代表水流流动的箭头 1～6 延时消失，显示水流停止流入输水道；定时器 15 和定时器 16 分别用于显示水轮机的两组叶片，通过灯组的亮与灭交替闪烁来表示水轮机的工作状态。水流动作方式全部采用定时器来控制实现：当启动定时器 1 时将水流消失的定时器 7～11 复位，定时器 1 的计时状态为 1 时箭头 1 亮起，定时器 2 开始计时；当定时器 2 的计时状态为 1 时箭头 2 亮起，定时器 3 就会开始计时……箭头 1～6 的组态显示状态全部由定时器控制，实现开闸后水流流动状态的切换。当水利闸门闭合且压合下限位开关后定时器 7 启动，定时器 7 按照设定值开始计时，将水流流入的定时器 1～6 全部复位，起到两组定时器互不干扰的作用。

1. 单机控制方式

单机控制窗口显示上游的超声波传感器检测的水位，当上游水位过高时系统将信号反馈到触摸屏，使单机控制面板的预警水位灯亮。当预警水位灯亮时，工作人员便按下开闸按钮，闸门上限位开关没有被压合，则闸门电机正转而收起闸门绳索，拉动闸门上升，水向下游流去。当闸绳索上升到设定值时，闸门上限位开关会被压合，同时停闸开关置 1，此时闸门停止运行。流出的水流经输水道流往下游，由于水从高处流向低处产生势能，水轮机将势能转化为机械能发电。当水流通过水轮机时，能量消失、减速，从而缓缓流向下游。水流通过输水道时，处于上游的超声波传感器会持续不断地检测上游的水位，当水位降至预警水位时工作人员按下合闸按钮，控制闸门电机反转，通过闸门绳索带动闸门下降。当闸门绳索下降到设定值时闸门下限位开关被压合，此时闸门停止运行，水流停止流入输水道，水轮机停止转动。在闸门运行过程中，工作人员可通过停止按钮来控制闸门停止运行，此时开闸或合闸都无法控制闸门的上升或下降；当工作人员按下复位按钮后，系统可继续执行开闸或合闸动作。单机控制方式流程如图 9-7 所示。

2. 联机控制方式

联机控制窗口的工作原理：当位于上游的超声波传感器检测到上游水位处于危险水位时，如果水利闸门上限位开关没有压合，则工作人员按下开闸按钮使闸门电机正转，启动闸门绳索从而拉动闸门上升；当闸门绳索上升到设定值以上时，闸门上限位开关会被压合，停闸开关置 1，使水利闸门停止运行。当水流流入输水道时，超声波传感器仍持续检测上游水位，当上游水位降低至安全水位时闸门下限位开关没有信号，则闸门电机会反转，通过闸门绳索带动闸门下降；当闸门绳索下降到设定值以下时，闸门下限位开关会被压合，此时闸门将停止运行。在闸门运行过程中，任何时候只要工作人员按下停闸按钮，水利闸门就会停止运行，此时工作人员无论按下开闸按钮还是合闸按钮，闸门电机都不会转动；直到工作人员按下复位按钮后，才可继续执行开闸或合闸动作。当水位达到预警水位后水利闸门自动开闸放水，而在判断水位到达安全水位后自动合闸，完成自动控制功能。联机控制方式流程如图 9-8 所示。

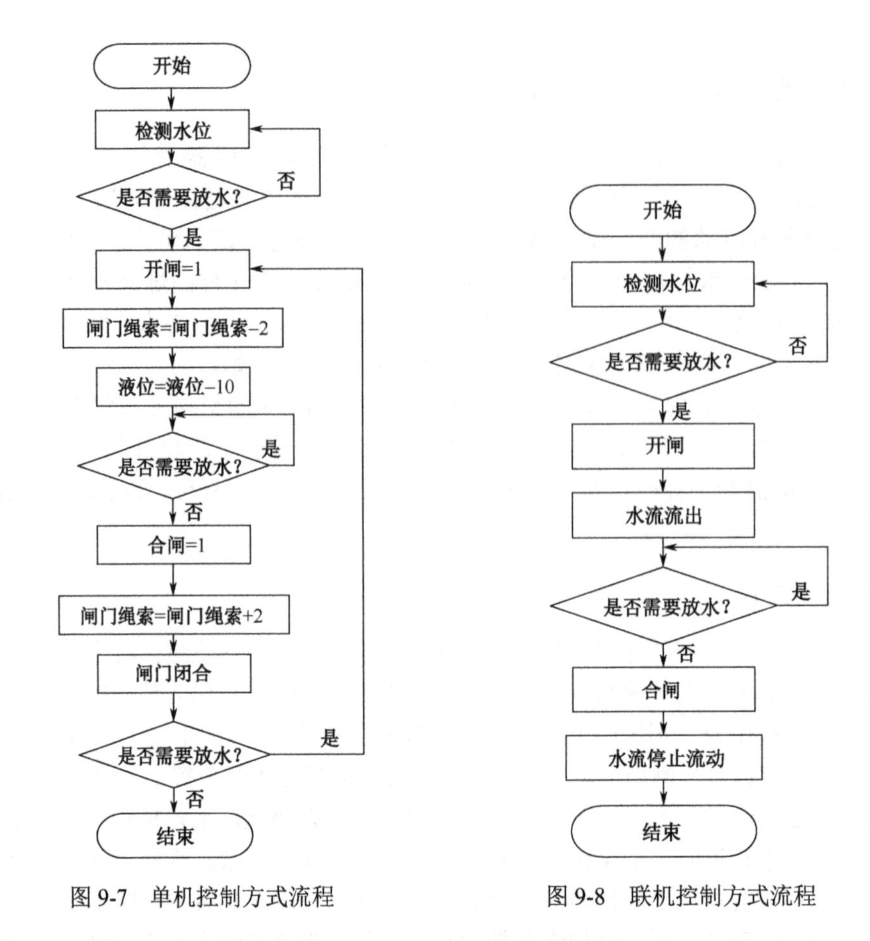

图 9-7　单机控制方式流程　　　图 9-8　联机控制方式流程

本项目组态程序请扫二维码 9-3，本项目 PLC 程序请扫二维码 9-4。

二维码 9-3　　　二维码 9-4

四、测试与结果

进入组态软件模拟运行环境，观察水利闸门启闭监控系统的运行是否符合控制要求。如果不符合工艺流程的设计要求，则需检查窗口变量连接设置与循环脚本程序，反复修改组态工程，直到达到控制要求为止。对触摸屏组态工程进行调试，进入触摸屏运行环境，观察水利闸门启闭监控系统窗口与 PLC 硬件是否达到控制要求。如果有问题，则应对触摸屏、PLC 与硬件电路的接线盒设备组态环节进行调试，直到全套水利闸门启闭系统的软硬件系统达到控制要求。触摸屏、PLC 和实物电路的运行时间、运行状态、运行动作应保持一致，通过 PLC 和触摸屏能够同步监视与控制水利闸门启闭监控系统的工作状态，完成组态工艺画面动作过程并达到项目控制要求。实物效果图如图 9-9 所示。

图 9-9　实物效果图

本项目测试视频讲解请扫二维码 9-5。

二维码 9-5

项目 10 防盗报警监控系统组态工程实例

学习目标

- ▶ 学习使用组态软件实现对防盗报警监控系统的设计；
- ▶ 熟悉触摸屏组态软件的组态过程、操作方法和实现功能等。

能力目标

- ▶ 掌握触摸屏组态图形构件的使用技能；
- ▶ 具备利用窗口进行防盗报警监控系统的组态能力；
- ▶ 熟练利用组态软件调用内部函数与脚本程序完成组态动画功能；
- ▶ 熟练掌握将防盗报警监控系统下载到触摸屏后通过触摸屏控制 PLC 的调试；
- ▶ 熟练掌握防盗报警监控系统的控制流程设计、脚本程序编写和程序分析能力。

本项目课件请扫二维码 10-1，本项目视频讲解请扫二维码 10-2。

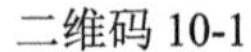

二维码 10-1　　二维码 10-2

一、实训设备

计算机 1 台，MCGS 嵌入版组态软件 1 套，T717B 型 MCGS 触摸屏 1 台及相应的数据通信线，三菱 FX 系列 PLC 1 台，三菱 FX 系列 PLC 编程软件 1 套。

二、工作过程及控制要求

基于 MCGS 触摸屏与三菱 PLC 硬件，通过组态软件搭建控制平台，实现防盗报警监控系统的布防和撤防功能。防盗报警监控系统的启动方式为：当系统处于报警布防工作状态时，若有人入侵防盗报警监控系统的防范区域，则满足报警触发条件，启动报警装置的报警信号和触摸屏界面报警信号。系统通过指示灯、警铃以及在触摸屏上显示报警区域等方式，对区域内防盗报警信号进行输出管理。撤销防盗报警方式为：根据防盗报警监控系统工作状态的不同，停止其所有防范区域探测器的工作，使防盗报警监控系统不进行探测与报警功能。在触摸屏组态窗口构建模拟触发报警设备，包括主动红外对射探测器、门磁探测器、被动红外探测器（窗磁）、紧急报警按钮等。触摸屏组态窗口通过模拟探测器构件检测报警信号并传给控制器，此时触摸屏需要进行手动复位和显示报警区域信息复位，实现探测器和报警输出装置信息复位，等待防盗报警监控系统布防工作。

防盗报警监控系统设计：通过触摸屏防盗报警窗口设计家居平面图，放置多个防盗报警探测器，包括：门磁探测器、窗磁探测器、红外对射探测器、手动报警器（简称手报）。家居平面图内探测器按照其功能与防范区域进行安放，当有人破门（窗）经过红外对射探测器时触发探测器报警设备，系统实现自动关闭门窗的联动效果。在防盗报警监控系统界面设置布防和撤防功能，触摸屏窗口利用人或物的移动来触发报警，实现报警和启动安防联动措施。防盗报警监控系统应满足以下要求：

（1）实现 4 个防范区域的布防与撤防功能：在组态安防界面设置布防与撤防按钮，实现大门布防窗口、红外布防窗口、窗磁布防窗口、手报布防窗口布防与撤防的切换。

（2）在组态画面中标识探测器设备：红外对射探测器、门磁探测器、窗磁探测器、紧急报警按钮，在组态画面可标识报警输出设备，且有指示灯显示报警状态、报警滚动条和报警文本信息。

（3）通过布防按钮使防盗报警监控系统进入相应区域布防状态。在布防状态下，当有人入侵防范区域时显示报警信息，通知物业监控到入侵者，启动自动锁门窗联动设备并显示其工作状态。通过撤防按钮解除相应区域布防状态的全部功能。

三、组态工程设计与制作

通过组态软件设计用户窗口，分别命名为封面窗口、安防窗口、门磁安防窗口、红外对射窗口、窗磁安防窗口、手报安防窗口、联动窗口，并在窗口内分别设置按钮，实现窗口相互切换的功能。其中封面窗口用于显示防盗报警监控系统的基本信息等，其他窗口用于监控各系统的工作状态。防盗报警监控系统如图 10-1 所示。

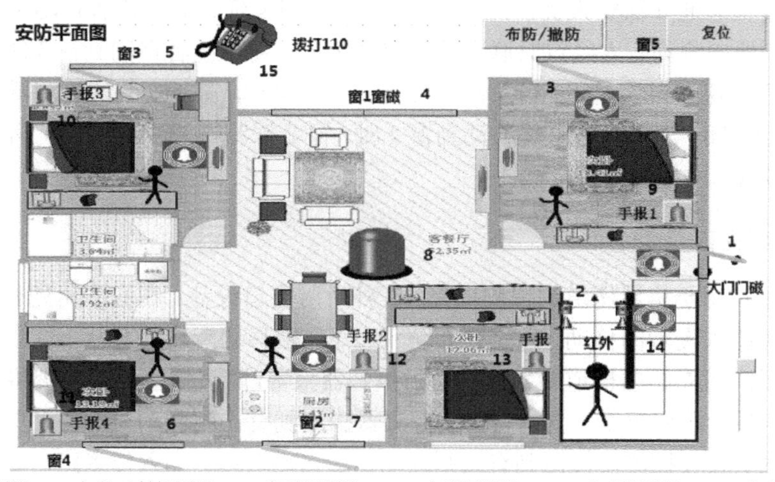

1—门磁探测器；2—红外对射探测器；3—窗磁探测器 5；4—窗磁探测器 1；5—窗磁探测器 3；6—窗磁探测器 4；7—窗磁探测器 2；8—报警器；9～13—手报按钮 1～5；14—报警指示灯；15—报警电话

图 10-1　防盗报警监控系统

1. 封面窗口

封面窗口显示防盗报警监控系统的基本信息、基本功能与工作环境范围，以及生产厂家等信息。

2. 安防窗口

安防窗口显示防盗报警监控系统的报警信息，通过安防窗口内设计的控制开关实现窗磁布防/撤防、手报布防/撤防、楼梯红外布防/撤防、大门门磁布防/撤防的作用。在安防窗口内设置4对红绿按钮，其中红色表示布防，绿色表示撤防。在每对按钮上方分别设置“窗磁”“手报”“红外对射”“大门门磁”界面切换按钮，也可通过翻页按钮实现界面的跳转。在安防窗口下方设置4条报警滚动条，显示历史报警记录，将布防区域所发生的报警显示在相应的报警滚动条上。安防窗口控制面板及历史报警记录如图10-2所示。

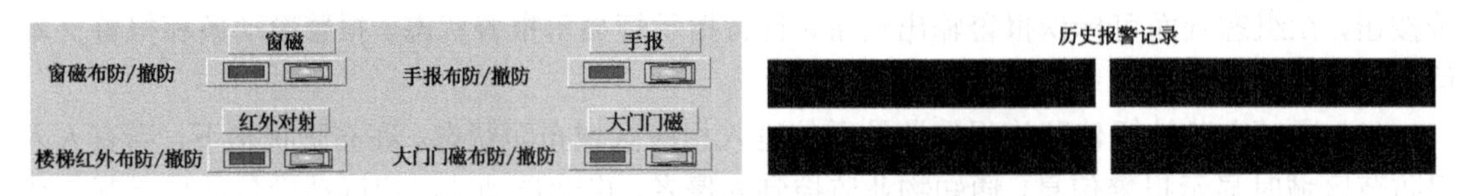

图10-2 安防窗口控制面板及历史报警记录

3. 门磁安防窗口

作为房屋大门口探测报警的窗口，门磁安防窗口在大门上安装门磁探测器，门磁探测器在检测到入侵者时发送报警信息给防盗报警监控系统。当门外有人入侵时，门磁安防窗口使用下方的滑块滑动模拟入侵者进出，当入侵者进入到大门时门被打开，通过滑块向左滑动表示入侵者进入房屋内部；当滑块移动到房屋内部时会使门关闭，此时在门磁安防窗口会有报警信息显示，并发出报警信息通知保安人员。门磁安防窗口经过1 s延时后入侵者移动到窗5所指示的位置，窗5探测器探测到有人经过时联动窗5自动关闭。当入侵者移动到窗3时，窗3探测器感受到有人则联动窗3自动关闭。当入侵者接近窗4位置时，窗4安装的探测器探测到入侵者后联动窗4自动关闭。当入侵者最终移动到窗2时，窗2探测器感受到入侵者后联动窗2自动关闭。门磁安防窗口如图10-3所示。

4. 红外对射窗口

红外对射窗口用于房屋楼道的探测报警。红外对射窗口设计：在右下角处有个滑块，可通过滑块移动来模拟入侵者的移动过程。在布防状态下，当移动滑块使其从下往上移动时，表示入侵者经过红外对射布防的楼道触发红外对射报警器报警，防盗报警监控系统将报警信息通知保安人员。当入侵者跑向窗5位置时，窗5探测器探测到有人则联动窗5自动关闭；当入侵者跑向窗3位置时，窗3探测器探测到有人则联动窗3自动关闭；当入侵者跑向窗4位置时，窗4探测器探测到有人则联动窗4自动关闭；当入侵者跑向窗2位置时，窗2探测器探测到入侵者则联动窗2自动关闭，从而实现当入侵者逃跑时关闭门窗的过程。红外对射窗口如图10-4所示。

5. 窗磁安防窗口

在窗磁安防窗口设置滑动输入区，作为模拟控制入侵者移动的输入方式。在窗磁布防状态下，当有入侵者经过时窗磁探测器触发报警，并将报警信号传送给防盗报警控制器。在发生报警时防盗报警控制器将报警信号传送给保安人员，从而及时有效地保证财产安全。报警联动过程：发生报警后入侵者在跑向窗5的过程中，窗5探测器探测到入侵者经过时会联动窗5自动关闭；当入侵者跑向窗 3 位置时，窗 3 探测器在探测到入侵者经过时自动关闭窗 3；当入侵者跑向窗 4 位置时，窗 4 探测器在探测到入侵者经过时联动窗 4 自动关闭；当入侵者跑向窗 2 位置时，窗 2 探测器探测到入侵者时则联动窗 2 自动关闭。入侵者跑动和关窗联动过程的控制在运行策略窗口通过编程实现，窗磁安防窗口显示入侵者逃跑的过程并报警，并通过组态实现动画的效果。窗磁安防窗口如图 10-5 所示。

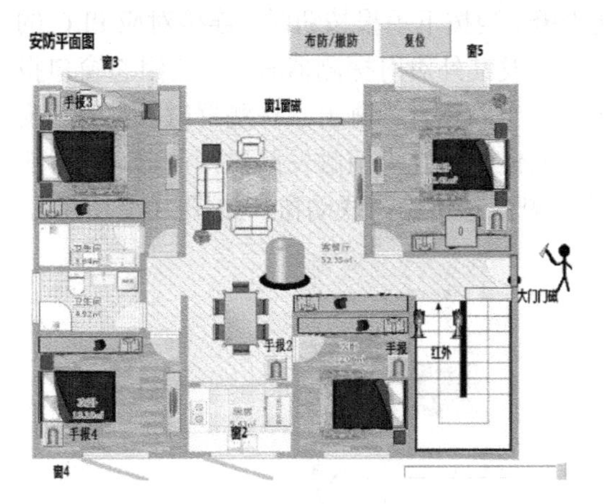

图 10-3　门磁安防窗口

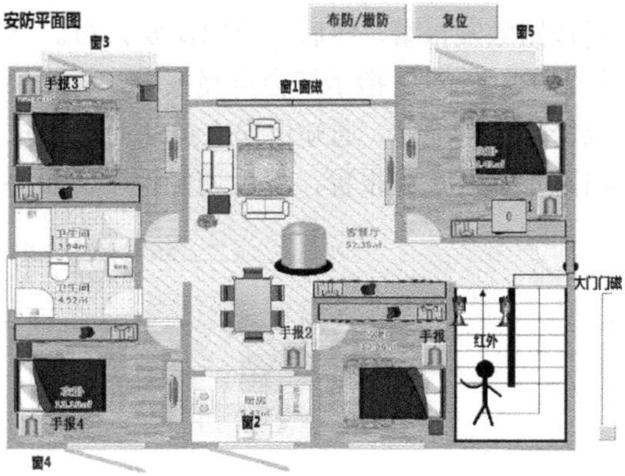

图 10-4　红外对射窗口

6. 手报安防窗口

在手报安防窗口设置手动报警按钮（简称手报按钮）。手动报警是人工确认防盗信息，由报警人员手动输入报警信号，并由相应的电路启动防盗报警控制器的输入方式。手报按钮是防盗报警系统常用的设备类型，在布防状态下当手报按钮动作时，3 s 后手报按钮上的报警确认灯点亮，表示防盗报警控制器收到报警信号并且确认现场位置信息。在手报安防窗口的布防界面，门磁探测器、红外对射探测器、餐桌探测器上和门口旁边均设置手报按钮；在防盗报警控制器界面设置布防工作状态，当按下手报按钮时防盗报警控制器的联动信息触发报警。手报安防窗口如图 10-6 所示。

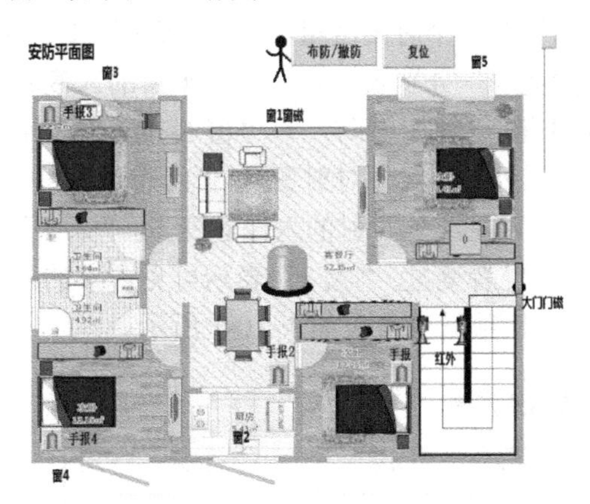

图 10-5　窗磁安防窗口

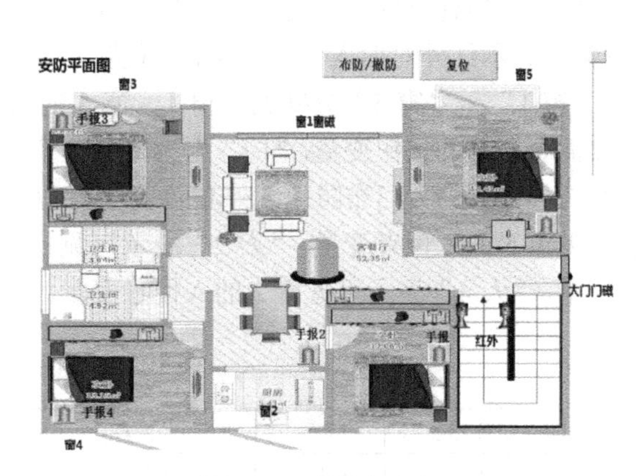

图 10-6　手报安防窗口

7. 联动窗口

在联动窗口放置 3 个入侵者（滑块），在组态窗口的控制下进行移动，当入侵者移动到指定位置时触发报警。联动窗口的防盗报警流程：当按下大门门磁布防按钮时，入侵者从右侧移动破门而入，触发门磁报警器对应的门磁报警指示灯点亮报警，然后会通知保安人员并输出报警信息。当按下实物按钮或者触摸屏复位按钮直接让报警控制器复位时，入侵者移动到红外对射布防区，触发红外对射探测器报警，此时红外对射区域的报警指示灯会点亮报警，从而通知保安人员。当按下窗磁布防按钮时，入侵者从上方移动到下方破窗而入，触发窗磁报警器报警，经过 5 s 延时触发报警的过程后通知保安人员实现报警。当按下手报按钮时，连接对应 PLC 的手报按钮触发报警，然后会通知保安人员。当入侵者触发红外对射探测器时，对应组态窗口报警位置的红外对射指示灯会点亮报警，通知保安人员。当入侵者触碰窗磁探测器时，对应的窗磁报警灯会有显示，通知保安人员从而实现报警。当入侵者打开大门触发门磁探测器时，对应的门磁指示灯点亮报警，然后通知保安人员并实现报警信息传输。联动窗口如图 10-7 所示。

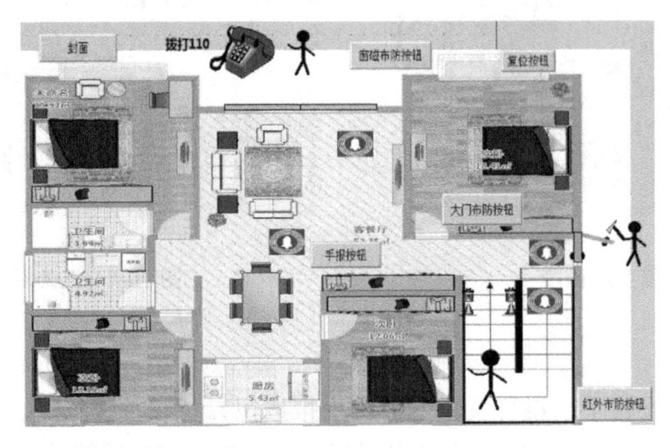

图 10-7　联动窗口

四、实时数据库

实时数据库的创建需要建立控制变量，变量类型有开关型和数值型两类。防盗报警监控系统组态工程的变量分为安防窗口的变量和联动窗口的变量。

安防窗口建立的控制变量有：Sj、Sj1、Sj2 为运行的 3 个时间变量，“窗”表示窗磁变量，“位置”表示红外对射入侵者变量，“位置 1”～“位置 4”分别表示窗 1～窗 4 前的入侵者变量，“窗 1”～“窗 5”分别表示窗 1～窗 5 的窗磁变量，“窗 1 布防”～“窗 5 布防”表示各窗口需要布防的按钮变量，“门”为大门开关变量，“红外”为红外对射变量，“门布防”和“红外布防”分别为大门布防和红外布防变量，“人”表示可见红外对射的入侵者变量，“人 1”表示可见窗 5 的入侵者变量，“人 2”表示可见窗 3 的入侵者变量，“人 3”表示可见窗 4 的入侵者变量，“人 4”表示可见窗 2 的入侵者变量。安防窗口数据变量表如表 10-1 所示。

表 10-1　安防窗口数据变量表

变量名称	类型	注释	变量名称	类型	注释
门	开关型	大门开关	Sj	数值型	时间
门布防	开关型	大门布防	Sj1	数值型	时间 1
红外	开关型	红外对射	Sj2	数值型	时间 2
红外布防	开关型	红外布防	窗	数值型	窗磁变量

续表

变量名称	类型	注释	变量名称	类型	注释
人	开关型	可见红外对射入侵者	位置	数值型	红外对射入侵者
人 1	开关型	可见窗 5 入侵者	位置 1	数值型	窗 1 前入侵者
人 2	开关型	可见窗 3 入侵者	位置 2	数值型	窗 2 前入侵者
人 3	开关型	可见窗 4 入侵者	位置 3	数值型	窗 3 前入侵者
人 4	开关型	可见窗 2 入侵者	位置 4	数值型	窗 3 前入侵者
窗 1	开关型	窗 1 窗磁	窗 1 布防	开关型	窗 1 布防按钮
窗 2	开关型	窗 2 窗磁	窗 2 布防	开关型	窗 2 布防按钮
窗 3	开关型	窗 3 窗磁	窗 3 布防	开关型	窗 3 布防按钮
窗 4	开关型	窗 4 窗磁	窗 4 布防	开关型	窗 4 布防按钮
窗 5	开关型	窗 5 窗磁	窗 5 布防	开关型	窗 5 布防按钮

联动窗口建立的控制变量有：“位置”“位置 11”“位置 22”分别为红外动入侵者、窗磁动入侵者、门磁动入侵者变量，“按钮 1”～“按钮 8”分别表示红外布防按钮、红外复位按钮、门磁布防按钮、门磁复位按钮、窗磁布防按钮、窗磁复位按钮、手报布防按钮、手报复位按钮变量，“红”“红 1”“红 2”“红 3”分别表示红外报警指示灯、门磁报警指示灯、窗磁报警指示灯、手动报警指示灯变量。联动窗口变量表如表 10-2 所示。

表 10-2　联动窗口变量表

变量名称	类型	注释	变量名称	类型	注释
位置 11	数值型	窗磁动入侵者	按钮 6	开关型	窗磁复位按钮
位置 22	数值型	门磁动入侵者	按钮 7	开关型	手报布防按钮
位置	数值型	红外动入侵者	按钮 8	开关型	手报复位按钮
按钮 1	开关型	红外布防按钮	红	开关型	红外报警指示灯
按钮 2	开关型	红外复位按钮	红 1	开关型	门磁报警指示灯
按钮 3	开关型	门磁布防按钮	红 2	开关型	窗磁报警指示灯
按钮 4	开关型	门磁复位按钮	红 3	开关型	手动报警指示灯
按钮 5	开关型	窗磁布防按钮			

五、运行策略流程及循环脚本

在运行策略中防盗报警监控系统要设计三部分的脚本程序；脚本程序中入侵者跑动的设置方法相同，根据防范区域和探测器作用的不同进行设计。脚本程序设置图如图 10-8 所示。脚本程序设定在开始计时 10 s 内动作。在 2 s 内人 1 跑向窗 5，当跑到窗 5 前时，窗 5 关闭；在 2～3 s 内，人 1 停止；在 3～4 s 内，人 3 开始向窗 3 移动，当移动到窗 3 前时，窗 3 关闭；在 4～5 s 内，人 3 停止；在 5～6 s 内，人 4 开始向窗 4 移动，当移动到窗 4 前时，窗 4 关闭；在 6～7 s 内，人 4 停止；在 7～8 s 内，人 5 向窗 2 移动，当移动到窗 2 时，窗 2 关闭；在 8～9 s 内，人 5 停止移动。防盗报警监控系统能够实现在触发报警时对人逃跑的路线控制联动报警。安防窗口脚本流程如图 10-9 所示。

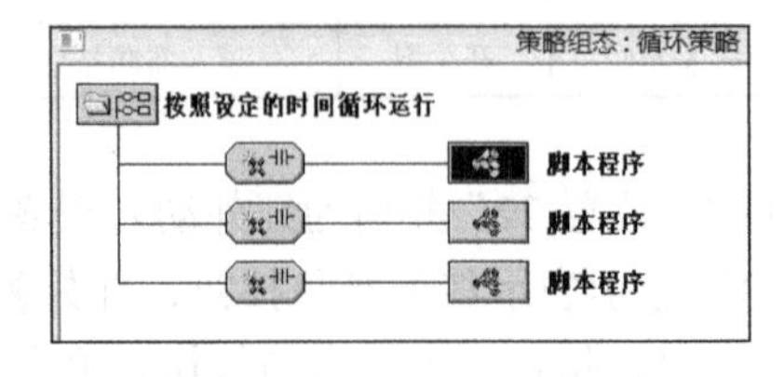

图 10-8 脚本程序设置图

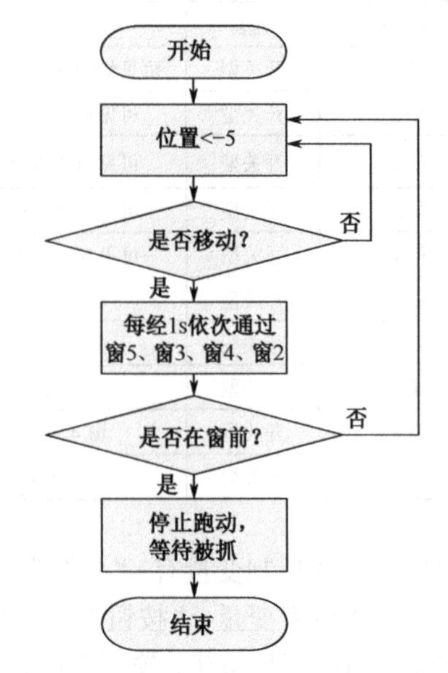

图 10-9 安防窗口脚本流程

本项目组态程序请扫二维码 10-3，本项目 PLC 程序请扫二维码 10-4。

二维码 10-3

二维码 10-4

六、测试与结果

防盗报警监控系统 PLC 程序调试：反复对 PLC 程序进行在线与联机调试，使其达到防盗报警监控系统的控制要求为止。

组态工程仿真模拟调试：在组态软件模拟运行环境下，观察防盗报警监控系统的运行是否符合控制要求；如果不符合要求，需检查窗口变量连接的设置与循环脚本的编写是否正确。反复修改组态工程，直到达到控制要求为止。

触摸屏与 PLC 联机调试：在触摸屏联机运行环境下，观察防盗报警监控系统窗口与 PLC 硬件是否达到控制要求。观察触摸屏与 PLC 外围的 I/O 值与探测器是否正常显示，检查硬件接线及设备工作状态是否正常。

工程验收：触摸屏和实物电路的运行时间、运行状态和运行动作应保持一致，PLC 和触摸屏连接的硬件平台可实现防盗报警监控系统的工作状态。防盗报警监控系统实物效果如图 10-10 所示。本项目测试视频讲解请扫二维码 10-5。

二维码 10-5

图 10-10　防盗报警监控系统实物效果

项目 11　液压动力滑台监控系统组态工程实例

学习目标

- ▶ 应用触摸屏作为上位机来控制 PLC 工作；
- ▶ 学习使用组态软件实现对液压动力滑台的监控操作；
- ▶ 使用触摸屏设计输入和输出构件，监控液压动力滑台的工作状态；
- ▶ 了解组态工程变量与 PLC 变量的连接关系，实现触摸屏与 PLC 相互控制的目标。

能力目标

- ▶ 掌握触摸屏组态图形构件的使用技能；
- ▶ 具备利用窗口对液压动力滑台监控系统进行组态的能力；
- ▶ 熟练利用组态软件调用内部函数与脚本程序完成组态动画功能；
- ▶ 熟练掌握将液压动力滑台监控系统下载到触摸屏后通过触摸屏控制 PLC 的调试能力；
- ▶ 具备液压动力滑台监控系统的控制流程设计、脚本程序编写和程序分析能力。

本项目课件请扫二维码 11-1，本项目视频讲解请扫二维码 11-2。

二维码 11-1

二维码 11-2

一、实训设备

计算机 1 台，MCGS 嵌入版组态软件 1 套，MCGS 触摸屏 1 台及相应的数据通信线，三菱 FX 系列 PLC 1 台，三菱 FX 系列 PLC 编程软件 1 套。

二、工作过程及控制要求

跳跃循环式液压动力滑台（以下简称液压动力滑台）的工作方式有两种：两周循环方式及手动方式。在液压动力滑台组态窗口设有电源指示，以及工进、快进、快退工作状态指示。液压动力滑台监控系统设置有电气保护和连锁控制功能，按启动（快进）按钮 SB1 后，滑台即从起点（原点）开始进入两周循环，直至压终点限位开关 SQ3。若要停止操作，需要按快退按钮 SB2，使滑台在其他任何位置上立即退回原点。液压动力滑台工作原理示意图如图 11-1 所示。

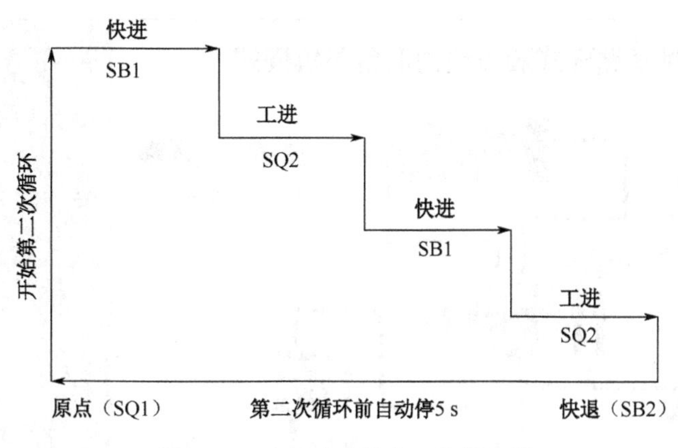

图 11-1　液压动力滑台工作原理图

三、组态工程设计与制作

（一）组态工程设计

1. 自动状态设计

在自动状态下，将工件放到工作台面上，通过触摸屏控制启动按钮，滑台从原点开始进入两周循环，直至压终点限位开关 SQ3。第一次压 SQ3 时要求滑台停 1 s 后自动退回原点，在原点停 5 s 后开始第二次循环；第二次压终点限位开关 SQ3 时要求滑台停 2 s 后才自动退回原点，系统自动复位。取出工件成品，放入下一个工件原料，按启动按钮，系统开始下一个工件的加工。

2. 手动状态设计

在手动状态下，系统单步检测滑台设备。切换到手动状态后，按“快进”按钮，滑台开始快进，直至被限位。按“工进”按钮，滑台开始工进，当工进至终点时被限位。最后，按“快退”按钮，滑台开始快退，直至到达原点被限位。手动状态下，启动后的液压动作受限位开关控制。启动后各液压泵顺序动作，工件原料被运送至指定位置。滑台退回初始状态后，等待加工下一个工件。

3. 液压动力滑台监控窗口设计

液压动力滑台系统监控窗口由工作演示控制部分和操作界面部分组成。工作演示控制部分的各控件如下：标题用于显示工程项目的名称，液压表用于实时监控工件加工过程的状态；“YV1 液压泵”用于监视液压泵 YV1 的工作状态，“YV2 液压泵”用于监视液压泵 YV2 的工作状态，“YV3 液压泵”监视液压泵 YV3 的工作状态；工作台面是由液压动力驱动的工作台；电动机用来给液压油泵提供动能。操作界面部分的状态指示区用于对液压装置的运行指示，直观反映滑台的实时状态；自动状态控制区用于启动或停止设备的自动运行；手/自动切换区用于选择自动或手动按钮来切换设备运行状态；单周期操作区用于手动状态控制。单机模式的液压动力滑台监控窗口如图 11-2 所示。

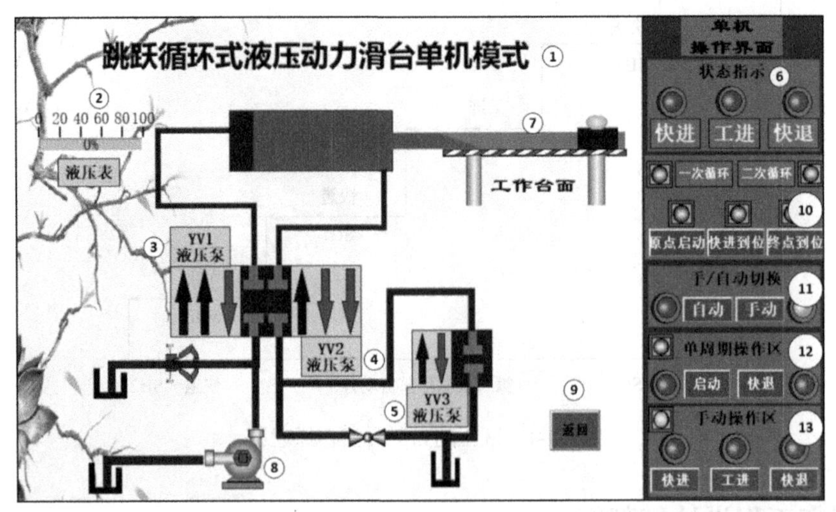

①标题 ②液压表 ③YV1 液压泵 ④YV2 液压泵 ⑤YV3 液压泵 ⑥状态指示区 ⑦工作台面
⑧电动机 ⑨窗口切换按钮 ⑩自动状态控制区 ⑪手/自动切换区 ⑫单周期操作区 ⑬手动操作区

图 11-2 液压动力滑台监控窗口（单机模式）

（二）设备窗口

设备窗口用于建立通用串口父设备并连接三菱 FX 系列 PLC 编程口。进入编程口，添加 9 个 M 类辅助寄存器来实现触摸屏对实物的输入指令，再添加 6 个 Y 类寄存器来表示 PLC 对实物和触摸屏的输出指令。设备窗口变量如图 11-3 所示。

索引	连接变量	通道名称
0000		通信状态
0001	YV1	读写Y0001
0002	YV2	读写Y0002
0003	YV3	读写Y0003
0004	HL1	读写Y0004
0005	HL2	读写Y0005
0006	HL3	读写Y0006
0007	SB2	读写M0000
0008	SB1	读写M0001
0009	SQ1	读写M0002
0010	SQ2	读写M0003
0011	SQ3	读写M0004
0012	SA1	读写M0005
0013	SB3	读写M0007
0014	SB4	读写M0010
0015	SB5	读写M0011

图 11-3 设备窗口变量

（三）用户窗口

用户窗口有三个，分别为封面窗口、单机模式窗口和联机模式窗口。封面窗口显示液压动力滑台系统的基本信息，单机模式窗口是模拟实际工程的动画显示窗口，联机模式窗口是触摸屏与 PLC 设备关联运行的监控窗口。

1. 单机模式窗口

单机模式窗口用来模拟液压动力滑台的基本操作控制，实现动画的显示与操作功能。在单机模式窗口中，液压动力滑台监控系统的控制分为单机手动及单机自动两种状态。

单机自动状态操作界面的设计：单击“自动”按钮，切换至单机自动状态，工件原料被装载至工作台面，且操作界面的“自动”指示灯常亮。滑台从原点开始向右运动，此时向上箭头闪烁，“快进”指示灯常亮。当滑台到达指定限位位置时，液压泵设备停止向上运动，向上箭头消失，同时“快进”指示灯熄灭。当滑台快进到位时，液压泵向上运行，控制滑台向右工进运动，“工进”指示灯常亮。当滑台到达工进限位位置时停止运动，同时向上箭头消失，“工进”指示灯熄灭，材料成型过程始终处于监控状态。液压装置按顺序退回原位，自动工作结束。滑台回退过程状态参照液压设备工进时的状态，液压动力滑台系统回到初始状态。取出成品，继续放入原料，按“启动”按钮，液压动力滑台系统进行下一个工件的加工。

单机手动状态操作界面的设计：单击“手动”按钮，切换到单机手动状态，手动控制指示灯常亮（单机模式窗口如图 11-4 所示）。单击“快进”按钮控制液压泵 YV1 运行，“快进”指示灯常亮，滑台到达指定快进限位位置时停止快进工作。单击“工进”按钮，液压泵 YV3 运行，滑台开始工进至指定限位位置。

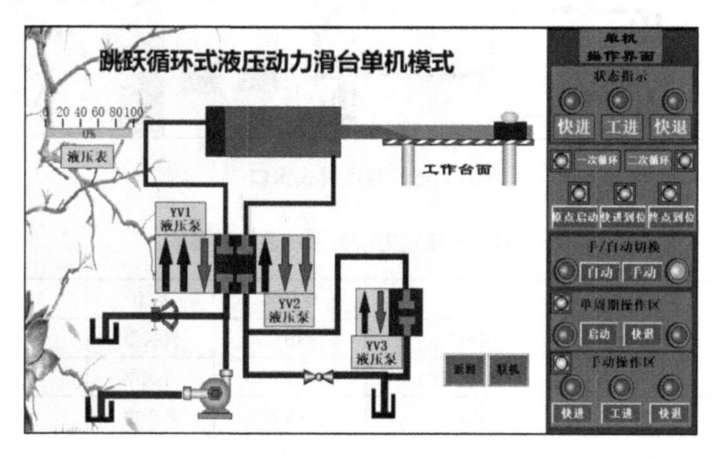

图 11-4　单机模式窗口

2. 联机模式窗口

联机模式窗口通过组态窗口的动画连接，设定触摸屏与 PLC 的输入输出，控制滑台的运动，由 PLC 输入端对应于组态窗口的变量实现液压动力滑台工作台面加工工作的动画过程。联机模式窗口中设置有液压表、电动机、液压泵、工件和工作台面等设备，控制面板中设置有快进、工进、快退、原点启动、快进到位、终点到位、启动、自动、手动等指示灯。当工作台面上检测到有工件放入时，按“启动”按钮后启动液压动力滑台进行工件的加工。“启动”按钮和“快退”按钮分别对应液压动力滑台的开启和停止操作。

在联机操作界面中设计了多个指示灯进行液压动力滑台的状态指示，并设计了相应的按钮对液压动力滑台的控制方式进行切换。按钮和指示灯监视和控制液压动力滑台中变量状态的改变，实现工件的加工动画切换。联机模式窗口与单机模式窗口的差别在于：单机模式窗口显示组态窗口对液压动力滑台的控制；联机模式窗口显示的是触摸屏与 PLC 互联后，组态窗口控制 PLC 操作滑台的运行，从而完成工件的加工。联机模式窗口如图 11-5 所示。

（四）实时数据库

在实时数据库中创建数据变量。单机模式窗口的“快进指示”“工进指示”“快退指示”为 3 个开关型变量，用来指示液压装置的工作状态。“启动（快进）”“工进”“快退”“手动快进”

“手动工进”“手动快退”6 个变量为开关型变量，用于控制液压装置的运行。还包括其他一些变量，具体如表 11-1 所示。

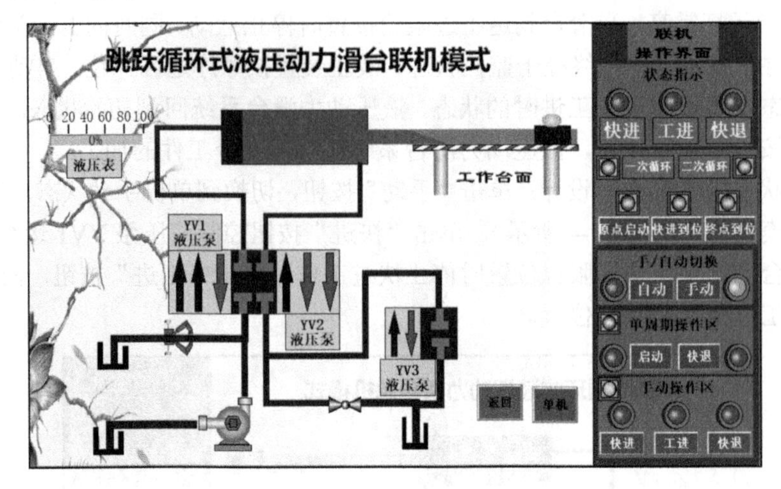

图 11-5 联机模式窗口

表 11-1 液压动力滑台系统监控变量表

变量名	类型	注释	变量名	类型	注释
SB2	开关型	快退	SB5	开关型	手动快退
SB1	开关型	启动（快进）	YV1	开关型	进
SQ1	开关型	原点	YV2	开关型	退
SQ2	开关型	工进	YV3	开关型	工进/快进
SQ3	开关型	终点	HL1	开关型	快进指示
SA1	开关型	手动/自动	HL2	开关型	工进指示
SB3	开关型	手动快进	HL3	开关型	快退指示
SB4	开关型	手动工进			

（五）运行策略

进入 MCGS 组态软件工作台，在“运行策略”选项卡中设置 16 组循环脚本程序，实现单机模式下的单机手动状态与单机自动状态运行。

单机模式下的自动循环策略图如图 11-6 所示。

按照设定的时间循环运行
第一段快进 脚本程序
第一段工进 脚本程序
第二段快进 脚本程序
第二段工进 脚本程序
一次快退 脚本程序
一次复位 脚本程序
二次工进 脚本程序
二次快退 脚本程序

图 11-6 单机模式下自动循环策略图

单机模式下的手动循环策略图如图 11-7 所示。

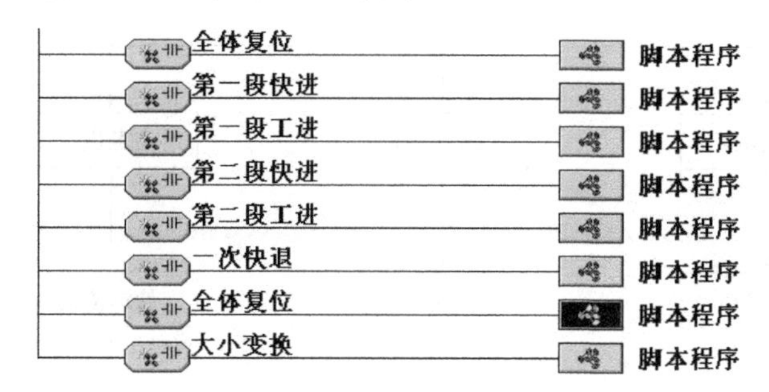

图 11-7　单机模式下手动循环策略图

自动状态系统运行流程如图 11-8 所示。

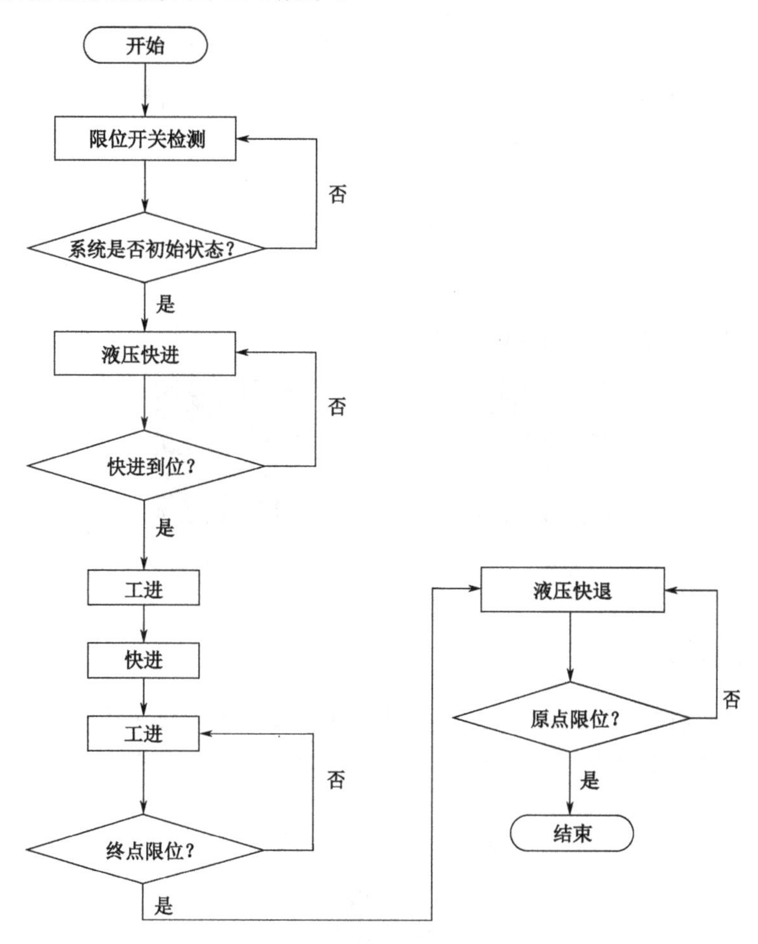

图 11-8　自动状态系统运行流程

手动状态系统运行流程如图 11-9 所示。

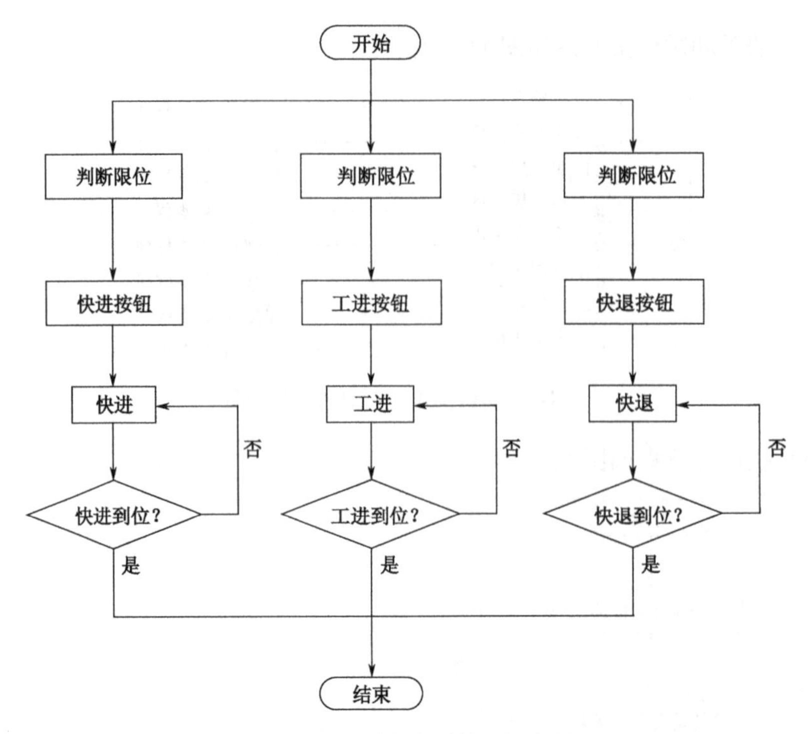

图 11-9 手动状态系统运行流程

本项目组态程序请扫二维码 11-3，PLC 程序请扫二维码 11-4。

二维码 11-3

二维码 11-4

四、测试与结果

对液压动力滑台监控系统组态工程进行仿真模拟，反复进行在线联机调试，直至达到液压动力滑台系统的控制要求为止。将组态工程文件下载到触摸屏，成功后开始测试，在触摸屏上应能实现单机模式下和联机模式下自动控制和手动控制液压动力滑台系统运行的动画功能。实物效果图如图 11-10 所示。本项目测试视频讲解请扫二维码 11-5。

二维码 11-5

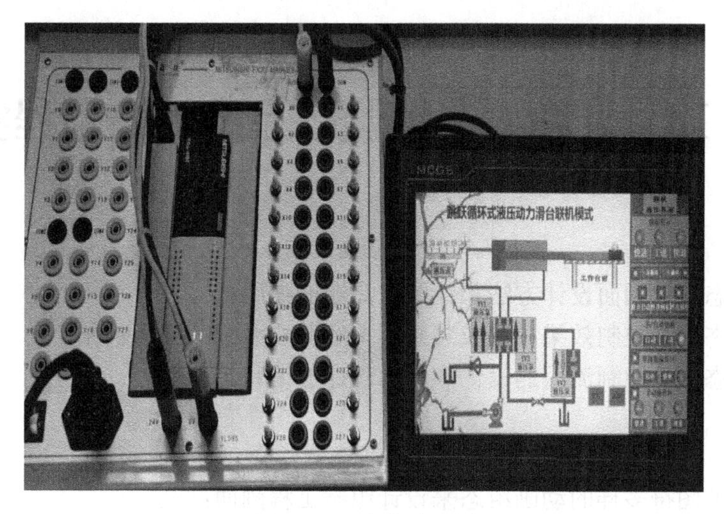

图 11-10　实物效果图

项目 12　装卸料车辆监控系统组态工程实例

学习目标

- ▶ 掌握组态软件画面设计方法和绘图工具箱的使用；
- ▶ 实现组态动画控制效果，完成装卸料车辆监控系统的画面制作；
- ▶ 熟悉组态软件控制流程的设计和脚本程序的编写等。

能力目标

- ▶ 能够借助图符多样的动画组态来设计组态工程画面；
- ▶ 初步具备组态软件系统的组态能力、应用能力和调试能力；
- ▶ 熟练利用组态软件的各类函数和运行策略来编写脚本程序、进行组态。

本项目课件请扫二维码 12-1，本项目视频讲解请扫二维码 12-2。

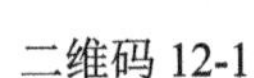

二维码 12-1

二维码 12-2

一、实训设备

计算机 1 台，MCGS 嵌入版组态软件 1 套，MCGS 触摸屏 1 台及相应的数据通信线，三菱 FX 系列 PLC 1 台，三菱 FX 系列 PLC 编程软件 1 套。

二、工作过程及控制要求

装卸料车辆监控系统的设计，是通过触摸屏与 PLC 连接，实现对装卸料车辆的装卸料和移动等进行控制。当装卸料的车辆停止时，先切断车辆的电源，再依次断开其余设备的工作电源。在装卸料车辆监控系统启动前各台设备均有预警提示，装卸料车辆监控系统各设备按逻辑关系延时 2 s 启动。在紧急情况下，装卸料车辆监控系统可通过现场停止按钮来控制其紧急停车。各台设备运转情况及报警情况等信息都在总控面板上显示，装卸料车辆监控系统由触摸屏窗口监视与控制，整套系统分为装料和卸料两部分。

三、组态工程设计与制作

装卸料车辆监控系统的送料小车按照卸料点 K1→卸料点 K2→卸料点 K3 运动方向逐个向卸料点送料，系统按照逻辑关系控制车辆的移动位置。在装卸料车辆监控系统窗口设置装料处、挡板、行程开关、光电传感器、阀门、管道、卸料点（K1、K2、K3）、装料处电动机（M1）、挡板电动机（M2、M3、M4）以及小车控制面板。

挡板用来控制车辆行驶到卸料点停下的位置。挡板电动机启动时驱动挡板向左移动，控制卸料处的地坑打开，控制车辆卸料，然后盖住地坑；其余时刻挡板电动机均为关闭状态。行程开关用来控制车辆移动，当车辆到达固定位置时触碰行程开关触头，实现接通或关断控制电路的作用，控制器通过关联其他设备控制车辆正向运动、反向运动或自动往返运动。当车辆运动到卸料点时，光电传感器检测到光信号，并将光信号转换成电信号送给控制设备进行处理，控制车辆停止移动。

小车控制面板上的“运行”指示灯在车辆启动运行时亮起，“停止”指示灯在车辆停止工作时亮起。当车辆到达卸料点后，光电传感器检测到车辆位置，“卸料”指示灯亮起。当车辆到达装料处位置时，光电传感器检测到车辆后开启装料挡板，车辆开始装料，同时“装料”指示灯亮起。“前进”指示灯在车辆前进时点亮，“后退”指示灯在车辆后退时点亮。K1（X1）为卸料点 K1 处光电传感器 1 的工作指示灯，K2（X2）为卸料点 K2 处光电传感器 2 的工作指示灯，K3（X3）为卸料点 K3 处光电传感器 3 的工作指示灯。装卸料车辆监控系统窗口画面如图 12-1 所示。

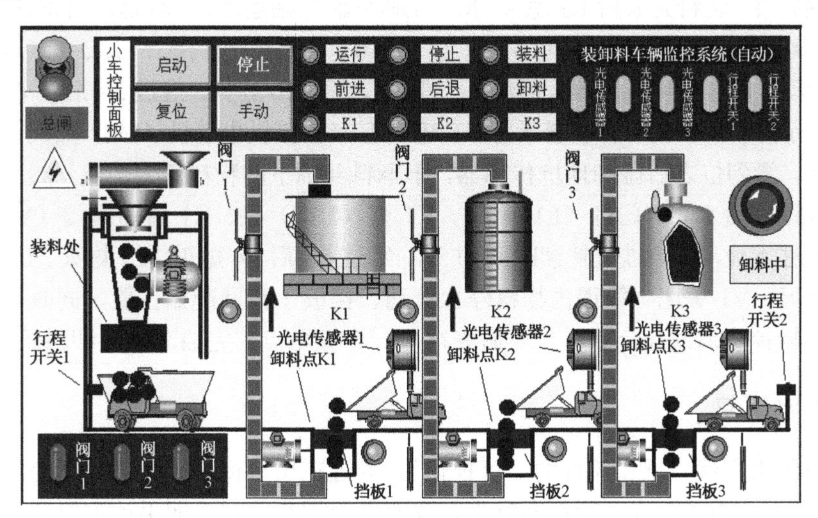

图 12-1　装卸料车辆监控系统窗口画面

装卸料车辆监控系统的工作环境通常比较恶劣，车间设备所处环境粉尘较大，设备分散操作，因此通过触摸屏将全部操作设备的控制终端放在主控室。在触摸屏的小车控制面板上设有装卸料车辆设备的启动按钮和停止按钮，PLC 提供输入信号的控制开关，送料设备控制功能由外围控制电路实现。在装卸料车辆运行过程中，如有任何设备发生故障，车辆立即自动停车，其他正在运转的设备也立即停止工作，辅助设备按顺序延时停止工作，也就是在故障停机情况下各设备立即联动停止运行；故障解除后辅助设备再启动运行。紧急情况下，操作总闸开关也能使现场所有运行设备立即停止工作。

（一）设备窗口

打开 MCGS 嵌入版组态软件，建立通用串口父设备并连接三菱 FX 系列 PLC 编程口。进入编程口添加 5 个 M 类辅助寄存器来实现触摸屏对实物启动、停止、复位变量连接。在设备窗口建立与 PLC 中相连的 M 类辅助寄存器，添加 5 个 X 类寄存器来实现 PLC 对触摸屏与实物启动、停止、复位的控制。设备窗口变量如图 12-2 所示。

索引	连接变量	通道名称
0000	设备0_通信状态	通信状态
0001	s停止	只读X0005
0002	s复位	只读X0010
0003	s呼叫1A	只读X0011
0004	s呼叫2A	只读X0012
0005	s呼叫3A	只读X0013
0006	s停止	读写M0021
0007	s复位	读写M0022
0008	s呼叫1A	读写M0023
0009	s呼叫2A	读写M0024
0010	s呼叫3A	读写M0025

图 12-2 设备窗口变量

装卸料车辆监控系统在自动工作模式下，当按下“启动”按钮后车辆自动进行装卸料的过程。当按下“启动”按钮后运行指示灯（L1）亮，且在车辆进行装料和卸料工作时 L1 始终亮，车辆等待 1 s 后装料指示灯（L3）亮，同时装料处电动机（M1）启动，车辆开始装料，物料先后落入车辆料斗。装料完成后 L3 熄灭，M1 控制车辆开始运动，车辆运动时前进指示灯（L5）亮。当车辆到达 K1 卸料点时光电传感器 1 灯（L10）亮、K1 指示灯（L7）亮、L5 熄灭，然后车辆停止运动，同时光电传感器 1 闪烁 1 s，闪烁之后 L10 熄灭。经过 2 s 后，车辆开始卸料，卸料时卸料指示灯（L4）亮、卸料警示灯（L21）亮、K1 挡板电动机（M2）启动，挡板 1 向左滑到挡板右端，滑到位之后碰到地坑传感器，车辆料斗倒下的物料落入地坑，然后逐个物料消失。物料落入地坑后 K1 阀门灯（L15）亮、K1 灯（L18）亮、K1 管道阀门（V1）打开，管道内物料自下往上流动，该过程持续时间为 5 s。经过 5 s 后 L4 熄灭、L7 熄灭、L15 熄灭、L18 熄灭、L21 熄灭、V1 关闭、管道内物料停止流动、挡板 1 滑回起始位置，同时车辆料斗回到初始位置。车辆掉头返回起点装料，然后驶往下一个卸料点，完成车辆装卸料的完整流程。

（二）用户窗口

用户窗口用来实现数据和流程的“可视化”，通过在用户窗口内放置不同的图形对象来搭建用户窗口。进入 MCGS 嵌入版组态软件，建立两个用户窗口，即手动窗口和自动窗口，并在两个窗口内分别设置按钮来实现窗口之间的相互切换。

1. 自动窗口

自动窗口描述的是装卸料车辆监控系统的自动控制流程。自动窗口画面的小车控制面板上设置有 1 个开关、4 个按钮和相关的指示灯，控制车辆的运行、停止、装料、卸料、前进、后退，以及装料处、卸料点、挡板电动机、挡板、行程开关、光电传感器、阀门、管道、指示灯等设备的工作状态。系统工作流程采用动画构件进行设置，通过自动窗口的循环策略脚本程序实现车辆的装卸料控制逻辑关系。自动窗口画面如图 12-3 所示。

自动窗口小车控制面板上的“启动”和“停止”按钮分别用来控制装卸料车辆的启动和停止，“复位”按钮用来为各个设备系统复位，“手动”按钮用于切换到手动窗口，“总闸”开关用于切断或接通总电源。自动窗口小车控制面板如图 12-4 所示。

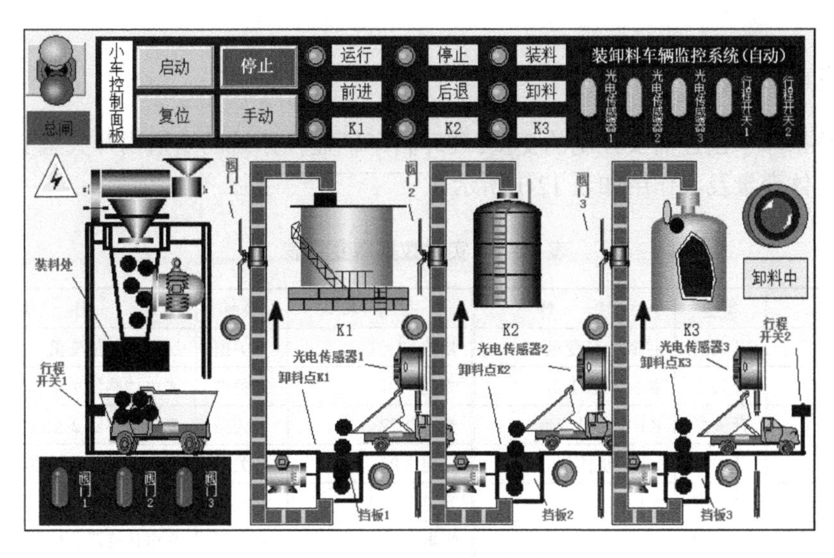

图 12-3　自动窗口画面

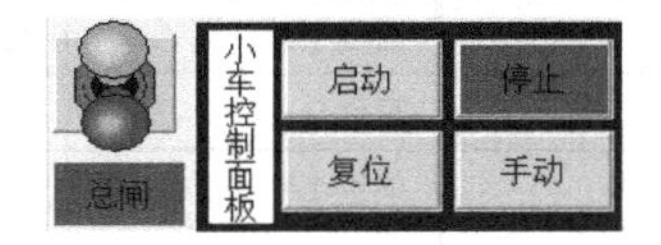

图 12-4　自动窗口小车控制面板

2. 手动窗口

手动窗口描述的是装卸料车辆监控系统的手动控制流程。手动窗口画面中设置有 1 个开关、7 个按钮和 10 个指示灯。手动窗口中每个卸料点增加了一个呼叫按钮，用于对小车送料进行控制。“启动”按钮和“停止”按钮为手动送料小车系统的“启动”和“停止”作用，“复位”按钮用来对整个系统的设备状态复位，“自动”按钮用于切换到自动窗口。手动窗口画面如图 12-5 所示。

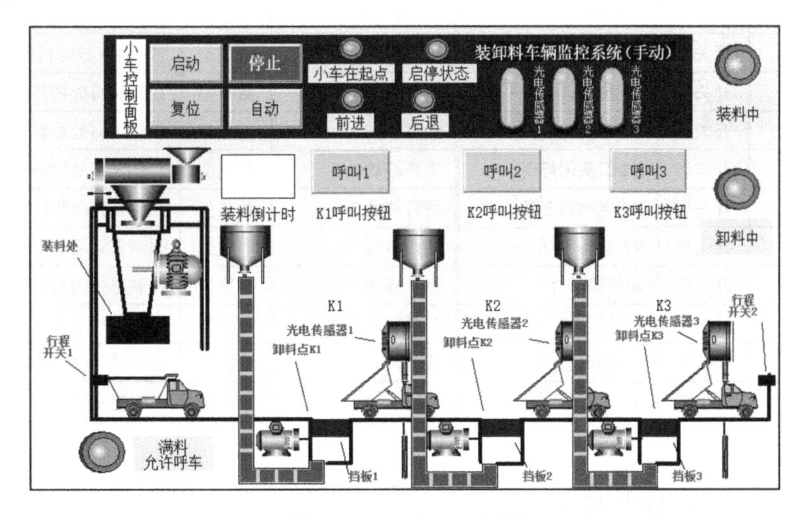

图 12-5　手动窗口画面

（三）实时数据库

在实时数据库中创建需要控制的变量。装卸料车辆监控系统的变量由开关型变量和数值型变量组成，具体变量及其作用如表 12-1 所示。

表 12-1 实时数据库变量表

变 量 名	类型	注 释	变 量 名	类型	注 释
G 显示	开关型	控制物料变量	复位	开关型	送料车复位变量
K1 垂直移动	开关型	物料垂直下落	光电 1 P1	开关型	光电传感器 1 接收信号
K1 灯 L18	开关型	K1 管道灯变量	光电 2 P2	开关型	光电传感器 2 接收信号
K1 阀门 V1	开关型	K1 管道阀门	光电 3 P3	开关型	光电传感器 3 接收信号
K1 卸料 L17	开关型	K1 指示灯	光电 1 L10	开关型	光电传感器 1 灯的变量
K1 移动显示	开关型	K1 处物料移动	光电 2 L11	开关型	光电传感器 2 灯的变量
K2 灯 L19	开关型	K2 管道灯变量	光电 3 L12	开关型	光电传感器 3 灯的变量
K2 阀门 V2	开关型	K2 管道阀门	后退 L6	开关型	后退指示灯的变量
K2 卸料处 L8	开关型	K2 指示灯	启动	开关型	送料车运动变量
K3 灯 L20	开关型	K3 管道灯	前进 L5	开关型	前进指示灯的变量
K3 阀门 V3	开关型	K3 管道阀门	手动	开关型	切换手动工作模式
K3 卸料处 L9	开关型	K3 指示灯变量	停止	开关型	送料车停止变量
阀门灯 1 L15	开关型	K1 阀门灯变量	停止 L2	开关型	停止指示灯的变量
阀门灯 2 L16	开关型	K2 阀门灯变量	显示 1	开关型	送料车在 K1 料斗卸下
阀门灯 3 L17	开关型	K3 阀门灯变量	显示 2	开关型	送料车在 K2 料斗卸下
总闸	开关型	所有设备变量	显示 3	开关型	送料车在 K3 料斗卸下
H1 向左滑	数值型	控制挡板 1 平移	小车显示	开关型	送料车显示的变量
H2 向左滑	数值型	控制挡板 2 平移	小车返回	开关型	送料车返回时显示
H3 向左滑	数值型	控制挡板 3 平移	装料处电动机 M1	开关型	装料处电动机变量
卸料 L4	开关型	卸料指示灯	K2 垂直移动	数值型	控制 K2 处物料垂直
卸料点 K1	开关型	K1 电动机变量	K3 垂直移动	数值型	控制 K3 处物料垂直
卸料点 K1 箭头	开关型	K1 箭头闪烁	垂直移动	数值型	控制装料处物料垂直
卸料点 K2	开关型	K2 电动机变量	垂直移动 1	数值型	控制装料处物料 G1 垂直
卸料点 K2 箭头	开关型	K2 箭头闪烁变	垂直移动 2	数值型	控制装料处物料 G2 垂直
卸料点 K3	开关型	K2 电动机变量	垂直移动 3	数值型	控制装料处物料 G3 垂直
卸料点 K3 箭头	开关型	K3 箭头闪烁	动作步骤	数值型	显示车运动动作
卸料灯 L21	开关型	卸料警示灯	水平移动	数值型	控制车中物料水平移动
行程开关 1 L13	开关型	行程开关 1 灯	卸料动作步骤	数值型	显示卸料动作
行程开关 1 L14	开关型	行程开关 2 灯	装料时间倒数	数值型	显示装料倒计时
运行 L1	开关型	运行指示灯	装料 L3	开关型	装料指示灯变量

（四）循环策略及脚本程序

应用运行策略分别设置两个定时器。定时器 1 在启动延迟时设定，设置“当前值”与“设定值”两个数值型变量；定时器 2 在停止延迟时设定，设置“当前值”与“设定值”两个数值型变量。当启动定时器 1 时，停止定时器 2（即清 0），使两者不会互相干扰。以定时器 1 为例，定时器脚本程序如下：

```
!TimerStop(1)                停止定时器 1
!TimerReset(1,0)             定时器 1 清 0
!TimerRun(1)                 定时器 1 启动
当前值 1=!TimerValue(1,0)     设置定时器 1 的当前值为 0
```

定时器设置图如图 12-6 所示。

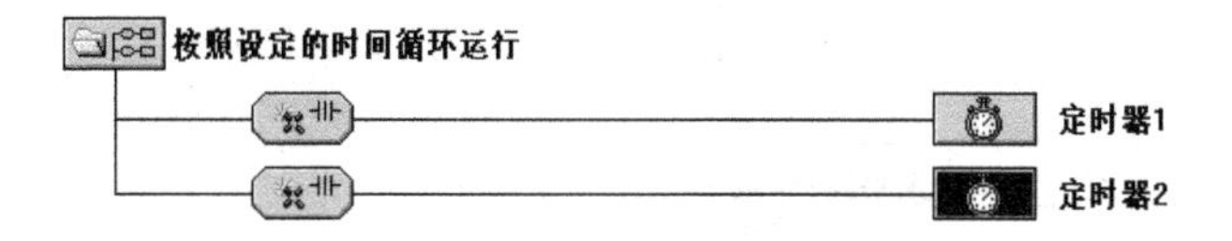

图 12-6　定时器设置图

在自动窗口中将循环脚本中的循环时间设置为 200 ms。自动循环脚本程序流程图如图 12-7 所示。

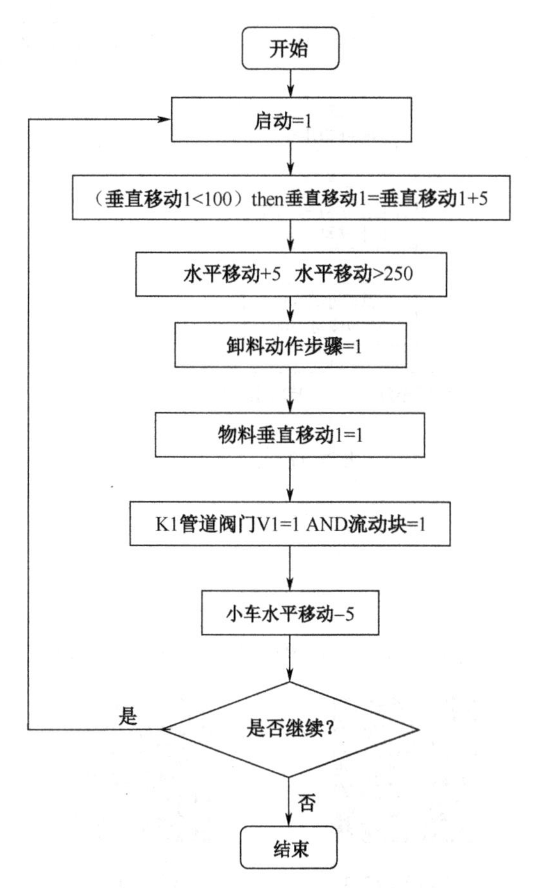

图 12-7　自动循环脚本程序流程图

在手动窗口中设置呼叫按钮来呼叫小车送料。通过对小车可见度的设置，使 3 个卸料点的呼叫信号互不影响。当某个卸料点按下呼叫按钮时，其余两个呼叫按钮不起作用。手动控制脚本程序流程图如图 12-8 所示。

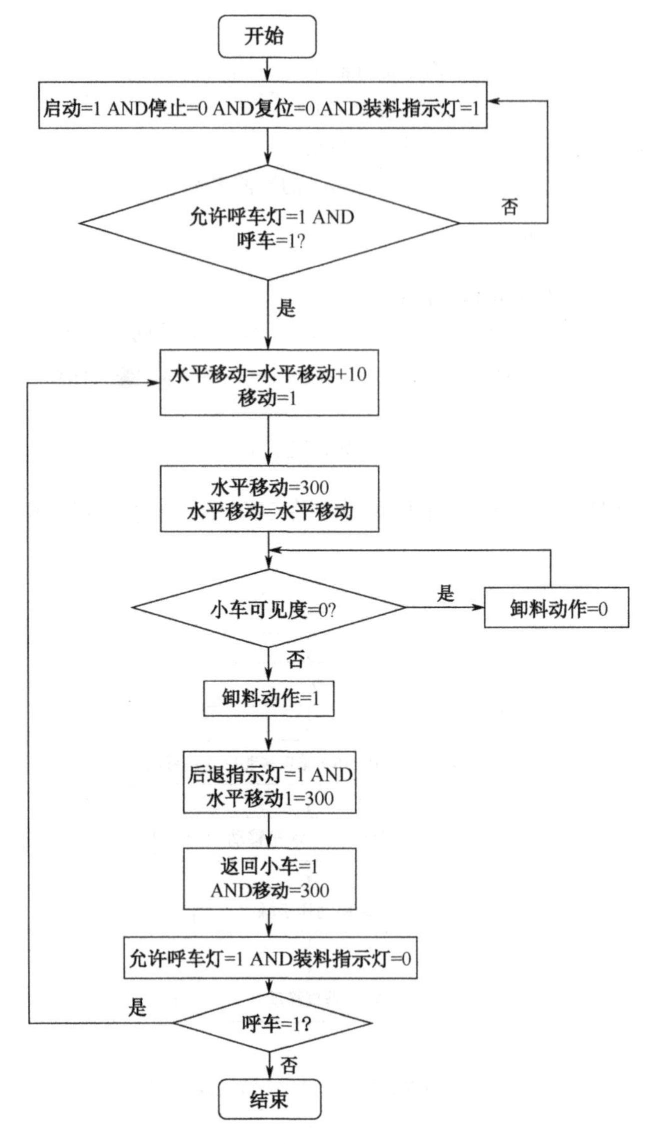

图 12-8　手动控制脚本程序流程图

本项目组态程序请扫二维码 12-3，PLC 程序请扫二维码 12-4。

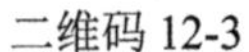

二维码 12-3　　二维码 12-4

四、测试与结果

装卸料车辆监控系统结合触摸屏和 PLC 对实物进行控制，实现自动装卸料系统的应用。该套控制系统建立了以工业现场控制为对象的实物模拟仿真系统，可很好解决装卸料车监控的实际工程问题。系统启动后或按下某个呼叫按钮后，在组态窗口内，从装料处的物料装入小车料斗开始，小车将按设定的流程向卸料点（K1、K2、K3）运送物料和卸料。系统实物图如图 12-9 所示。

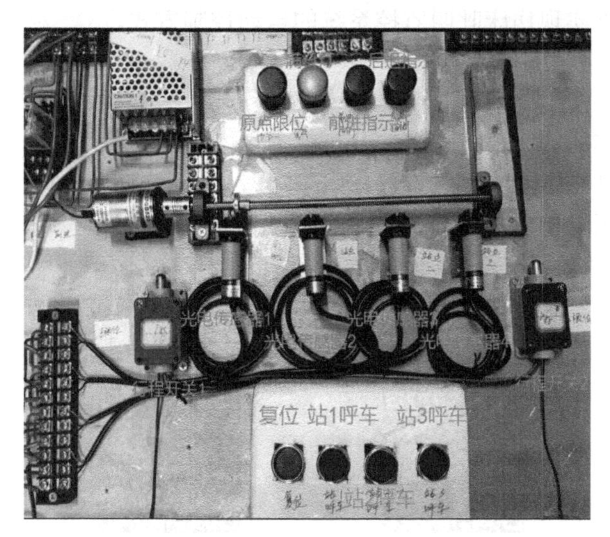

图 12-9 系统实物图

本项目测试视频讲解请扫二维码 12-5。

二维码 12-5

项目 13　病床呼叫监控系统组态工程实例

学习目标

- ▶ 熟悉应用组态软件建立病床呼叫监控系统的整个过程；
- ▶ 掌握组态软件实现病床呼叫监控系统的自动控制方式。

能力目标

- ▶ 初步具备对病床呼叫监控系统的分析能力；
- ▶ 应用组态软件进行脚本程序设计与组态；
- ▶ 掌握触摸屏组态图形构件的使用技能；
- ▶ 掌握组态软件编程语言及其使用技巧。

本项目课件请扫二维码 13-1，本项目视频讲解请扫二维码 13-2。

二维码 13-1

二维码 13-2

一、实训设备

计算机 1 台，MCGS 嵌入版组态软件 1 套，TP717B 型 MCGS 触摸屏 1 台，数据通信线 2 根，三菱 FX 系列 PLC 1 台，三菱 FX 系列 PLC 编程软件 1 套。

二、工作过程及控制要求

（1）每张病床的床头均设置紧急呼叫按钮和重置按钮，供病人紧急呼叫使用。

（2）每层楼设有一个护士站，护士站均有对该楼层病人的紧急呼叫指示灯与处理完毕后的重置按钮。

（3）每张病床床头均设有紧急指示灯，当病人按下紧急呼叫按钮且重置按钮未在 5 s 内按下时，该紧急指示灯动作且病房门口紧急指示灯闪烁，同时相应楼层护士站显示病房紧急指示灯闪烁。

（4）作为病房紧急呼叫处理中心，护士站按病人编号显示每个病房紧急呼叫按钮的呼叫状态。

（5）病区设有特殊病房，若在 5 s 内同时按下特殊病房及其他病房的紧急呼叫按钮，则优先显示特殊病房的紧急呼叫。

（6）护士站紧急指示灯闪烁后，必须先按下护士处理按钮以取消紧急指示灯的闪烁状态；

当医务人员处理完毕后，闪烁的病房紧急指示灯和病床上的紧急指示灯被重置。

三、组态工程设计与制作

病床呼叫监控窗口设置的绿色按钮为呼叫按钮，黑色按钮为取消呼叫按钮，红色按钮为重置按钮。窗口内的指示灯分为病床指示灯、房门指示灯和护士站指示灯。当 1 号病房 1 号病床的呼叫按钮按下时，若未在 5 s 之内按下该病床的重置按钮，则该病床的指示灯、病房房门指示灯和护士站代表病床 1 的指示灯都会亮起并闪烁。护士站的呼叫显示滚动条显示该病床的呼叫，当护士站收到呼叫病床的信息后，护士按下对应病房的黑色按钮取消呼叫，此时病床的呼叫灯不再闪烁，医护人员到达指定病房观察病人情况。待医务人员处理完毕后，护士站的护士按下对应病房的红色按钮以达到重置的目的，该病床的呼叫灯和相应的呼叫显示滚动条都会被关闭。1 号病房 2 号病床、2 号病房 3 号病床和 2 号病房 4 号病床的运行效果相同。假设普通病房的病人已经按下呼叫按钮，其指示灯亮起并闪烁；但此时若高危病房的 5 号病床按下呼叫按钮，则普通病房的呼叫指示灯马上关闭，高危病房的指示灯亮起并闪烁。5 s 后高危病房指示灯自动关闭，普通病房指示灯又会重新亮起并闪烁。当高危病房已经按下呼叫按钮时，普通病房的病人再按下呼叫按钮，则普通病房指示灯自身延时 5 s，在按下呼叫按钮 10 s 后才会亮起并闪烁。病床呼叫系统单机窗口如图 13-1 所示。

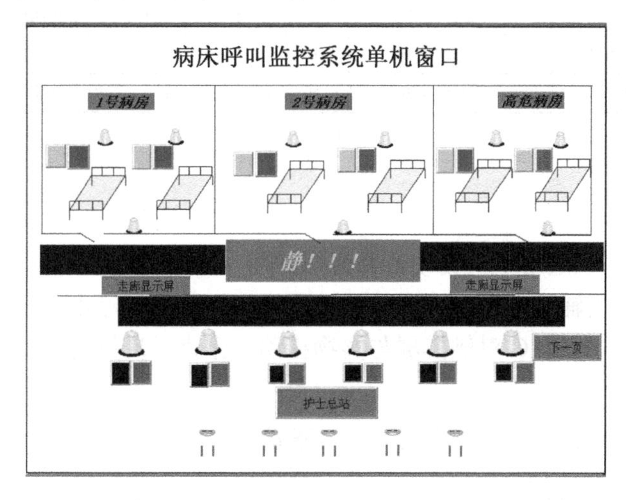

图 13-1　病床呼叫监控系统单机窗口

（一）实时数据库

实时数据库是组态软件的数据交换中心，数据变量是构成实时数据库的基本单元。定义数据变量的名称、类型、初始值和数值范围，并确定与数据变量存盘相关的参数，如存盘的周期、存盘的时间范围和保存期限等信息。呼叫显示滚动条要用到组对象数据。建立一个组对象，并对其添加需要显示的病床号的组对象成员。在实时数据库中建立“病床 1”“护士”“复位条件”“计时条件”等变量，表示数据的类型及其所连接的元器件。实时数据库变量表如表 13-1 所示。

表 13-1 实时数据库变量表

变量名	类型	注　释	变量名	类型	注　释
病床 1	开关型	病床 1 呼叫灯	病床 12	开关型	病床 2 呼叫重置键
病床 2	开关型	病床 2 呼叫灯	病床 13	开关型	病床 3 呼叫重置键
病床 3	开关型	病床 3 呼叫灯	病床 14	开关型	病床 4 呼叫重置键
病床 4	开关型	病床 4 呼叫灯	病床 15	开关型	护士站病床 1 重置键
病床 5	开关型	病床 5 呼叫灯	病床 16	开关型	护士站病床 1 灯
病床 6	开关型	病床 6 呼叫灯	病床 17	开关型	护士站病床 2 重置键
病床 18	开关型	护士站病床 2 灯	病床 19	开关型	护士站病床 3 重置键
病床 20	开关型	护士站病床 3 灯	病床 21	开关型	护士站病床 4 重置键
病床 22	开关型	护士站病床 4 灯	病床 23	开关型	护士站病床 5 重置键
病床 24	开关型	护士站病床 5 灯	病床 25	开关型	护士站病床 6 重置键
病床 26	开关型	护士站病床 6 灯	护士	开关型	护士站全部病床重置键
病床 11	开关型	病床 1 重置键	护士 1	开关型	护士站病床 1 取消呼叫键
复位条件	开关型	定时器复位条件	护士 2	开关型	护士站病床 2 取消呼叫键
计时条件	开关型	定时器计时条件	护士 3	开关型	护士站病床 3 取消呼叫键
计时状态	开关型	定时器计时状态	护士 4	开关型	护士站病床 4 取消呼叫键
当前值	数值型	定时器当前值	护士 5	开关型	护士站病床 5 取消呼叫键
组	组对象	病床 1～6 的变量	护士 6	开关型	护士站病床 6 取消呼叫键

（二）设备窗口

打开组态软件，建立通用串口父设备并连接三菱 FX 系列 PLC 编程口。进入设备窗口的编程口，添加 3 个 M 类辅助寄存器来实现触摸屏对实物移动、停止、复位功能的连接，再添加 3 个 X 类寄存器来实现 PLC 对触摸屏与实物移动、停止、复位的控制变量。设备窗口变量如图 13-2 所示。

索引	连接变量	通道名称	通道处理
0000		通信状态	
0001	移动	只读X0000	启动
0002	停止	只读X0001	停止
0003	复位	只读X0002	复位
0004	移动	读写M0020	启动
0005	停止	读写M0021	停止
0006	复位	读写M0022	复位

图 13-2　设备窗口变量

（三）循环策略的设置

运行策略设置为循环策略，调用策略工具箱，添加 5 个定时器和 1 个脚本程序。其中“定时器”用于高危病房的时间控制，将“计时条件”“当前值”“复位条件”依次连接到各自对应的实时数据，在病床呼叫监控窗口通过编写脚本程序来实现高危病房优先呼叫功能。定时器 1、定时器 2、定时器 3、定时器 4 分别用于控制 1 号、2 号、3 号、4 号病床灯的逻辑功能，将“计时条件”“当前值”“复位条件”依次连接到各自对应的实时数据，通过编写脚本程序实现普通病房指示灯延时闪烁的功能。循环策略图如图 13-3 所示。

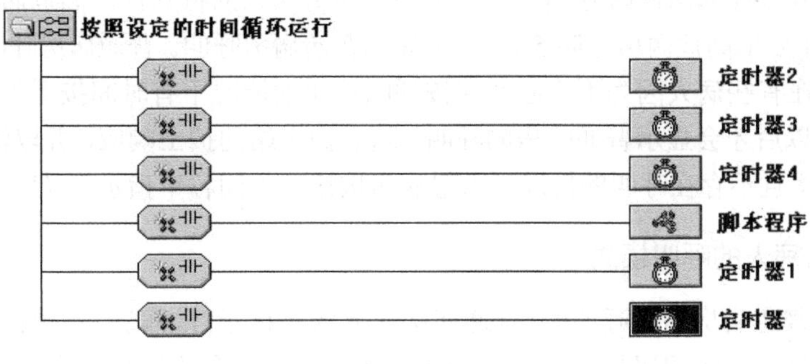

图 13-3　循环策略图

1. 高危病房病人的呼叫模式

当高危病房的病人呼叫时，其床头指示灯亮起，高危病房房门指示灯以及护士站代表高危病房呼叫的指示灯都会立刻亮起并闪烁。呼叫显示滚动条显示几号房几号床呼叫，护士站的护士响应并取消指示灯的闪烁。医护人员来到病房医治病人，护士询问病情后将其呼叫复位，护士站的护士按下高危病房的重置按钮，关闭各个指示灯。高危病房病人的呼叫流程如图 13-4 所示。

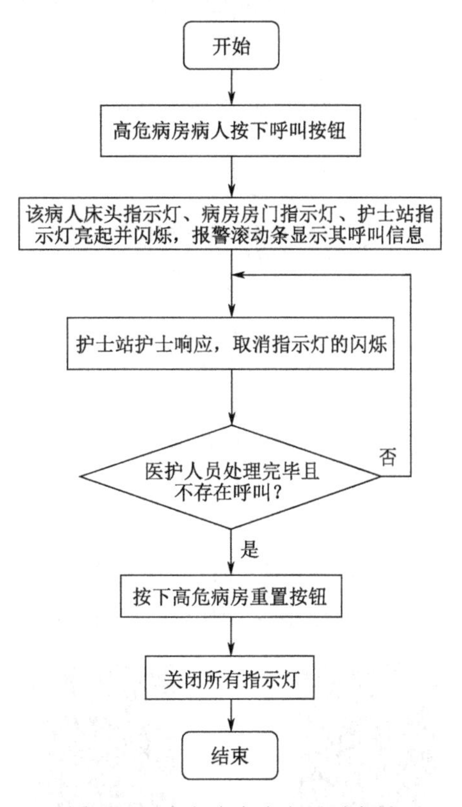

图 13-4　高危病房病人呼叫流程

2. 高危病房和普通病房同时呼叫模式

当高危病房和普通病房同时呼叫时，由于高危病房病人的特殊性，高危病房的病人具有呼叫优先的权利，在显示高危病房呼叫 5 s 后，再显示普通病房呼叫。普通病房呼叫指示灯延时 5 s 亮起，这是为了在有些病人因为不小心而误按呼叫按钮的情况下有时间按下重置按钮，因此高危病房呼叫 10 s 以后才会显示普通病房的呼叫。随后护士站的护士响应，并取消指示灯的闪烁，医护人员处理完毕且不存在呼叫的情况下重置病房按钮，关闭各个指示灯及呼叫滚动条。

3. 普通病房病人的呼叫模式

当病区只有普通病房病人呼叫时，普通病房病人床头指示灯、病房房门指示灯亮起并闪烁，呼叫显示滚动条显示呼叫的房号和床号。护士站护士响应普通病房的呼叫信息，医护人员处理完毕且不存在呼叫时按下重置按钮，关闭指示灯和呼叫显示滚动条。普通病房病人的呼叫流程如图 13-5 所示。

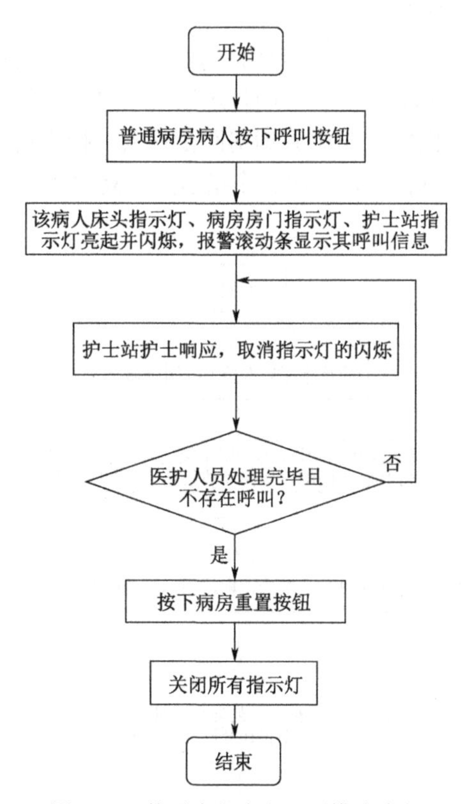

图 13-5 普通病房病人呼叫模式流程

本项目的组态程序请扫二维码 13-3，PLC 程序请扫二维码 13-4。

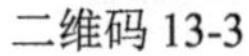

二维码 13-3

二维码 13-4

四、测试与结果

对组态工程进行模拟调试：进入组态软件模拟运行环境，观察病床呼叫监控系统的运行是否符合控制要求。如果不符合要求，则应检查窗口变量连接设置与循环脚本程序，反复修改组态工程，直到达到控制要求为止。

触摸屏组态工程调试：进入触摸屏运行环境，观察病床呼叫监控系统窗口与 PLC 硬件是否达到控制要求。如果有问题，则应对触摸屏、PLC 与硬件电路的接线盒等设备组态环节进行调试，直到病床呼叫监控系统的软硬件系统达到控制要求。

组态工程验收：触摸屏、PLC 和实物电路的运行时间、运行状态、运行动作应保持一致，进入运行环境后 PLC 和触摸屏能够同步监视与控制完成病床呼叫监控系统的工作状态，达到组态画面控制要求。病床呼叫监控系统实物效果图和联机窗口如图 13-6 所示。

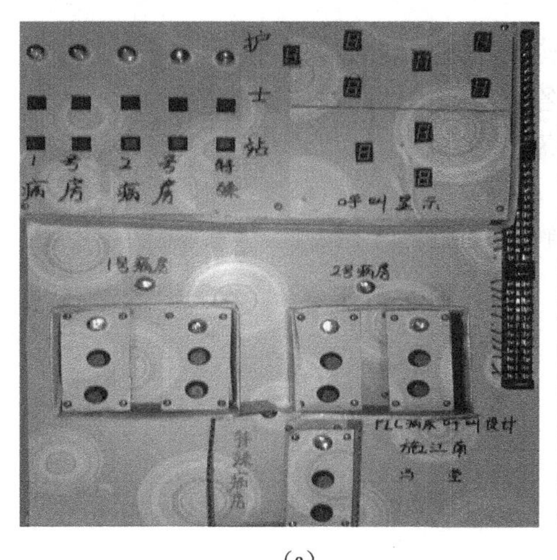

（a）

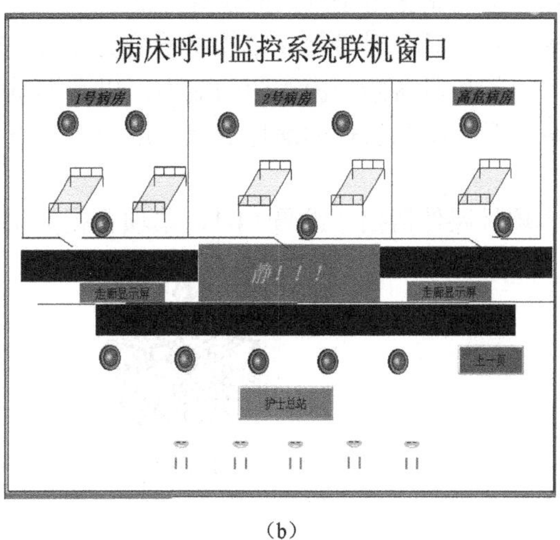

（b）

图 13-6　病床呼叫监控系统实物效果图（a）和联机窗口（b）

项目 14 粮食存储物流系统组态工程实例

学习目标

- ▶ 掌握策略工具箱的使用方法，能编写脚本程序；
- ▶ 学会使用组态软件实现对粮食存储物流系统控制的过程；
- ▶ 熟悉组态软件的控制流程的设计等。

能力目标

- ▶ 熟练掌握组态画面的设计方法；
- ▶ 初步具备对粮食存储物流系统的分析、构建和设计能力；
- ▶ 初步具备绘制流程图的能力，以及调试各类显示构件和按钮的组态能力；
- ▶ 掌握组态软件的编程语言使用技巧和设备连接方法。

本项目课件请扫二维码 14-1，本项目视频讲解请扫二维码 14-2。

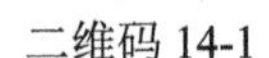

二维码 14-1　　二维码 14-2

一、实训设备

计算机 1 台，MCGS 嵌入版组态软件 1 套，MCGS 触摸屏 1 台及相应的数据通信线，三菱 FX 系列 PLC 1 台，三菱 FX 系列 PLC 编程软件 1 套。

二、工作流程及控制要求

（1）粮食存储物流系统由粮食入库物流系统和粮食存储倒库系统两部分组成。

（2）粮食存储物流系统工作流程分为进粮环节、出粮环节和倒库环节组成。

（3）进粮环节工作流程：按下进粮开关，启动收尘器，延时 5 min 后入库阀通电，入库挡板打开；入库挡板打开到位后延时 10 s，启动斗提机和初清筛；延时 10 s 后卸粮阀通电，卸粮挡板打开到位后卸粮指示灯点亮。

三、组态工程设计与制作

粮食存储物流系统分为自动运行和手动运行两种控制方式。

粮食入库物流系统由卸粮挡板、除湿器、斗提机、传送带、入库挡板、温度传感器、收尘器等组成。卸粮挡板是控制粮食从外界运输过程到粮仓的挡板。传送带用来传送经过处理和未经过处理的粮食，它在运输时要求速度平稳，这样才不会造成粮食的飞溅。收尘器将粮库中的灰尘和杂质进行收集，以便集中处理，使得粮食存储物流系统工作环境清洁、无污染。斗提机是垂直输送机。除湿器将粮食进行干燥处理，干燥过的粮食存储起来更加安全。

粮食存储倒库系统由主粮仓、备用粮仓、粮仓刻度表、阀门 1、阀门 2、阀门 3、挡板（出库挡板、分料挡板）和通道组成。系统中有两个粮仓（主粮仓和备用粮仓），正常工作时将粮食存储于主粮仓，备用粮仓用来防备主粮仓粮食温度过高或其中粮食满仓时进行倒库用。粮食存储倒库系统所有挡板都是由双作用气压缸控制的，其中出库挡板用来控制粮食出库，分料挡板用来改变粮食的走向。阀门 1 控制主粮仓粮食是否出仓，并对其进行定量管理，实现手动/自动控制。当主粮仓粮食满仓时，主粮仓的粮食可通过控制阀门 2 将其输送到备用粮仓。备用粮仓的粮食满仓时，可通过控制阀门 3 进行出仓。粮仓刻度表用来监控粮仓中粮食存储量。主粮仓存储的是首次处理的粮食，备用粮仓存储的是主粮仓储存不下的粮食。

粮食存储物流系统的组态工程由设备窗口、用户窗口、实时数据库和运行策略组成，触摸屏连接 PLC 变量以实现对外围电路的控制作用。用户窗口用来显示和演示粮食存储物流系统的手动和自动运行，包括主页窗口、单机运行模式窗口、联机运行模式窗口。

（一）设备窗口

粮食存储物流系统需要在组态软件中建立通用设备，并连接三菱 FX 系列 PLC 编程口，通过通用串口父设备与三菱 PLC 编程口建立通信连接，将触摸屏的变量与 PLC 变量相连接。在 PLC 编程口建立 4 个启动按钮，并分别设置 4 个 M 模拟寄存器，实现组态控制 PLC 与实物的功能。设备窗口如图 14-1 所示。

索引	连接变量	通道名称	通道处理
0000	设备0_通信状态	通信状态	
0001	阀门1	读写M0150	
0002	阀门2	读写M0151	
0003	阀门3	读写M0152	
0004	挡板开关	读写M0153	

图 14-1　设备窗口

（二）用户窗口

用户窗口用来实现数据和工作流程的“可视化”。粮食存储物流系统需要创建 3 个用户窗口，分别是主页窗口、单机运行模式窗口和联机运行模式窗口，如图 14-2 所示。主页窗口起到标题和目录的作用；单机运行模式窗口实现粮食存储物流系统的模拟演示运行；联机运行模式窗口实现触摸屏与 PLC 联动，控制设备的自动运行。在不同的用户窗口之间设置了按钮，用以实现窗口之间的相互切换。

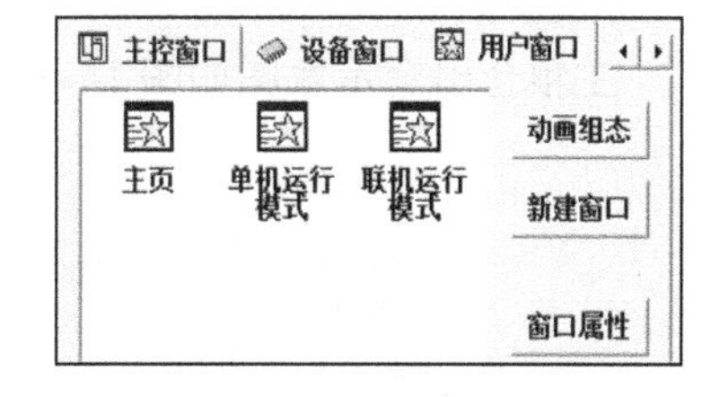

图 14-2　创建用户窗口

粮食存储物流系统用户窗口的设计流程：粮食通过进粮通道进入粮食存储物流系统，卸粮挡板未打开时粮食存储在通道内，打开卸粮挡板后粮食就被放置在传送带上，经过传送带送入除湿处理器。在除湿处理器中设置有温度传感器、湿度传感器和风扇，粮食进入后传感器感应其湿度和温度，并进行除湿和干燥等处理，之后经过传送带送入灰尘处理器。灰尘处理器由风扇和收尘器组成，风扇将粮食中小固体颗粒和虫子等杂质吹出，由收尘器集中处理。经过除湿和除尘处理的粮食通过传送带输送到主粮仓内。在主粮仓内有粮食的情况下，可以随时打开阀门 1 进行出仓，主粮仓刻度表随时记录仓内的粮食储量。如果因为粮食输送使得主粮仓满仓，则粮食不需要出仓，只需打开阀门 2 将粮食输送到备用粮仓。当备用粮仓的粮食进入时，备用粮仓的刻度表记录仓内的粮食储量。当备用粮仓内粮食需要出仓时，打开阀门 3 即可。

当进入联机运行模式窗口时，主粮仓的挡板开关自动打开，粮食开始输送，经过除湿除尘处理后进入主粮仓。主粮仓的粮食需要进入备用粮仓时打开阀门 2；需要出仓时打开阀门 1，实现出仓功能。备用粮仓的粮食通过阀门 2 进入，如需出仓则打开阀门 3。粮食存储物流系统窗口（联机运行模式）如图 14-3 所示。

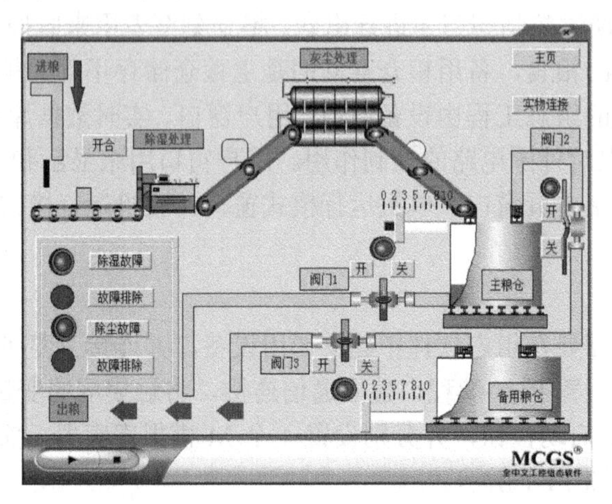

图 14-3　粮食存储物流系统窗口

进粮与除湿处理示意图如图 14-4 所示，除尘处理示意图如图 14-5 所示。

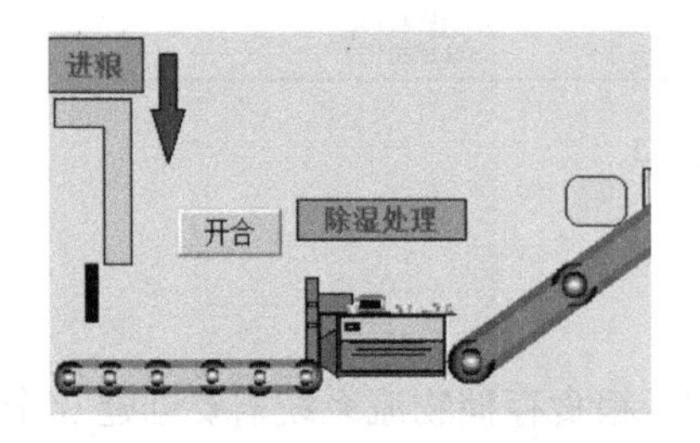

图 14-4　进粮与除湿处理示意图

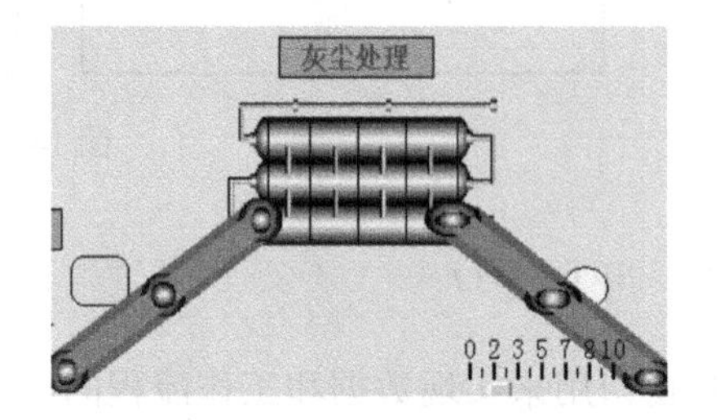

图 14-5　除尘处理示意图

主粮仓出仓示意图如图 14-6 所示，备用粮仓出仓示意图如图 14-7 所示。

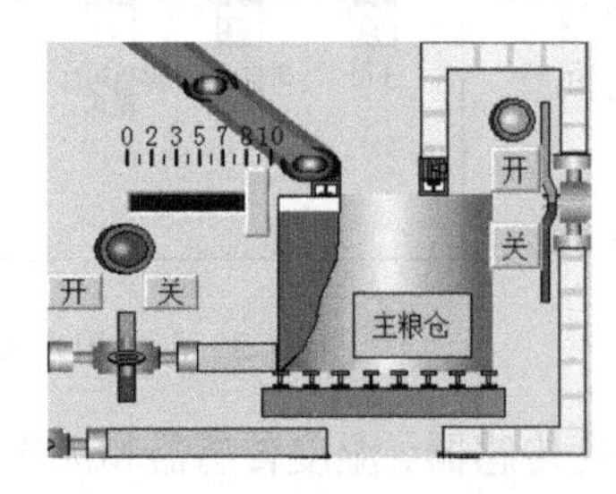

图 14-6　主粮仓出仓示意图

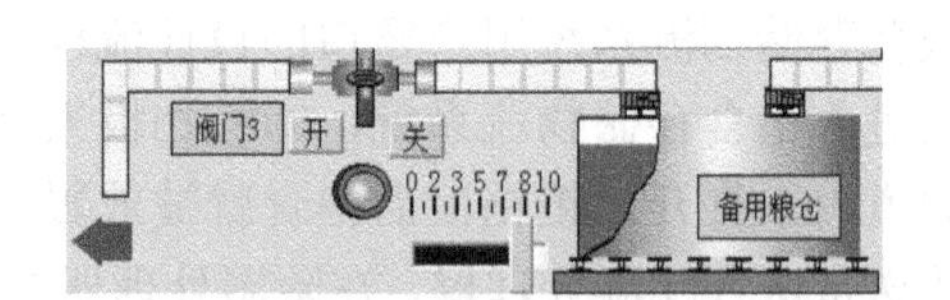

图 14-7　备用粮仓出仓示意图

窗口中的排故按钮控制箱如图 14-8 所示。当发生除湿故障时，“除湿故障”灯亮起，相应的红色“故障排除”灯闪烁，系统停止运行并等待人工排除故障。如果故障未排除，该红灯会一直闪烁，此时不能打开卸粮挡板开关进粮，但不影响主粮仓和备用粮仓中的粮食出仓。如果故障已排除，则按下“故障排除”按钮，并打开系统运行开关，系统将重新运行。当检测到除尘故障时，“除尘故障”灯亮起，相应的红色“故障排除”灯闪烁，系统停止运行并等待人工排除故障。如果故障不排除，该红灯会一直闪烁，此时不能打开卸粮挡板开关进粮，但不影响主粮仓和备用粮仓中的粮食出仓；故障排除后按下“故障排除”按钮，系统可重新启动运行。

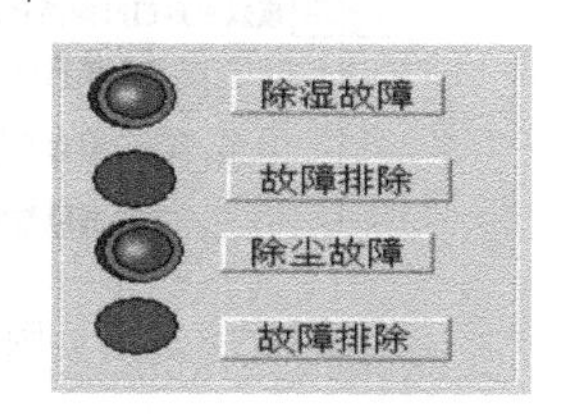

图 14-8 排故按钮控制箱

（三）实时数据库

在实时数据库中设置多个开关型变量和数值型变量。开关型变量用于切换阀门的工作状态，数值型变量用于移动“模块”并关联控制“模块”移动的距离和速度，实现对设备工作过程的精确控制。实时数据库变量表如表 14-1 所示。“挡板开关”为开关型变量，用于控制卸粮。“除湿故障”和“除尘故障”为开关型变量，用于检测系统是否发生故障。“阀门 1”为开关型变量，控制主粮仓中粮食的出仓及“液位”（储量）显示；“阀门 2”为开关型变量，起到控制主粮仓中的粮食进入备用粮仓的作用；“阀门 3”为开关型变量，控制备用粮仓中粮食的出仓及“液位”显示。“模块一”为数值型变量，用来控制模块一的移动；“模块二水平”和“模块二垂直”为数值型变量，控制模块二的移动；“模块三水平”和“模块三垂直”为数值型变量，控制模块三的移动。“粮仓上限值”和“备用粮仓上限值”为数值型变量，分别监控主粮仓和备用粮仓“液位”的高低，实现对粮仓中的粮食储量的实时监测。

表 14-1 实时数据库变量表

变量名	类型	注释	变量名	类型	注释
阀门 1	开关型	阀门 1 控制变量	模块一	数值型	模块一移动变量
阀门 2	开关型	阀门 2 控制变量	模块二水平	数值型	模块二水平移动变量
阀门 3	开关型	阀门 3 控制变量	模块二垂直	数值型	模块二垂直移动变量
挡板开关	开关型	挡板控制开关	模块三水平	数值型	模块三水平移动变量
除湿故障	开关型	除湿故障报警	模块三垂直	数值型	模块三垂直移动变量
除尘故障	开关型	除尘故障报警	粮仓上限值	数值型	粮仓上限值移动变量
备用粮仓上限值	数值型	备用粮仓上限值移动变量			

（四）运行策略

运行策略是对系统运行流程实现有效控制的手段，其中循环策略通过脚本程序来完成逻辑关系的关联。建立 3 个循环策略，即“模块运动”“粮仓液位”及“故障与排除”，如图 14-9 所示。

（1）模块运动：当粮食在传送带上时，模块一开始运动；当模块一进入除湿处理器后，模块二开始出现；当模块二经过除尘处理后，模块三通过传送带进入主粮仓。

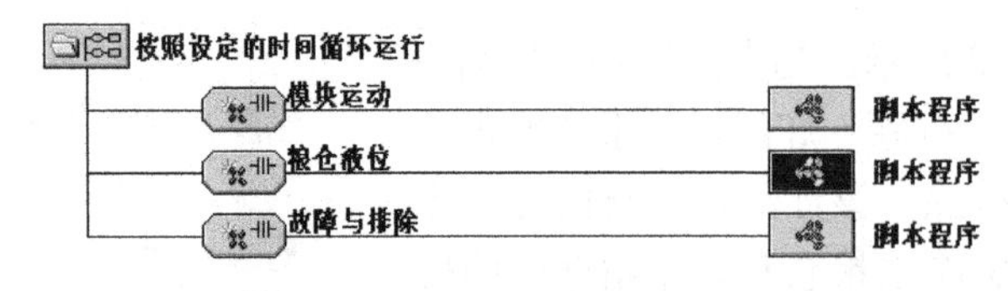

图 14-9　循环策略图

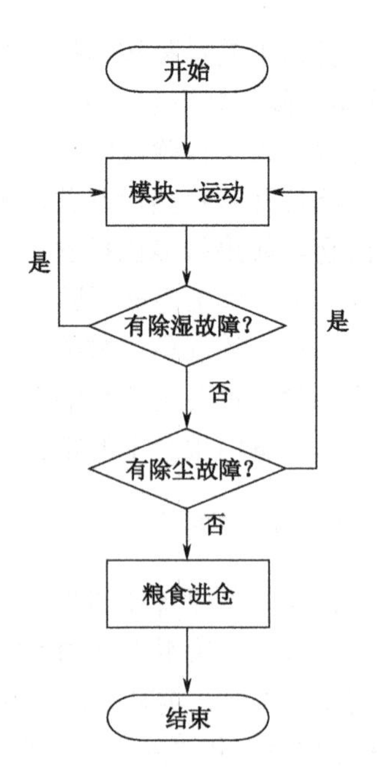

图 14-10　故障与排除流程

（2）粮仓液位：粮食经过传送带进入粮仓后，粮仓液位上升；当开启阀门 1 或阀门 3 后，粮食开始出仓，粮仓液位开始下降。

（3）故障与排除：粮食在进仓之前必须经过除湿处理和除尘处理，如果除湿和除尘设备发生故障，粮食都会回到运输环节。粮食通过传送带进入除湿除尘设备后，系统会对除湿除尘设备进行自动判断；若这些设备发生故障，系统会停止工作，以进行检修。故障排除后，可通过手动按启动按钮来启动系统；但在故障排除之前，启动按钮将不起作用。故障与排除流程如图 14-10 所示。

进入循环脚本编辑窗口，设定循环时间为 200 ms。联机运行模式窗口的脚本程序如下：

```
IF 挡板开关=1 THEN 模块一=模块一+0.1 ENDIF
IF 模块一>1.5 THEN 模块一=0 模块二水平=模块二水平+4 模块二垂直=模块二垂直+4 ENDIF
IF 模块二水平>20 THEN 模块二水平=0 模块二垂直=0 ENDIF
IF 模块二水平>0 THEN 模块三水平=模块三水平+1 模块三垂直=模块三垂直+1 ENDIF
IF 模块三水平>=20 THEN 模块三水平=0 模块三垂直=0 ENDIF
IF 挡板开关=1 THEN 粮仓上限值=粮仓上限值+0.5 ENDIF
IF 粮仓上限值>8 THEN 阀门 2=1 备用粮仓上限值=备用粮仓上限值+1 ENDIF
IF 粮仓上限值=10 THEN 粮仓上限值=0 阀门 1=1 ENDIF
IF 备用粮仓上限值>=9 THEN 备用粮仓上限值=0 阀门 3=0 ENDIF
IF 备用粮仓上限值=8 THEN 阀门 3=1 阀门 1=0 ENDIF
IF 挡板开关=0 THEN 阀门 1=0 阀门 2=0 阀门 3=0 ENDIF
IF 除湿故障=1 THEN 挡板开关=0 ENDIF
IF 除尘故障=1 THEN 挡板开关=0 ENDIF
```

单机运行模式窗口的脚本程序如下：

```
IF 挡板开关=1 THEN 模块一=模块一+1 ENDIF
IF 模块一>13 THEN 模块一=0 ENDIF
IF 模块一>1 THEN 模块二水平=模块二水平+1 模块二垂直=模块二垂直+1 ENDIF
IF 模块二水平>24 THEN 模块二水平=0 模块二垂直=0 ENDIF
IF 模块二水平>1 THEN 模块三水平=模块三水平+1 模块三垂直=模块三垂直+1 ENDIF
IF 模块三水平>22 THEN 模块三水平=0 模块三垂直=0 ENDIF
IF 模块三水平>21 THEN 粮仓上限值=粮仓上限值+2.5 ENDIF
IF 粮仓上限值=10 THEN 挡板开关=0 ENDIF
IF 阀门 1=1 THEN 粮仓上限值=粮仓上限值-0.1 ENDIF
IF 粮仓上限值=0 THEN 阀门 1=0 挡板开关=1 ENDIF
```

```
IF 阀门 2=1 THEN 粮仓上限值=粮仓上限值-0.1 备用粮仓上限值=备用粮仓上限值+0.1 ENDIF
IF 粮仓上限值=0 THEN 阀门 2=0 ENDIF
IF 阀门 3=1 THEN 备用粮仓上限值=备用粮仓上限值-0.1 ENDIF
IF 备用粮仓上限值<1 THEN 阀门 3=0 ENDIF
IF 除湿故障=1 THEN 挡板开关=0 ENDIF
IF 除尘故障=1 THEN 挡板开关=0 ENDIF
IF 挡板开关=0 THEN 模块三水平=0 模块三垂直=0 模块一=0 模块二水平=0 模块二垂直=0 ENDIF
IF 备用粮仓上限值=10 THEN 阀门 2=0 ENDIF
```

本项目组态程序请扫二维码 14-3，PLC 程序请扫二维码 14-4。

二维码 14-3

二维码 14-4

四、测试与结果

二维码 14-5

搭建好完整的组态工程后，将组态工程下载到触摸屏，并将 PLC 程序下载到 PLC 控制器，对组态工程进行模拟运行，反复进行在线联机调试，直至达到粮食存储物流系统的控制要求为止。触摸屏与实物连接效果图如图 14-11 所示。本项目测试视频讲解请扫二维码 14-5。

图 14-11　触摸屏与实物连接效果图

项目 15　锅炉输煤监控系统组态工程实例

学习目标

- ▶ 掌握动态画面设计方法，学习数值型数据对象的使用；
- ▶ 掌握定时器构件的基本知识、策略组态方法和脚本程序的设计；
- ▶ 掌握简单界面的设计，图形、按钮等的组态，以及触摸屏变量与 PLC 变量的连接。

能力目标

- ▶ 能够借助图符多样的动画组态来设计灵活、动态的组态工程画面；
- ▶ 掌握锅炉输煤监控系统的组成、编程软件的使用与调试；
- ▶ 能够熟练利用运行策略编写脚本程序，利用定时器组态。

本项目课件请扫二维码 15-1，本项目视频讲解请扫二维码 15-2。

二维码 15-1

二维码 15-2

一、实训设备

计算机 1 台，MCGS 嵌入版组态软件 1 套，MCGS 触摸屏 1 台及相应的数据通信线，三菱 FX 系列 PLC 1 台，三菱 FX 系列 PLC 编程软件 1 套。

二、工作过程及控制要求

本项目基于触摸屏与三菱 FX 系列 PLC 的硬件实现对锅炉输煤监控系统的组态设计，利用组态软件实时反映锅炉输煤现场被控对象的工作状态和设备的运行位置。锅炉输煤监控系统通过触摸屏的启动按钮或停止按钮控制程序运行或停止工作，实现触摸屏和 PLC 控制器对实物的人机交互和实时监控。锅炉输煤监控系统的组态画面由料斗、给煤间（主要是给煤机）、皮带机、转运间、破碎器、除铁器、受煤坑、电磁阀门、振动机和受煤斗等设备组成。为了保证锅炉输煤监控系统的生产运行可靠，组态画面中设计了手动/自动切换的控制方式。由于输煤廊的工作环境恶劣，全部操作控制都通过触摸屏的控制窗口进行，控制窗口设有所有设备的启停按钮和 PLC 输入信号的控制开关。对输煤设备的控制通过 PLC 控制器对外围电路控制来实现。锅炉输煤系统或设备的故障，通过组态动画的形式显示。

锅炉输煤监控系统控制要求：按下“启动”按钮，启动 PLC 程序运行，先启动二号皮带机，经过 3 s 延时后，依次启动除铁器及其他辅助设备。停机时，先停止振动机，再依次停止电磁阀门、给煤机及其他辅助设备，直到所有设备停止运转为止。

三、组态工程设计与制作

考虑到锅炉输煤监控系统使用环境的特殊性和运行的长期连续性要求，组态窗口的设计流程为：当系统启动时，按逆输煤流方向输煤设备逐台启动，连锁机顺序为：一号皮带机→破碎机→除铁器→二号皮带机→给煤机→电磁阀门→振动机。当系统停机时，按输煤流方向逐台停机，连锁停机顺序与开机顺序相反，分别延时 3 s 时间按设定要求停止设备工作。

锅炉输煤监控系统由 3 个用户窗口组成：手动窗口、自动窗口和封面窗口。将锅炉输煤监控系统的封面窗口设置为启动窗口。

1. 实时数据库

数据对象是构成实时数据库的基本单元。根据锅炉输煤监控系统控制要求，在实时数据库中创建表 15-1 所示的数据变量，并进行属性设置。

表 15-1　实时数据库数据变量表

变　量　名	类型	注　释	变 量 名	类型	注　释
除铁器	开关型	排气管开关	警报	开关型	控制系统运行的变量
除铁器 1	开关型	进料阀开关	煤垂直	数值型	控制系统停止的变量
电磁阀门	开关型	加热炉加热	煤水平	数值型	下液位超过设定值
给煤机 1	开关型	手动控制	铁渣	开关型	炉内温度超过设定值
二号皮带机	开关型	定时器时间	一号皮带机	开关型	手动控制
二号皮带机 1	开关型	定时器启动	一号皮带机 1	开关型	炉内压力超过设定值
给煤机	开关型	定时器当前值	移动	开关型	手动控制
好煤 1	开关型	手动控制	移动 1	开关型	上液位超过设定值
电磁阀门 1	开关型	泄放阀开关	振动机 1	开关型	手动控制
好煤 1 垂直	数值型	启动按钮	急停	开关型	定时器复位条件
振动机	开关型	用于数据功能	好煤 1 水平	数值型	显示定时器的计时状态
添煤	开关型	手动控制			

2. 设备窗口

打开组态软件，建立通用串口父设备，连接三菱 FX 系列 PLC 编程口。进入设备窗口编程界面，添加 3 个 M 类辅助寄存器，用以实现触摸屏对实物启动、停止、复位功能的连接；再添加 3 个 X 类寄存器来实现 PLC 对触摸屏与实物启动、停止、复位的控制作用。设备窗口变量设置如图 15-1 所示。

索引	连接变量	通道名称	通道处理
0000		通信状态	
0001	移动	只读X0000	启动
0002	停止	只读X0001	停止
0003	复位	只读X0002	复位
0004	移动	读写M0020	启动
0005	停止	读写M0021	停止
0006	复位	读写M0022	复位

图 15-1　设备窗口变量设置

3. 用户窗口

用户窗口用于实现组态软件的数据和流程的“可视化”功能。创建 3 个用户窗口，分别为封面窗口、手动窗口和自动窗口。封面窗口用于显示项目的基本信息，手动窗口用于模拟锅炉输煤监控系统的调试和动画显示，自动窗口用于显示触摸屏与 PLC 相关变量的动态连接和监控功能。

（1）手动窗口

手动窗口呈现的是锅炉输煤监控系统手动控制流程的实现。在手动窗口中设置相关的按钮、指示灯、显示栏和输出框，通过编写循环策略脚本程序，实现锅炉输煤监控系统的动画显示。手动窗口如图 15-2 所示。

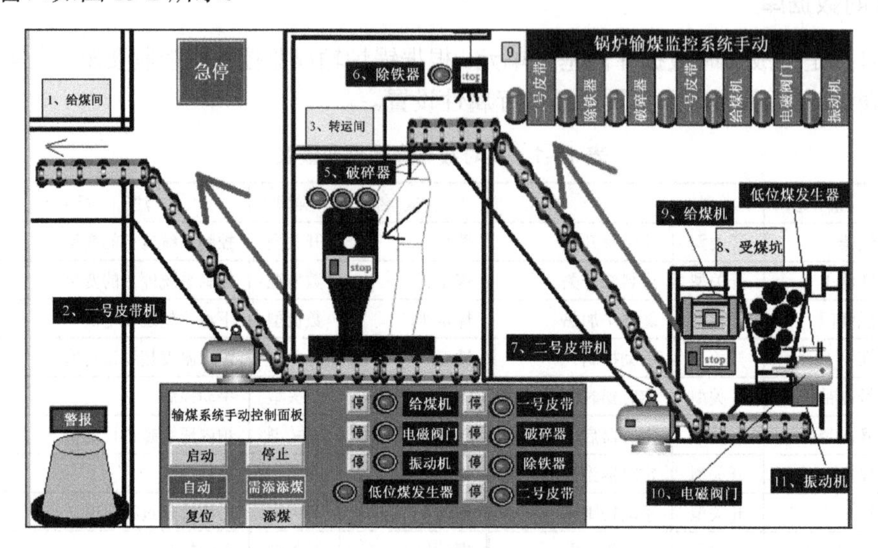

图 15-2　手动窗口

手动窗口的控制面板如图 15-3 所示。“启动”和“停止”按钮分别用于输煤系统的启动和停止；“自动”按钮用于切换到自动窗口，在自动窗口该按钮自动变为“手动”按钮；“复位”按钮用于复位，将整套系统的设备恢复到默认设置状态；“添煤”按钮用来为受煤斗添煤，使系统能继续输煤过程；7 个“停”按钮用于将相应的电动机停止操作。

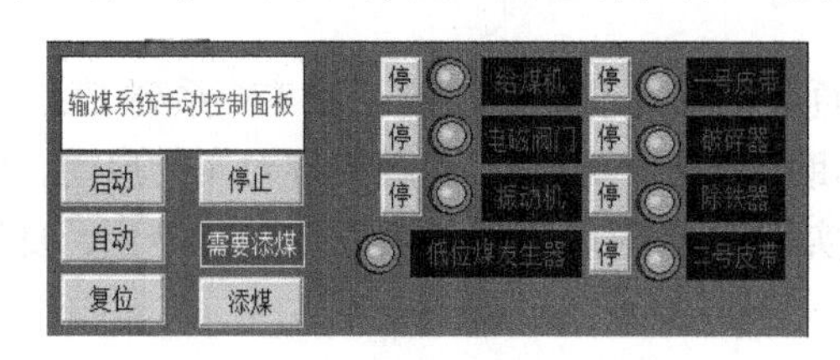

图 15-3　手动窗口的控制面板

（2）自动窗口

自动窗口用来描述锅炉输煤监控系统自动控制流程的实现。在自动窗口中设置 5 个按钮及相关的指示灯和显示栏，通过编写循环策略脚本程序，实现锅炉输煤监控系统的动画显示。自动窗口如图 15-4 所示。

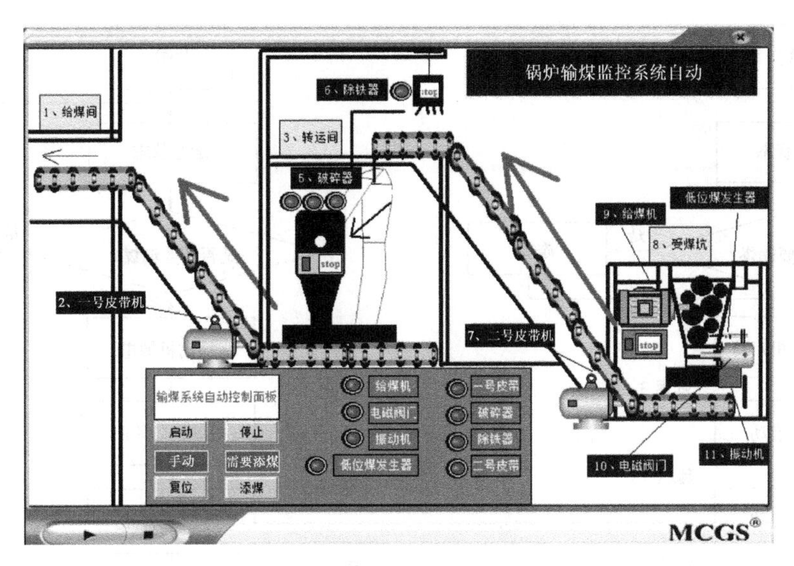

图 15-4　自动窗口

4. 运行策略

设置两个定时器：定时器 1 用于启动延迟，为其添加“当前值”与“设定值”两个数值型变量；定时器 2 用于设定停止延迟，为其添加“当前值”与“设定值”两个数值型变量。以定时器 1 为例，定时器的启动脚本和停止脚本如下：

```
!Timer Stop(1)                停止定时器 1
!Timer Reset(1,0)             定时器 1 清零
!Timer Run(1)                 定时器 1 启动
当前值 1=!Timer Value(1,0)    设置定时器 1 的当前值为 0
```

当启动定时器 1 时，定时器 2 停止并且可以清零，这样使两个定时器不会互相干扰。定时器设置如图 15-5 所示。

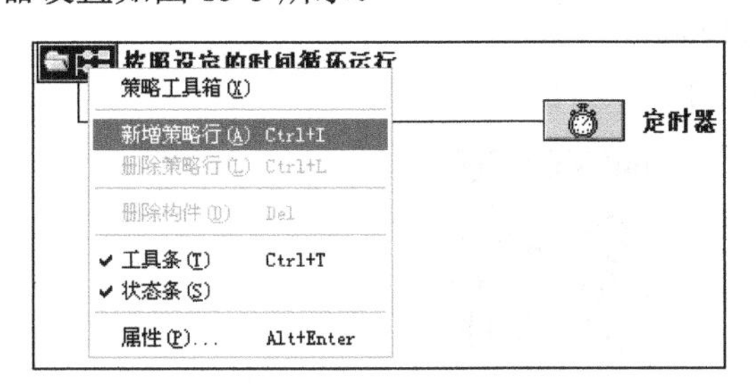

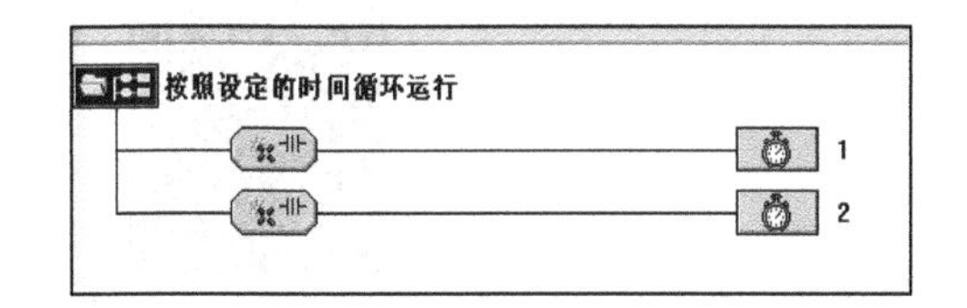

图 15-5　定时器设置

进入“策略属性设置”对话框，将循环时间设为 200 ms。手动启动锅炉输煤监控系统的流程如图 15-6 所示，手动停止流程如图 15-7 所示。

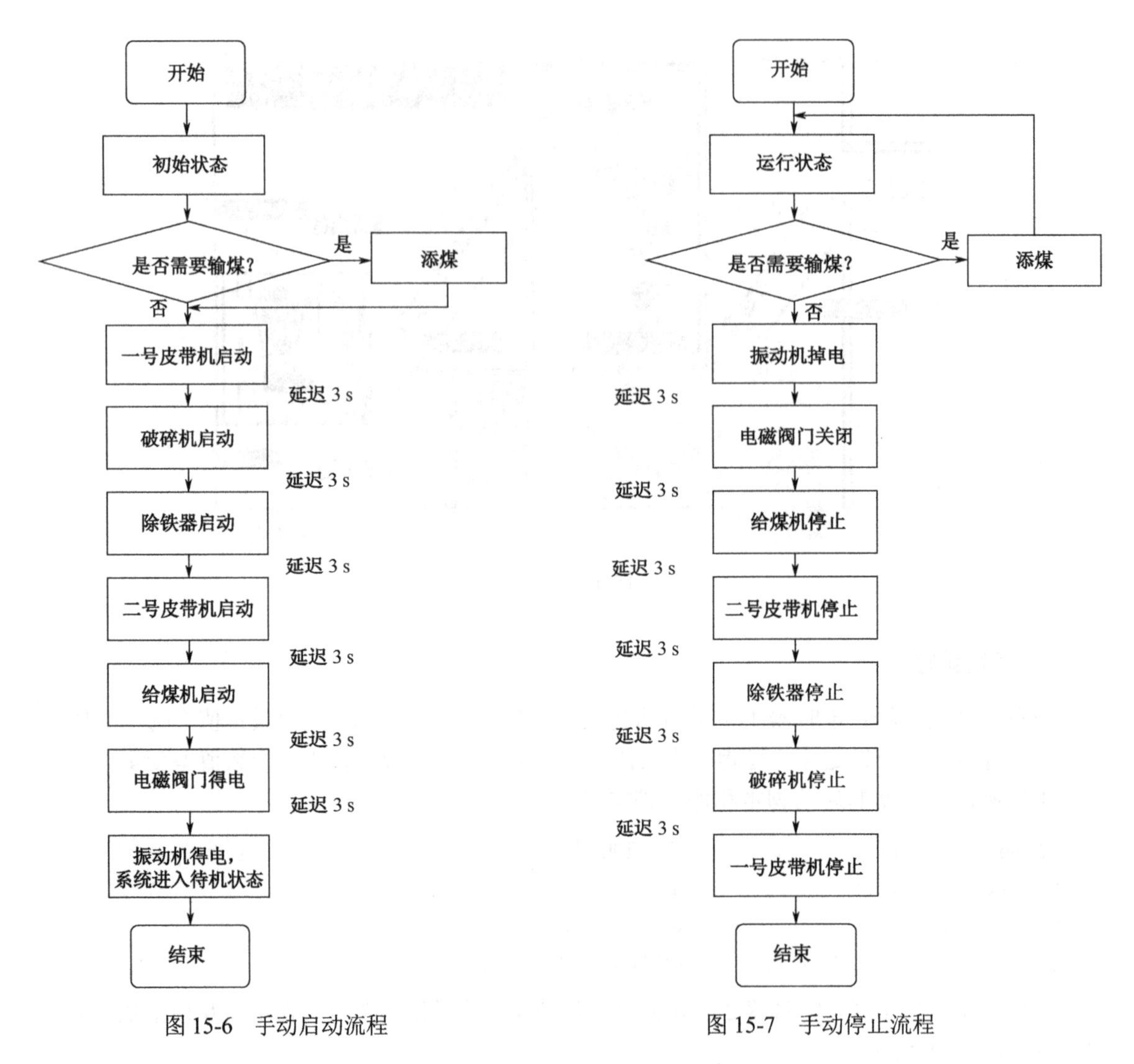

图 15-6　手动启动流程　　　　图 15-7　手动停止流程

自动控制锅炉输煤监控系统的流程如图 15-8 所示。

本项目组态程序请扫二维码 15-3，PLC 程序请扫二维码 15-4。

二维码 15-3

二维码 15-4

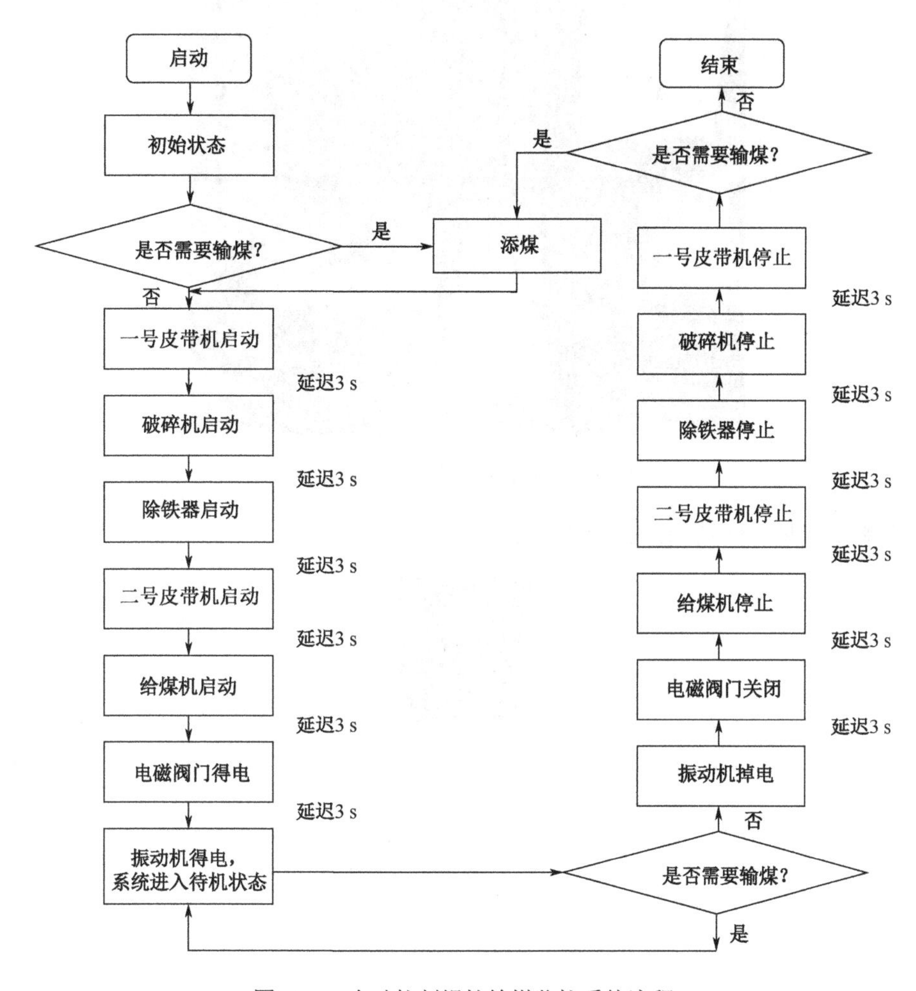

图 15-8　自动控制锅炉输煤监控系统流程

四、整体画面

对锅炉输煤监控系统组态工程进行模拟调试，进入组态软件模拟运行环境观察锅炉输煤监控系统的运行是否符合控制要求。如果不符合要求，需检查窗口变量连接设置与循环脚本程序的编写是否正确；反复修改组态工程，直到达到控制要求为止。将触摸屏与 PLC 联机调试，在联机运行环境下观察锅炉输煤监控系统窗口与 PLC 硬件是否达到控制要求。将触摸屏窗口的单机/联机切换按钮置于单机方式，观察触摸屏与 PLC 外围电路的输入输出与传感器是否正常显示，检查硬件接线及设备工作状态是否正常。将触摸屏窗口手动/自动切换按钮置于自动方式，观察锅炉输煤监控系统的联机控制效果是否达到控制要求。工程验收：触摸屏和实物电路的运行时间、运行状态和运行动作应保持一致，PLC 和触摸屏连接硬件平台可实现锅炉输煤监控系统的工作状态。锅炉输煤监控系统实物连接图如图 15-9 所示。

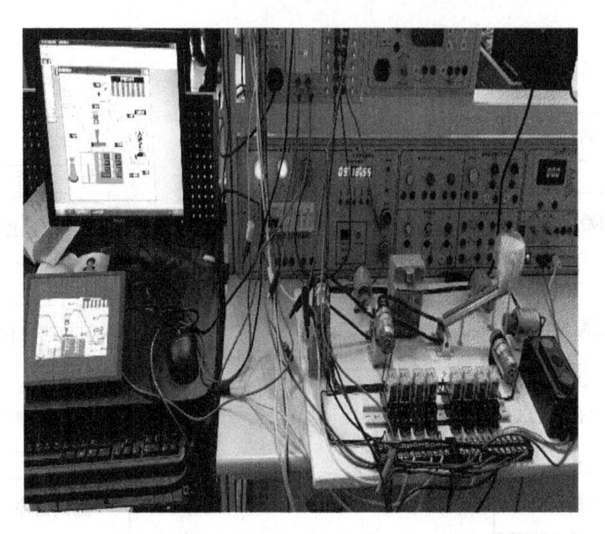

图 15-9　锅炉输煤监控系统实物连接图

本项目测试视频讲解请扫二维码 15-5。

二维码 15-5

项目 16　密码锁监控系统组态工程实例

学习目标

▶ 熟悉应用组态软件建立密码锁监控系统的组态过程；

▶ 掌握利用组态软件实现对密码锁监控系统的模拟监控方式；

▶ 熟悉组态软件的控制流程设计和脚本程序编写。

能力目标

▶ 借助组态图符工具设计灵活、动态的组态画面；

▶ 熟练利用运行策略编写脚本程序。

本项目课件请扫二维码 16-1，本项目视频讲解请扫二维码 16-2。

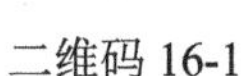

二维码 16-1

二维码 16-2

一、实训设备

计算机 1 台，MCGS 嵌入版组态软件 1 套，MCGS 触摸屏 1 台及相应的数据通信线，西门子 S7-200 的 PLC 1 台，V4.0 STEP 7 Micro WIN SP6 软件 1 套。

二、工作过程及控制要求

（1）当按下“启动”按钮（00105）后，密码设定状态指示灯（00100，简称状态灯）亮，开始进行初始密码设置，密码设置范围是 000000～999999，可任意设置。密码设置完成后，按回车键即认为初始密码设置完成，状态灯熄灭。

（2）开锁时，在“开锁密码校验”框中输入密码，然后按“确定”按钮。若密码正确，则密码校验正确灯（01000，简称“正确灯”）亮；若密码错误，则密码检验错误灯（01001，简称“错误灯”）亮，此时可按下“清除输入”按钮进行重新密码校验。

（3）密码校验每错误一次，密码错误次数加 1，若输入的密码错误次数超过 3 次，则密码锁被锁死，即使再次按下“清除输入”按钮也无效，不仅不能将密码清除，也不能将错误灯熄灭。

（4）若在使用过程中忘记初始密码或密码锁错误灯亮，可先按下“初始密码更改”按钮，再按下“重置清除”按钮，确定清除初始密码和错误信息。使用密码锁时先按下“启动”按钮，再按照操作顺序进行操作；否则，密码锁的工作状态可能会不正确。

（5）在密码锁输入端输入密码设定值，当开启密码锁时依据该设定值进行密码输入，控制PLC 的输出端 01000 有信号输出，将 00105 按下即可开启密码锁。

（6）当 00101=ON 时表示可以设定密码值，由 00000～00008 输入设定值。当 00101=OFF 时表示开始由 00000～00008 输入密码值开锁。当 00100=ON 时表示开锁密码值与设定值开始比较。

（7）当密码错误时 01001 会亮起，表示输入的密码值错误，之后按下 00102 清除输入值后可重新输入，输入错误超过 3 次即无法再输入。输入密码正确时则驱动 01000 输出，表示开锁成功。

（8）当要更改密码设定值时，按下 00103 之后再按下 00105 即可重新使用。当输入错误密码 3 次后，则无法再输入。若想重新输入使用，需先将 00104 按下重置清除后，再按 00105 重新启动即可重新输入。

三、组态工程设计与制作

密码锁监控系统是通过密码输入来控制电路工作的锁具，它通过控制机械开关的开闭来完成开锁和闭锁任务。密码锁的种类很多，由简易的电路通过编程来实现。密码锁的随机开锁成功率几乎为零，并且密码可以修改，用户更改密码可防止密码被盗，避免因人员的更替而使锁的密级下降，且有误码输入保护。使用时若输入密码多次错误，报警系统会自动启动。密码锁在连续输错 4 次密码时将会自动断电 3 min。密码锁设计了入侵感应功能，在门上锁的状态下若有人破锁而入，密码锁会发出强有力的报警音与火警等信息。

根据密码锁监控系统的控制要求，使用西门子 S7-200 系列 PLC 作为密码锁控制器，以触摸屏作为密码锁的操作和使用平台。

（一）主控窗口

主控窗口是组态工程的主框架，负责窗口的管理和用户策略的运行。进入 MCGS 嵌入版组态软件工作台，单击“主控窗口”选项卡，单击鼠标右键打开“主控窗口属性设置”对话框。将“基本属性”的“窗口标题”设置为“密码锁”，“封面窗口”设置为“封面”，“封面显示时间”改为 2 s。单击“权限设置”按钮，可对用户权限进行设置。在“权限设置”按钮下方选择“进入不登录，退出不登录”，“菜单设置”选为“有菜单”。主控窗口属性设置如图 16-1 所示。在“主控窗口”选项卡中单击“菜单组态”按钮，打开菜单组态窗口，添加 3 个菜单，分别为“主界面”“联机”“单机”，如图 16-2 所示。

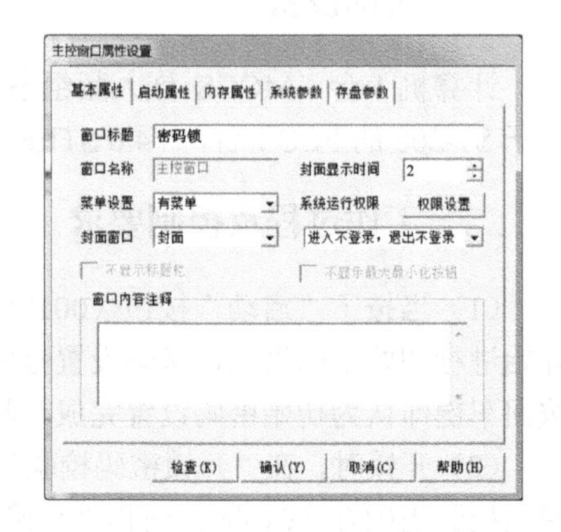

图 16-1 主控窗口属性设置

（二）设备窗口

设备窗口用来建立触摸屏与外部硬件设备的连接关系，使组态软件可从外部设备读取数据并控制外部设备的工作状态，实现对工业过程的实时监控。MCGS 嵌入版组态软件提供了多种类型的“设备构件”作为系统与外部设备进行联系的媒介。进入设备窗口，从设备构件工具箱里选择相应的构件，将它配置到相应窗口内并建立接口与通道的连接关系，完成设备窗口的组态工作。设备窗口设置如图 16-3 所示。

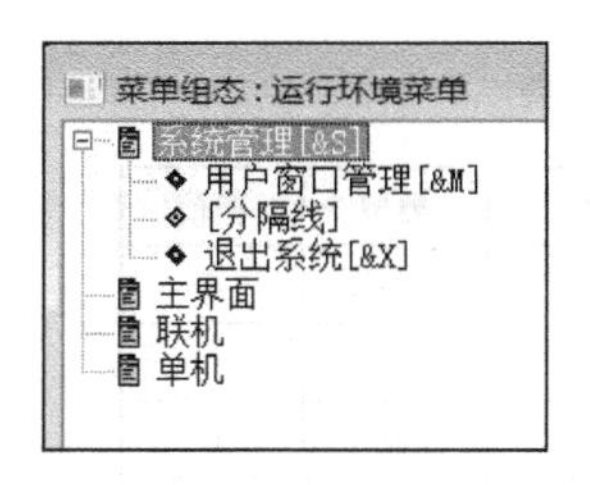

图 16-2　菜单组态窗口

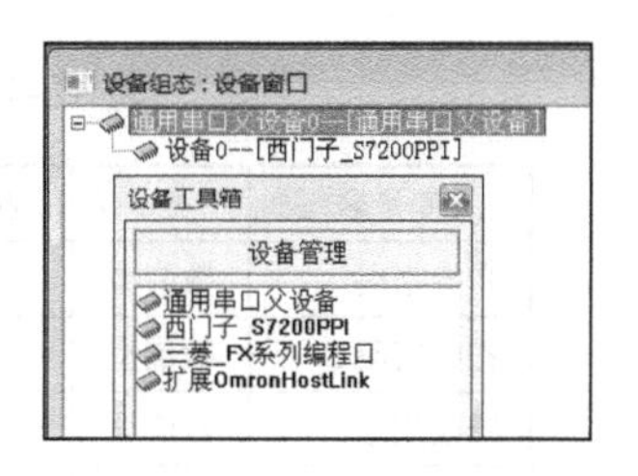

图 16-3　设备窗口设置

（三）用户窗口

打开 MCGS 嵌入版组态软件新建一个工程，在 “文件”菜单中选择“工程另存为”选项，将新建工程存为“D:\MCGSE\WORK\密码锁系统设计”。进入组态软件工作台，选择“用户窗口”选项卡，单击“新建窗口”按钮，分别创建 3 个新的用户窗口以图标形式显示，分别命名为“主界面”“联机”“单机”，如图 16-4 所示。主界面窗口如图 16-5 所示，联机窗口如图 16-6 所示，单机窗口如图 16-7 所示。

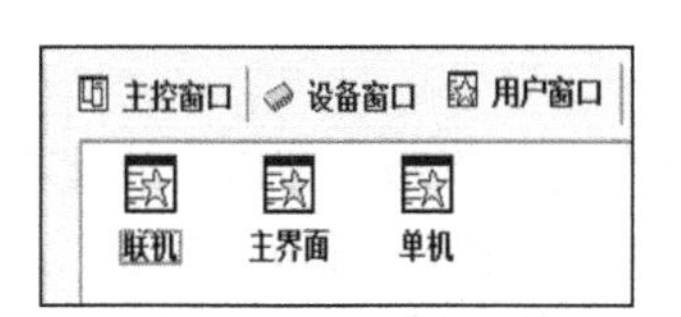

图 16-4　创建用户窗口

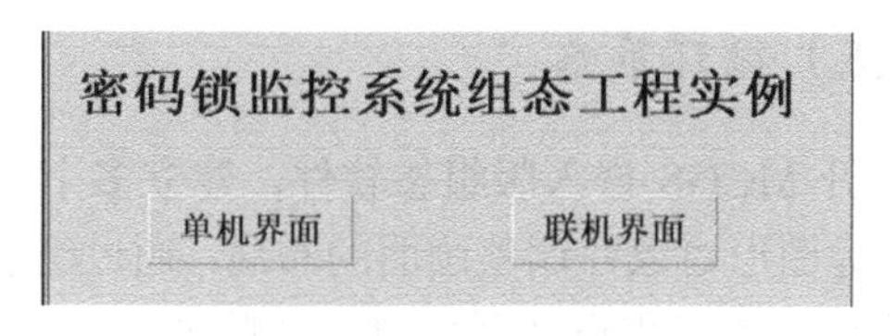

图 16-5　主界面窗口

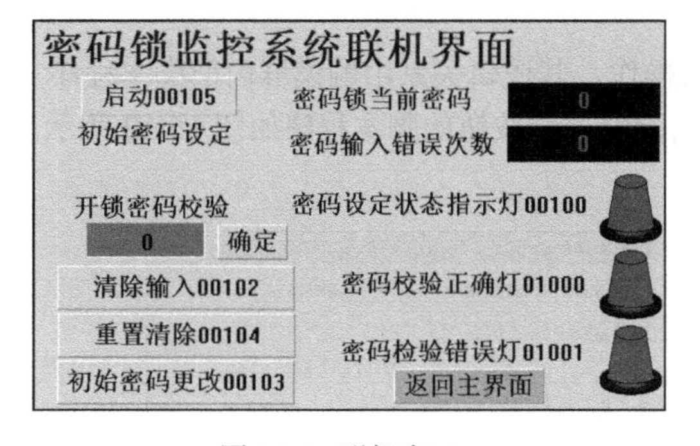

图 16-6　联机窗口

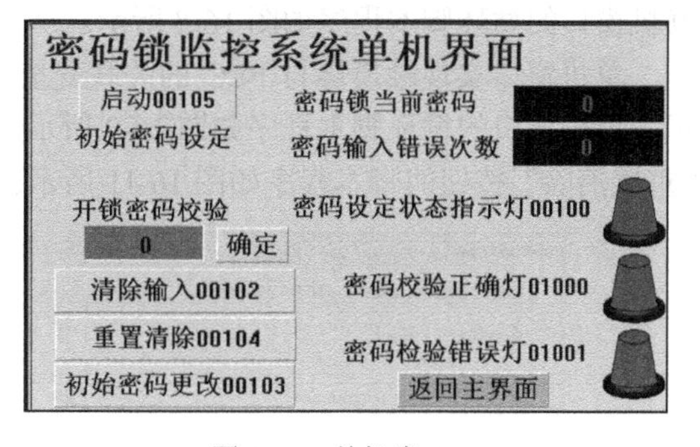

图 16-7　单机窗口

（四）实时数据库

实时数据库是组态工程的数据交换中心，它将组态工程的各部分连接成一个有机的整体。打开组态软件工作台，单击“实时数据库”选项卡进入实时数据库窗口，单击“新增对象”按钮，在数据变量列表中增加新的数据变量；多次单击该按钮，则增加多个数据变量。密码锁监控系统需要建立 22 个变量并进行属性设置：初始密码、初始密码 2、错误次数、错误次数 2、错误灯、错误灯 2、更改密码、更改密码 2、启动、启动 2、确定、确定 2、校验密码、校验密码 2、正确灯、正确灯 2、重置、重置 2、状态 00101、状态 01012、消除、消除 2。实时数据库变量表如表 16-1 所示。

表 16-1　实时数据变量表

变量名	类型	初值	变量名	类型	初值
初始密码	数值型	0	确定 2	开关型	0
初始密码 2	数值型	0	校验密码	数值型	0
错误次数	数值型	0	校验密码 2	数值型	0
错误次数 2	数值型	0	正确灯	开关型	0
错误灯	开关型	0	正确灯 2	开关型	0
错误灯 2	开关型	0	重置	开关型	0
更改密码	开关型	0	重置 2	开关型	0
更改密码 2	开关型	0	状态 00101	开关型	0
启动	开关型	0	状态 01012	开关型	0
启动 2	开关型	0	消除	开关型	0
确定	开关型	0	消除 2	开关型	0

（五）循环策略

打开 MCGS 嵌入版组态软件，建立多个用户窗口和多个运行策略，窗口内放置不同的构件，创建图形对象并调整画面的布局，通过组态配置参数完成不同的运行策略功能。为密码锁监控系统组态工程设计联机窗口与单机窗口，循环策略脚本程序在窗口内设计完成。

联机窗口用以实现 PLC 和外围控制电路的连接，以及实时读写 PLC 内部寄存器的功能。联机窗口的循环脚本程序如图 16-8 所示。

单机窗口实现触摸屏与 PLC 的关联变量赋值操作，其逻辑关系由触摸屏内部脚本程序实现。单机窗口的循环脚本程序如图 16-9 所示。“清除输入”按钮的脚本程序如图 16-10 所示，“重置清除”按钮的脚本程序如图 16-11 所示。

图 16-8　联机窗口的循环脚本程序

图 16-9　单机窗口的循环脚本程序

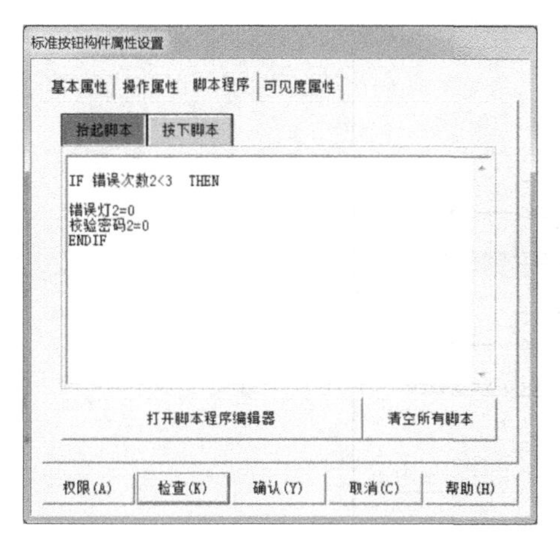

图 16-10　“清除输入”按钮的脚本程序

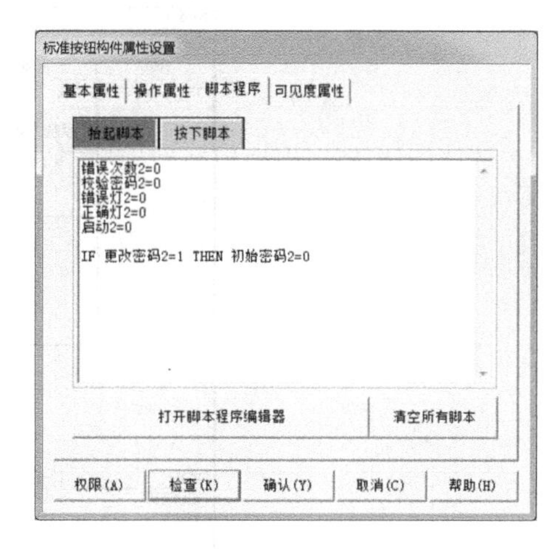

图 16-11　“重置清除”按钮的脚本程序

四、PLC 程序设计

密码锁监控系统的 PLC 程序设计采用的是梯形图语言，程序设计涉及初始密码的设置与保存、校验密码的设置与保存、错误次数记录和密码校验等问题。根据密码锁的工作过程，梯形图语言采用基本的位逻辑指令、传送指令和比较类指令等来实现对密码锁的控制。在程序设计过程中使用不同的存储区来存放初始密码和校验密码，开锁时将两个存储区的数据进行比较，即可实现对密码锁的控制。

（一）系统输入输出（I/O）地址分配

密码锁监控系统的控制程序应结合 PLC 的控制和锁具工艺流程来设计，六位密码锁 PLC 的 I/O 地址分配表如表 16-2 所示。

表 16-2　PLC 的 I/O 地址分配表

PLC 输入地址	设备说明	PLC 输出地址	设备说明
M0.0	启动	Q0.1	状态灯
M0.1	确定	Q0.2	正确灯
M0.2	清除输入	Q0.3	错误灯
M0.3	重置清除	VW100	初始密码
M0.4	密码更改	VW200	校验密码

（二）“启动”按钮程序设计

密码锁监控系统在按下“启动”按钮时，进行程序的初始化，清除中间状态的操作，之后进行初始密码的判断。如果未设置初始密码，则状态灯点亮；若已设置初始密码，则状态灯熄灭。“启动”按钮的程序设计如图 16-12 所示。

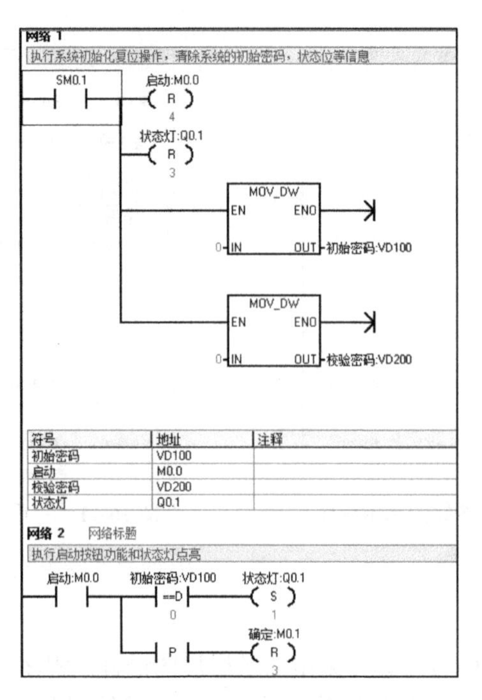

图 16-12 “启动”按钮程序设计

（三）“确定”按钮的程序设计

密码锁监控系统的“确定”按钮在初始密码设置完成后进行密码校验操作时使用。初始密码放在 VW100 存储区，校验密码放在 VW200 存储区，使用比较指令将两个存储区里的数值进行比较。如果两个数值相同，则认为密码正确，控制正确灯亮；如果两个数值不同，则认为密码错误，同时错误灯亮。“确定”按钮程序设计如图 16-13 所示。

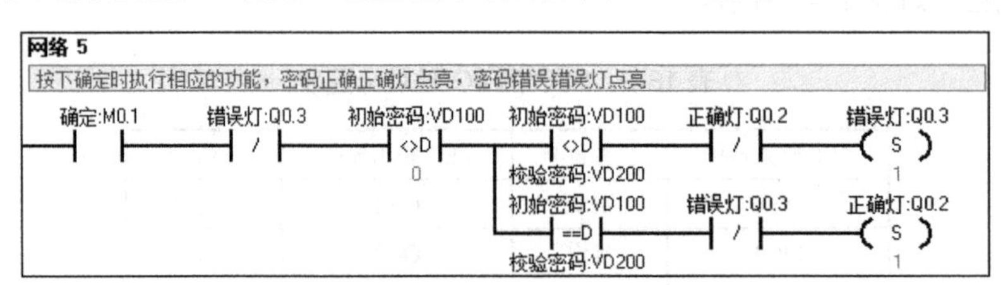

图 16-13 “确定”按钮程序设计

（四）校验密码错误次数统计程序设计

密码锁监控系统在进行密码校验时，当按下“确定”按钮后，若密码错误，则错误计数器开始计数，进行加 1 操作；如果密码错误超过 3 次，则密码锁被锁死。错误统计程序设计如图 16-14 所示。

（五）校验密码错误的清除

密码锁监控系统在进行开锁时，其校验密码输入错误要进行记录。如果错误次数少于 3 次，则错误输入可以清除，以便重新输入；但如果错误次数超过 3 次，则密码锁保持关闭状态，即密码锁被锁死。密码锁错误的清除操作程序如图 16-15 所示。

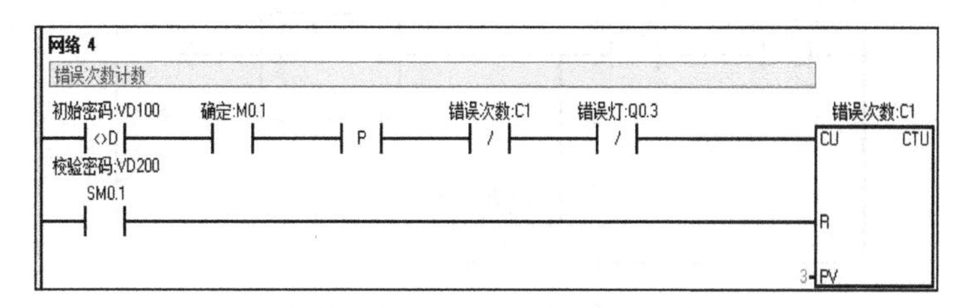

图 16-14　错误统计程序设计

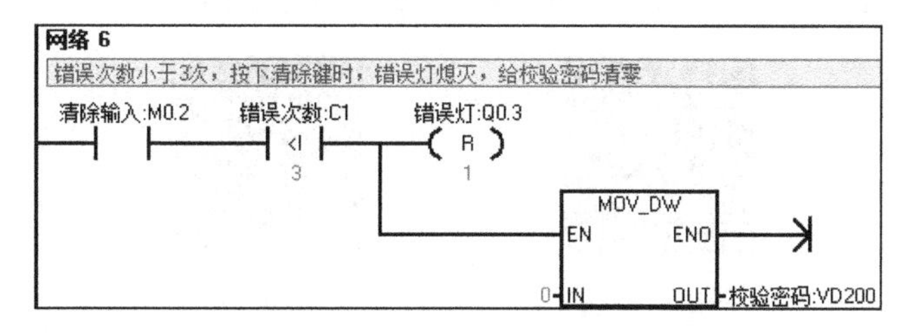

图 16-15　密码锁错误的清除操作程序

（六）“重置清除”按钮程序设计

密码锁监控系统在按下“重置清除”按钮后，对密码锁的相关状态（如错误次数、正确灯、错误灯、启动信号和校验密码的设置）进行清零操作。“重置清除”按钮程序设计如图 16-16 所示。

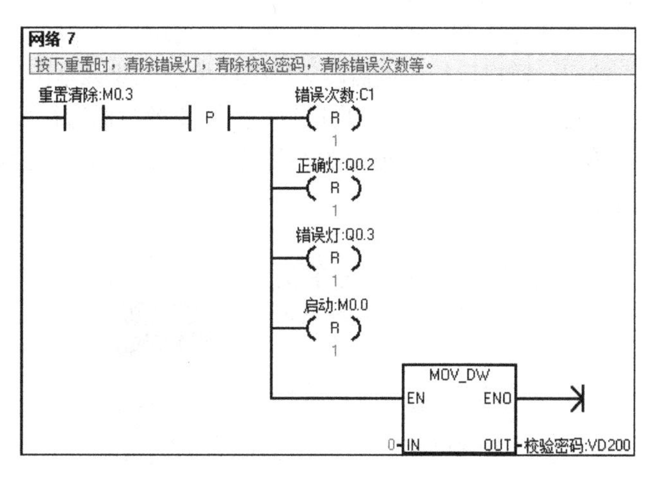

图 16-16　“重置清除”按钮程序设计

（七）修改初始密码程序设计

密码锁监控系统在使用过程中，如果遇到操作错误或忘记密码的情况，可通过先按下“初始密码更改”按钮，再按下“重置清除”按钮来重新设置密码。修改密码的程序设计如图 16-17 所示。

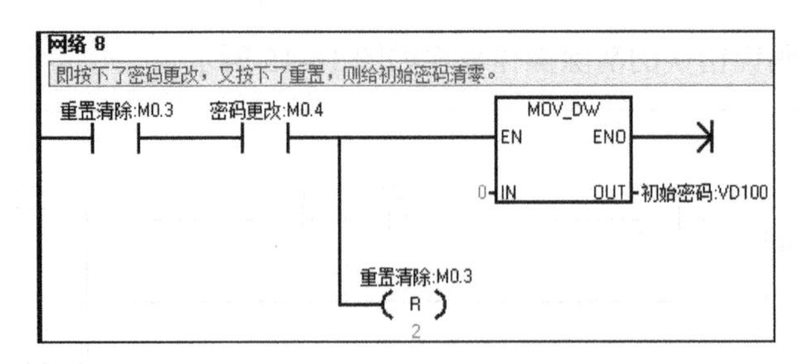

图 16-17　修改密码的程序设计

本项目组态程序请扫二维码 16-3，PLC 程序请扫二维码 16-4。

二维码 16-3

二维码 16-4

五、工程综合测试

测试组态工程各部分工作情况，完成整个工程的组态工作。打开“下载配置”窗口，选择“模拟运行”，单击“通信测试”按钮，测试通信是否正常。如果通信成功，则在返回信息框中将提示“通信测试正常”，同时弹出“模拟运行环境”窗口，该窗口打开后在任务栏显示。如果通信失败，将在返回信息框中提示“通信测试失败”。单击“工程下载”按钮，将工程下载到模拟运行环境。如果工程正常下载，将提示：“工程下载成功！”下载成功后与触摸屏联机运行，单击“启动运行”按钮，模拟运行环境启动。模拟环境最大化显示工程运行情况，实现密码锁的功能。单击“下载配置”窗口中的“停止运行”按钮或者模拟运行环境窗口中的“停止”按钮，工程停止运行；单击模拟运行环境窗口的“关闭”按钮，使窗口关闭。密码锁监控系统整体画面如图 16-18 所示。

图 16-18　密码锁监控系统整体画面

项目 17　搬运机械手监控系统组态工程实例

学习目标

- ▶ 掌握策略工具箱的使用方法，能编写脚本程序；
- ▶ 学会使用组态软件实现搬运机械手监控系统组态的过程；
- ▶ 熟悉组态软件控制流程的设计和脚本程序的编写。

能力目标

- ▶ 掌握触摸屏组态图形构件的使用技能；
- ▶ 初步具备构建搬运机械手监控系统的能力；
- ▶ 掌握动态画面设计方法，使用脚本程序解决工程问题；
- ▶ 借助图符多样的动画组态，设计灵活、动态的组态工程画面；
- ▶ 增强独立分析、综合开发研究和解决具体组态问题的能力。

本项目课件请扫二维码 17-1，本项目视频讲解请扫二维码 17-2。

二维码 17-1

二维码 17-2

一、实训设备

计算机 1 台，MCGS 嵌入版组态软件 1 套，MCGS 触摸屏 1 台及相应的数据通信线，三菱 FX 系列 PLC 1 台，三菱 FX 系列 PLC 编程软件 1 套。

二、工作过程及控制要求

（1）当工人将工件放在传送点工位时，工件压下 SQ0 传感器，表明有工件需要传送。

（2）当搬运机械手的传送带上有工件时，控制机械手的手臂先下降（B 缸动作）至下限位位置（SQ4 被压下），将其抓取（C 缸动作）；1 s 后机械手上升（B 缸复位）至上限位位置（SQ3 被压下），并左移（A 缸动作）至传送点上方（SQ1 被压下）。机械手臂再次下降到位，SQ4 被压下（C 缸复位）后放开工件；1 s 后机械手上升，SQ3 被压下后右移（A 缸复位）至原点（SQ2 被压下）；

（3）搬运机械手放下工件（SQ5 被压下）并上升至上限位位置后，传动带电动机 M 启动，开始传送工件，2 s 后自动停止。机械手在搬运工件时，需在前一次工件运走后才能下降以将工件放下；否则，需要等待。

三、组态工程设计与制作

本项目基于组态软件对搬运机械手工作过程进行设计与制作。触摸屏的组态窗口对 PLC 和实物之间设计了联机模式，实现组态窗口操作机械手以及与 PLC 联机操作机械手的要求。组态窗口中为搬运机械手监控系统设计有机械柱、机械手臂、机械手、工件和传送带等动画构件，机械手采用手动和自动两种控制方式，全部操作控制都在触摸屏的控制面板上进行。控制面板上设有搬运机械手运行的启动按钮和复位按钮，搬运机械手的控制功能均由触摸屏完成。搬运机械手示意图如图 17-1 所示。

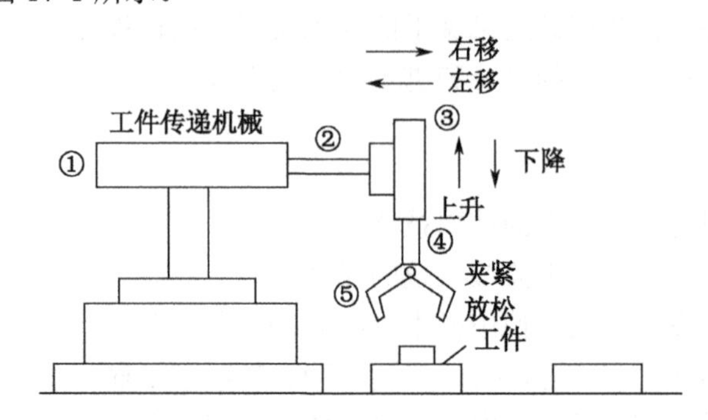

图 17-1 搬运机械手示意图

组态窗口中设计有启动按钮、停止按钮、复位按钮和手动按钮，以实现对组态画面的控制。搬运机械手自动控制方式的控制流程为：①判断工件是否已经放在传送点时，若工件压下 SQ0 传感器，则表明有工件需要传送。②只要工件放入工位，机械手就下降至下限位位置，将工件抓取 1 s 后机械手上升至上限位位置，机械手右移至传送点上方机械手右限位位置。机械手臂再次下降，下降到下限位位置，放开工件后 SQ1 被压下，1 s 后机械手上升。③当机械手放下工件并上升至上限位位置后，传送带电动机 M 启动并传送工件，2 s 后自动停止。④当机械手放下工件并上升至上限位位置后，机械手左移到左限位位置，搬运机械手运动结束。

搬运机械手监控窗口分为单机模式窗口和联机模式窗口。单机模式窗口用于对机械手设备的手动调试与控制，联机模式窗口用于自动控制机械手设备的工作。

单机模式窗口通过控制面板进行手动操作，操作人员判断工件是否已经放在传送点，然后根据需要控制机械手的动作：按下下降按钮则机械手下降，按下夹紧按钮则机械手夹紧工件，按下上升按钮则机械手上升，按下右移按钮则机械手右移，按下放松按钮机械手松开工件。按下左移按钮则机械手左移，按下传送带按钮则传送带开始传送。

联机模式窗口用于通过组态窗口启动 PLC 控制程序。在联机模式窗口控制机械手动作的同时 PLC 输出相应的动作信号，机械手动作过程在组态窗口中显示。联机模式窗口体现工件放入状况、机械手动作状况以及传送带运行状况，搬运机械手由 PLC 和组态窗口控制。

搬运机械手的组态画面如图 17-2 所示。

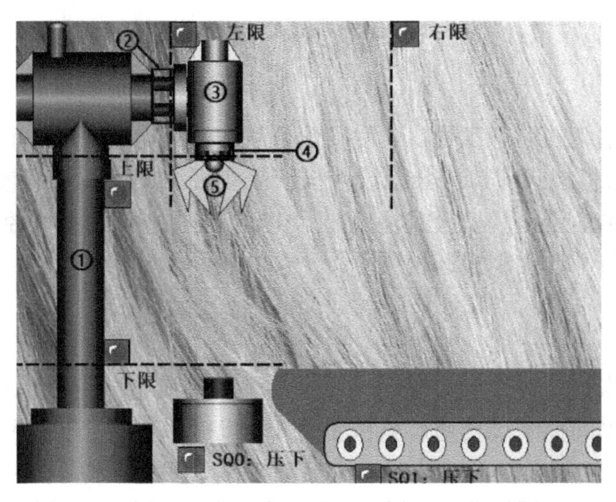

①机械柱　②机械手臂 1　③机械机座　④机械手臂 2　⑤机械手

图 17-2　搬运机械手的组态画面

（一）设备窗口

设备窗口用于建立触摸屏与 PLC 的关联，通过设备窗口的通用串口父设备，连接三菱 FX 系列 PLC。将触摸屏连接三菱 FX 系列 PLC 编程口，添加 16 个 M 类辅助寄存器来实现组态窗口对机械手的控制。其中，“工件放入”变量对应 PLC 中 M0000 变量，“右限”变量对应 PLC 中 M0001 变量，“左限”变量对应 PLC 中 M0002 变量，“上限”变量对应 PLC 中 M0003 变量，“下限”变量对应 PLC 中 M0004 变量，“传送带 2”变量对应 PLC 中 M0005 变量，“手动 2”变量对应 PLC 中 M0006 变量，“自动 2”变量对应 PLC 中 M0007 变量，“上升 2”变量对应 PLC 中 M0008 变量，“下降 2”变量对应 PLC 中 M0009 变量，“左移 2”变量对应 PLC 中 M0010 变量，“右移 2”变量对应 PLC 中 M0011 变量，“夹紧 2”变量对应 PLC 中 M0012 变量，“放松 2”变量对应 PLC 中 M0013 变量，“启动 2”变量对应 PLC 中 M0014 变量，“复位 2”变量对应 PLC 中 M0015 变量。添加 7 个 Y 类寄存器来实现 PLC 对组态窗口与 PLC 实物的控制。其中，PLC 中 Y0001 变量对应“上升 21”变量，PLC 中 Y0002 变量和“下降 21”变量对应，PLC 中 Y0003 变量对应“右移 21”变量，PLC 中 Y0004 变量对应“左移 21”变量，PLC 中 Y0005 变量对应“传送带 21”变量，PLC 中 Y0006 变量对应“夹紧 21”变量，PLC 中 Y0007 变量对应“放松 21”变量。设备窗口变量设置如图 17-3 所示。

索引	连接变量	通道名称
0000		通信状态
0001	上升21	读写Y0001
0002	下降21	读写Y0002
0003	右移21	读写Y0003
0004	左移21	读写Y0004
0005	传送带21	读写Y0005
0006	夹紧21	读写Y0006
0007	放松21	读写Y0007
0008	工件放入	读写M0000
0009	右限	读写M0001
0010	左限	读写M0002
0011	上限	读写M0003
0012	下限	读写M0004
0013	传送带2	读写M0005
0014	手动2	读写M0006
0015	自动2	读写M0007
0016	上升2	读写M0008
0017	下降2	读写M0009
0018	右移2	读写M0010
0019	左移2	读写M0011
0020	夹紧2	读写M0012
0021	放松2	读写M0013
0022	启动2	读写M0014
0023	复位2	读写M0015

图 17-3　设备窗口变量设置

（二）用户窗口

搬运机械手监控系统的组态工程，其用户窗口有 3 个：封面窗口、单机模式窗口以及联机模式窗口。在单机和联机模式窗口内分别设置按钮来实现彼此之间的切换。封面窗口显示搬运机械手监控系统的基本信息，联机模式窗口显示 PLC 与组态窗口互联控制搬运机械手，单机模式窗口显示组态窗口手动控制搬运机械手。

1. 单机模式窗口

单机模式窗口用来描述触摸屏对搬运机械手的手动控制方式，并设置按钮控制搬运机械手的动作。对搬动机械手的控制过程通过机械手臂 1、机械手臂 2、机械手、机械机座、工件和传送带等设备来描述，控制面板上的按钮用来启动机械手搬运工件。机械手下方平台上有检测器（传感器），用来检测工件是否放入。

在单机模式窗口中，设计多个指示灯来表示搬运机械手的运动动作和运行状态，并设计 13 个按钮，组成搬运机械手的控制面板，如图 17-4 所示。

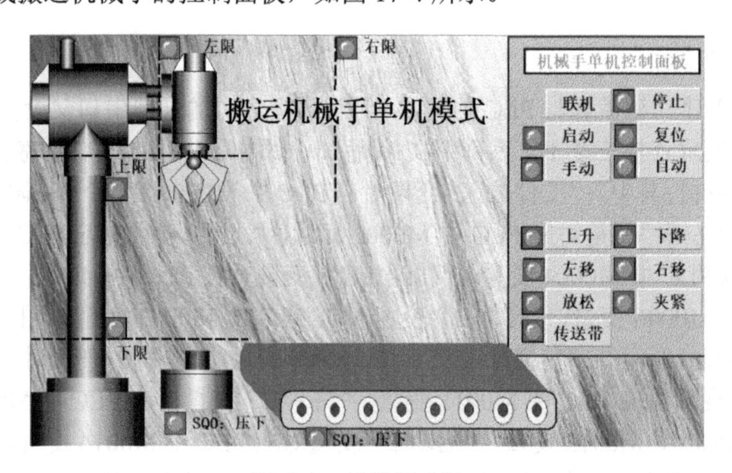

图 17-4 单机模式窗口

2. 联机模式窗口

联机模式窗口用来描述触摸屏组态窗口对 PLC 程序的 I/O 控制，从而控制搬运机械手。

在联机模式窗口中也设计了多个指示灯表示搬运机械手的运动动作和运行状态，并设计了 13 个按钮组成搬运机械手的显示控制面板，如图 17-5 所示。

控制面板中的“启动”按钮和“停止”按钮分别控制搬运机械手的开启和停止。单机模式窗口中的“联机”按钮用于打开联机模式窗口，联机模式窗口中的“单机”按钮用于打开单机模式窗口。“复位”按钮用于复位功能；当搬运机械手出现意外状况时通过手动按下“停止”按钮，此后若不按下“复位”按钮，机械手将无法重新开始搬运。

（三）实时数据库

在实时数据库中创建组态工程需要的控制变量，均为数值型变量和开关型变量，如表 17-1 所示。

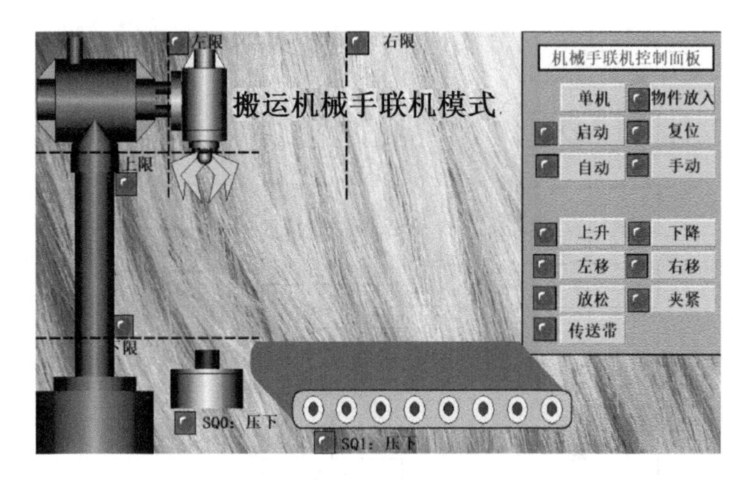

图 17-5　联机模式窗口

表 17-1　实时数据库变量表

变量名	类型	注释	变量名	类型	注释
启动	开关型	机械手开启	传送	开关型	传送带手动移动
停止	开关型	机械手停止	上升	开关型	手动机械手上移
复位	开关型	机械手复位	下降	开关型	手动机械手下移
自动	开关型	机械手自动	右移	开关型	手动机械手右移
手动	开关型	机械手手动	右移 1	开关型	传送带右移工件
上限	开关型	机械手上限	放	开关型	机械手放开工件
下限	开关型	机械手下限	夹	开关型	机械手夹紧工件
左限	开关型	机械手左限	机械手可见状态	开关型	机械手夹与放切换
右限	开关型	机械手右限	传送带	开关型	传送带自动移动
下移	开关型	机械手下移	机座垂直移动	数值型	机械机座垂直移动
夹紧	开关型	机械手夹紧	机座水平移动	数值型	机械机座水平移动
上移	开关型	机械手上移	手臂垂直移动	数值型	机械手臂垂直移动
右移	开关型	机械手右移	手臂水平移动	数值型	机械手臂水平移动
放松	开关型	机械手放开	手垂直移动	数值型	机械手垂直移动
左移	开关型	机械手左移	物体垂直移动	数值型	工件垂直移动
左移	开关型	机械手左移	物体垂直移动	数值型	工件水平移动

（四）运行策略

搬运机械手的动作方式有下降、夹紧、上升、右移、放松、左移，控制面板中设有对机械手的控制按钮，以及各辅助设备运行指示灯。搬运机械手监控系统的组态工程，其运行策略的设计应满足搬运时各部件启动、停止时必须遵循的特定顺序，以对各设备部件进行联动控制。

搬运机械手自动控制流程如图 17-6 所示。搬运机械手动控制流程如图 17-7 所示。

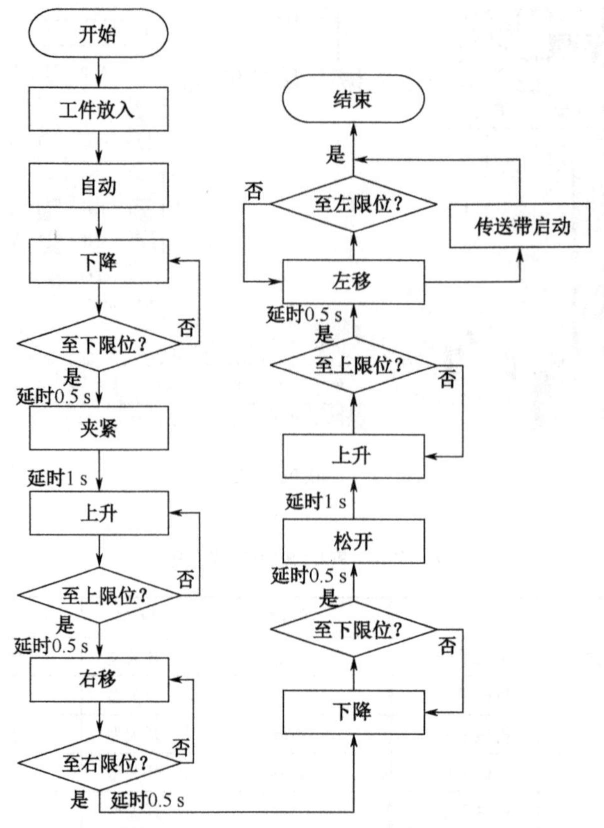

图 17-6　搬运机械手自动控制流程

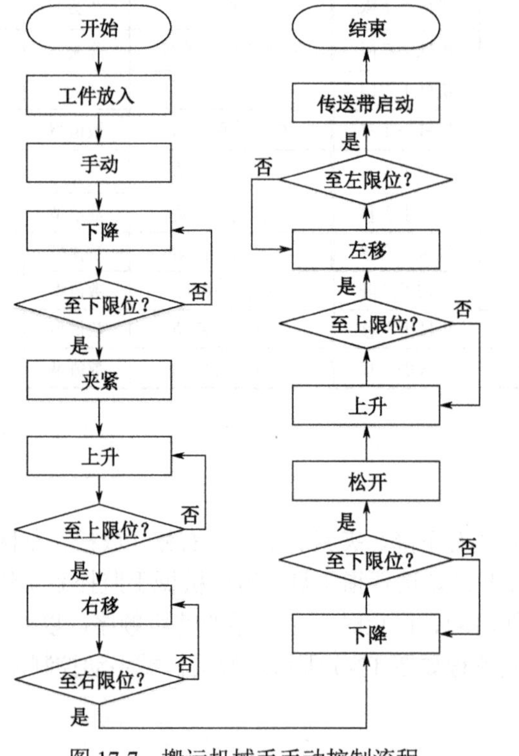

图 17-7　搬运机械手手动控制流程

设置循环策略脚本程序，分为单机模式和联机模式。单机模式脚本程序实现触摸屏组态窗口的机械手模拟调试功能，联机模式脚本程序实现组态触摸屏与 PLC 控制实物机械手的功能。循环策略图如图 17-8 所示。

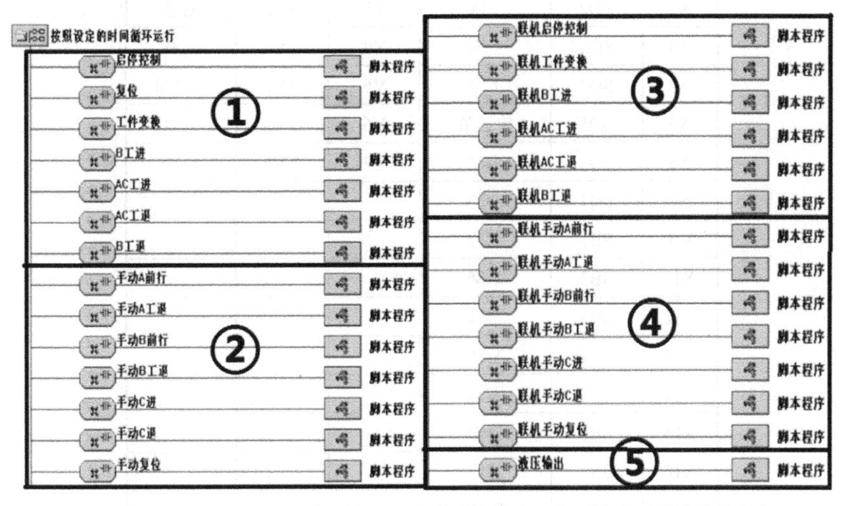

① 单机自动状态脚本程序　② 单机手动状态脚本程序　③ 联机自动状态脚本程序

④ 联机手动状态脚本程序　⑤ 联机连接 PLC 内输出端启闭脚本程序

图 17-8　循环策略图

本项目组态程序请扫二维码 17-3。

二维码 17-3

四、PLC 程序设计

（一）PLC 的 I/O 地址

搬运机械手 PLC 的输入/输出（I/O）信号在接线端子的地址分配，是 PLC 控制系统设计的基础。搬运机械手的输入有：工件放入、右限、左限、上限、下限、传送带、手动、自动、上升、下降、右移、左移、夹紧、放松、启动和复位。输出有：上升、下降、右移、左移、传送带、夹紧和放松。PLC 的 I/O 地址分配表如表 17-2 所示。

表 17-2　PLC 的 I/O 地址分配表

输　入			输　出		
地址	元件	功能	地址	元件	功能
X0	SQ0	工件放入	Y1	YV1	上升
X1	SQ1	右限	Y2	YV2	下降

续表

输入			输出		
地址	元件	功能	地址	元件	功能
X2	SQ2	左限	Y3	YV3	右移
X3	SQ3	上限	Y4	YV4	左移
X4	SQ4	下限	Y5	YV5	传送带
X5	SQ5	传送带	Y6	YV6	夹紧
X6	SQ6	手动	Y7	YV7	放松
X7	SQ7	自动			
X10	SB1	上升			
X11	SB2	下降			
X12	SB3	右移			
X13	SB4	左移			
X14	SB5	夹紧			
X15	SB6	放松			
X16	SB7	复位			
X17	SB8	启动			

（二）PLC 硬件接线

根据搬运机械的手控制要求和 PLC 的输入/输出信号分析，绘制 PLC 硬件接线图。PLC 硬件接线图如图 17-9 所示。

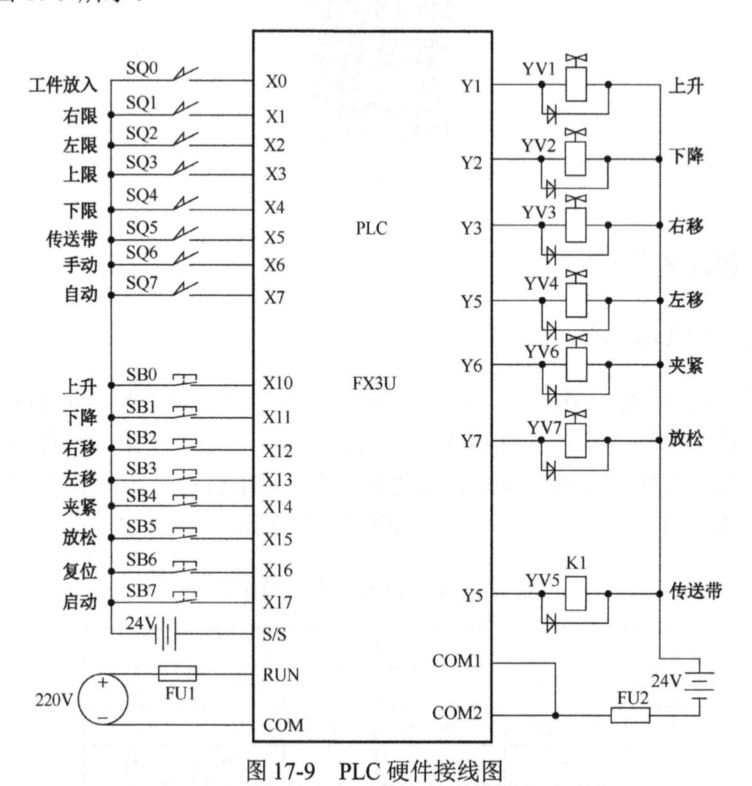

图 17-9　PLC 硬件接线图

（三）PLC 程序和设计

PLC 程序设计由三部分组成：启动程序、手动程序和自动程序。按照搬运机械手控制流程的要求，PLC 在通电运行时首先执行启动程序。

1. 启动程序

启动程序用来执行各种工作方式都要执行的任务，以及不同的工作方式之间相互切换的处理。当 PLC 通电时，初始化程序将手动程序和自动程序复位。当选择手动工作方式时，地址 X6 接通并跳转至手动程序，同时复位一次手动程序。当选择自动工作方式时，地址 X7 接通并跳转至自动程序，同时复位一次自动程序和手动程序。当机械手需要复位时，按下“复位”按钮控制地址 X16 接通，则 PLC 程序复位。

2. 手动程序

手动操作不需要按工序顺序动作，所以可按普通继电器控制方式来设计。地址 X10、X11、X12、X13、X14、X15 和 X5 分别控制上升、下降、右移、左移、夹紧、放松和传送带。为了保证系统的安全运行，设置了一些必要的互锁机制。例如，当按下上升按钮时，下降按钮被锁死；当按下下降按钮时，上升按钮被锁死；当按下右移按钮时，左移按钮被锁死；当按下左移按钮时，右移按钮被锁死；当按下夹紧按钮时，机械手夹紧工件，放松按钮被清零；当按下放松按钮时，机械手松开工件，夹紧按钮被清零。

3. 自动程序

由于搬运机械手自动搬运的动作比较复杂，可先画出自动程序流程图。当 PLC 得电时，按下自动按钮（X7），M8000 接通，程序跳转到自动程序 S0；接通工件压下开关（工件放入，X0），“启动”开关启动（X17），程序跳转至 S20，机械手下降。机械手下降到下限位位置时，接通下限位开关（X4），程序跳转至 S21，机械手夹紧工件且延时 1 s。延时 1 s 后，跳转至 S22，机械手上升。机械手上升到上限位位置后，接通上限位开关（X3），程序跳转至 S23，机械手右移。机械手右移到右限位位置后，接通右限位开关（X1），程序跳转至 S24，机械手下降。机械手下降到下限位位置后，接通下限位开关（X4），程序跳转至 S25，机械手放开工件且延时 1 s。延时 1 s 后跳转至 S26，机械手上升。机械手上升到上限位位置后，接通上限位开关（X3），程序跳转至 S27，机械手左移。左移的同时接通 M16，传送带开始传送工件，延时 2 s 后停止传送。机械手左移到左限位位置后，接通左限位开关（X2），程序跳转回 S0，机械手等待开始下一次的工件自动搬运程序。

PLC 程序采用 SFC 步进语言编写。PLC 的 SFC 程序图如图 17-10 所示，具体的 PLC 程序请扫二维码 17-4。

二维码 17-4

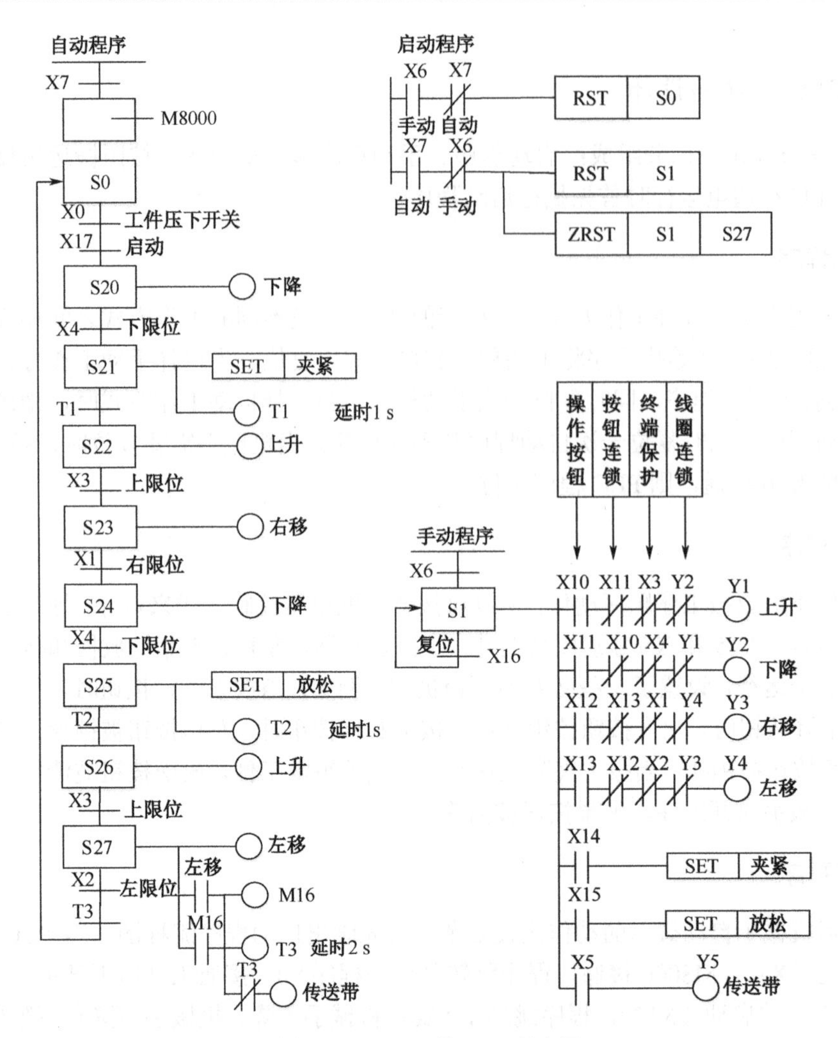

图 17-10　PLC 的 SFC 程序图

五、测试与结果

对搬运机械手组态程序进行仿真模拟，反复对组态工程进行在线联机调试，直至达到对搬运机械手的控制要求为止。将组态工程文件下载到触摸屏，下载成功后开始测试，看触摸屏和搬运机械手外围电路连接是否成功。连接成功后，在触摸屏上应能实现单机模式和联机模式下自动控制和手动控制搬运机械手完成搬运工件的动画功能。搬运机械手监控系统实物效果图如图 17-11 所示。本项目的测试视频讲解请扫二维码 17-5。

二维码 17-5

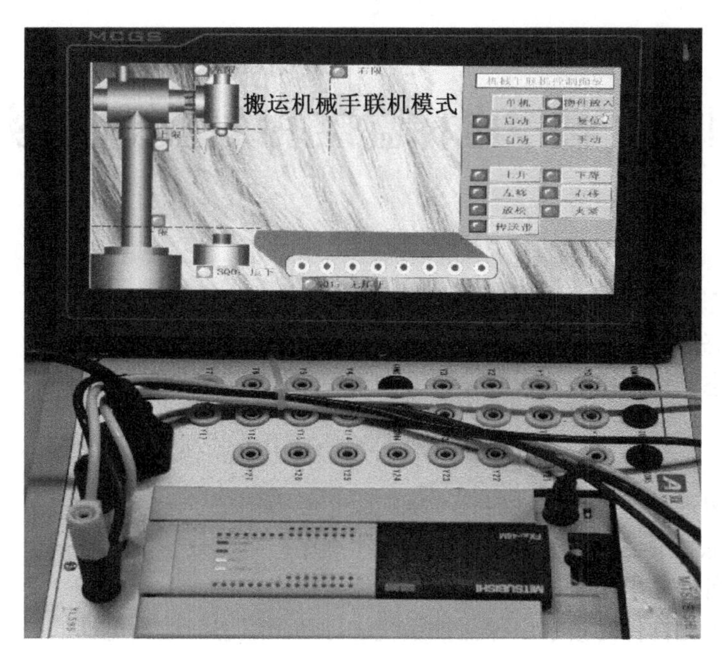

图 17-11　实物效果图

项目 18 楼宇电梯监控系统组态工程实例

学习目标

- 掌握组态软件画面设计方法和绘图工具箱的使用；
- 实现组态动画控制效果，完成楼宇电梯监控系统的画面制作；
- 熟悉组态软件的控制流程的设计、脚本程序的编写等。

能力目标

- 具备利用定时器进行时序控制系统的组态能力；
- 能够熟练利用运行策略分模块编写脚本程序；
- 初步具备楼宇电梯监控系统的软硬件调试能力；
- 借助图形化构件对楼宇电梯监控系统进行动画组态，达到电梯的控制要求。

本项目课件请扫二维码 18-1，本项目视频讲解请扫二维码 18-2。

二维码 18-1

二维码 18-2

一、项目设备

计算机 1 台，MCGS 嵌入版组态软件 1 套，MCGS 触摸屏 1 台及相应的数据通信线，三菱 FX 系列 PLC 1 台，三菱 FX 系列 PLC 编程软件 1 套。

二、工作过程及控制要求

利用 MCGS 嵌入版组态软件设计楼宇电梯监控系统组态工程，利用触摸屏与 PLC 控制器配合实现数据采集与处理、触摸屏画面显示、报警处理以及电梯工作流程控制等功能，通过触摸屏对电梯进行实时动态监控，实现远程控制与报警功能。楼宇电梯监控系统控制的具体要求如下；

（1）分析实物楼宇电梯的主要结构和控制工程要求。

（2）利用 MCGS 嵌入版组态软件实现三层电梯监视控制功能，包括电梯的开关门控制、电梯的内外呼叫指令、实时监测电梯的停靠位置等信息。

（3）将 MCGS 嵌入版组态软件的可视化和图形化功能用于电梯的监控管理和运行维护，为维修和故障诊断提供诸多方便，并进行远程监控。

（4）由组态软件通过动画构件显示真实电梯的运行状态，控制电梯的输入和输出显示。

（5）楼宇电梯监控界面结合 PLC 控制器硬件，将电梯与其他楼宇现场硬件设备结合起来，组成完整电梯监控系统。触摸屏实时控制外围电气设备并读取设备运行参数，对电梯设备进行监控、报警与保护，实现工业现场的集散控制与智能化管理。

三、组态工程设计与制作

在楼宇电梯监控系统的楼梯间外部设置三层楼，其中第一层只有上呼叫按钮，第三层只有下呼叫按钮，第二层既有上呼叫按钮也有下呼叫按钮，满足乘客在电梯外部的呼叫要求。在电梯前厅门外安装电梯楼层指示灯，以便乘客识别电梯移动时所在楼层位置。电梯窗口的中间部分为电梯轿厢上下行的动态图，演示电梯移动到楼层的行驶进度。每层楼的电梯导轨设置三个限位开关，当电梯运行到该位置时限位开关得电，使电梯轿厢所到楼层的信号指示灯亮。电梯轿厢门上设置光幕传感器，当检测到有异物遮挡时将发出停止关门的指令，确保电梯正常运行以及乘客人身安全。轿厢门上还设置多个传感器，用来检测电梯门的运行位置，当电梯停止运行时发出警报信号，并且将信息实时发送到触摸屏。本项目目的是为楼宇电梯设计监控窗口，将电梯的整体位置、电梯门、电梯内外的呼叫按钮等用图形构件制作成动画，以监视电梯的运行情况，通过触摸屏实现对三层电梯的实时控制功能。楼宇电梯监控窗口如图 18-1 所示。

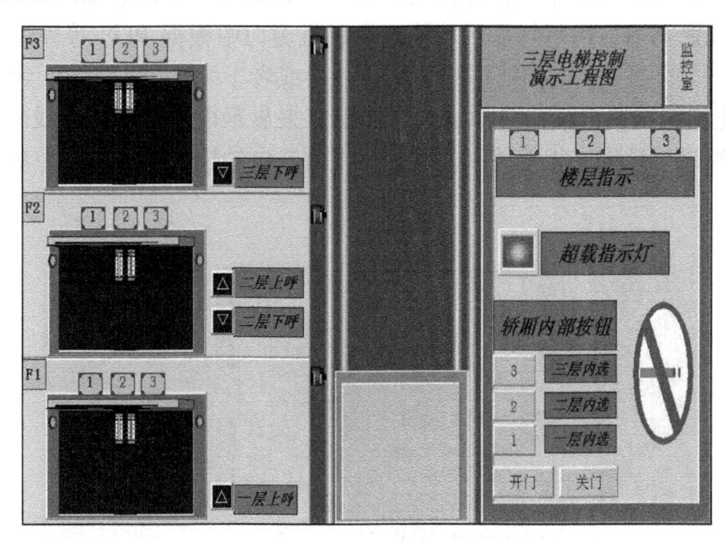

图 18-1　楼宇电梯监控窗口

组态软件的设计由设备窗口、用户窗口、实时数据库和运行策略四部分组成。设备窗口实现触摸屏与三菱 PLC 的硬件设备连接；用户窗口用于模拟楼宇电梯监控系统的组态画面；实时数据库用以建立组态软件窗口所需的变量；运行策略用于编写脚本程序，并增加定时器来运行整个工程的脚本程序。

（一）设备窗口

触摸屏设备窗口建立通用串口父设备，并连接三菱 FX 系列 PLC 编程口。进入编程口，添加 4 个 M 类辅助寄存器，实现触摸屏对实物上行和下行变量的控制；添加 4 个 X 类寄存器，实现 PLC 对触摸屏与实物上行和下行的控制。设备窗口变量设置如图 18-2 所示。

索引	连接变量	通道名称	通道处理
0000		通信状态	
0001	联机A栋电梯...	只读X0000	电梯上行
0002	联机A栋电梯...	只读X0001	电梯下行
0003	联机B栋电梯...	只读X0002	电梯上行
0004	联机B栋电梯...	只读X0003	电梯下行
0005	联机A栋电梯...	读写M0000	电梯上行
0006	联机A栋电梯...	读写M0001	电梯下行
0007	联机B栋电梯...	读写M0002	电梯上行
0008	联机B栋电梯...	读写M0003	电梯下行

图 18-2 设备窗口变量设置

（二）用户窗口

通过在窗口内放置不同的图形构件对象，应用组态软件创建联机窗口、单机窗口和电梯监控室窗口，且 3 个用户窗口设置关联按钮，实现窗口之间的相互切换。

1. 联机窗口

联机窗口是楼宇两台电梯（A 栋、B 栋）的上下行显示窗口。在联机窗口中制作两个轿厢，每个轿厢都有各自的上下行按钮来分开控制，每台电梯配备三个传感器来反馈所到楼层信息，同时两台电梯都设置上下行指示灯显示功能。在联机窗口中根据 PLC 等外围电路设备显示的要求来设置电梯下上行按钮，电梯的轿厢每上升一层或者下降一层，轿厢所到楼层对应指示灯都亮起；在两台电梯的控制面板中各添加两个指示灯来显示电梯处于上行或者下降的状态。两台电梯功能完全相同并且程序相互关联，每个轿厢由各自的控制面板进行单独控制。联机窗口如图 18-3 所示。

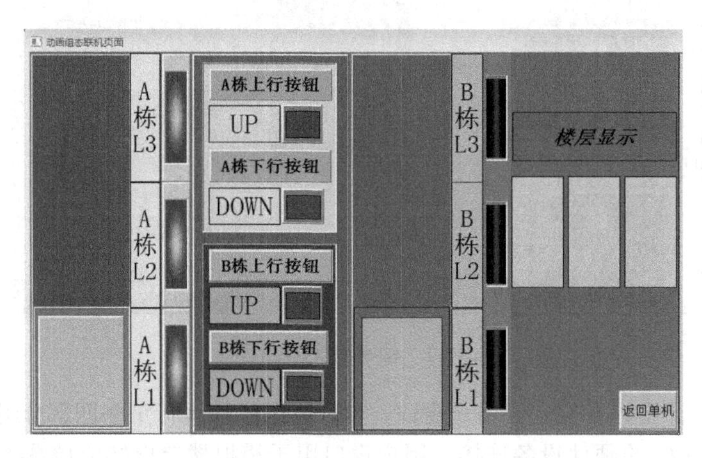

图 18-3 联机窗口

2. 单机窗口

单机窗口用来实现电梯监控系统的模拟调试组态功能。在单机窗口中设置多个电梯控制按钮，实现动画动作，并设置相应的指示灯和显示框，以显示每层楼的轿厢运行状态。在单机窗口中设置循环策略，编写脚本程序，实现电梯的上下行运输以及电梯厢门的开启与关闭等功能。单机窗口如图 18-4 所示。

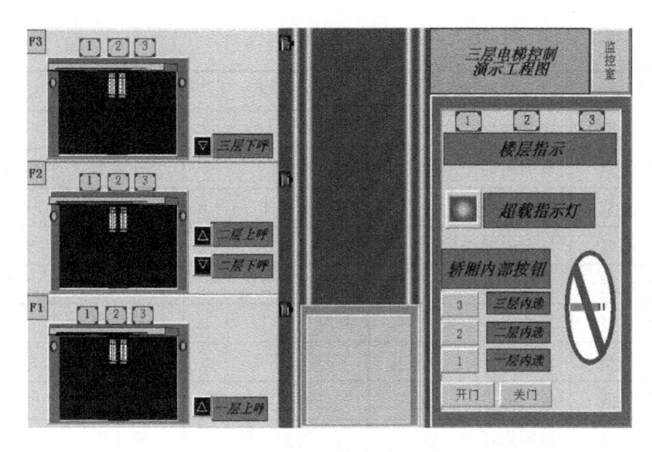

图 18-4　单机窗口

3. 电梯监控室窗口

电梯监控室窗口用来模拟监视联机电梯的运行状态。电梯监控室窗口如图 18-5 所示。

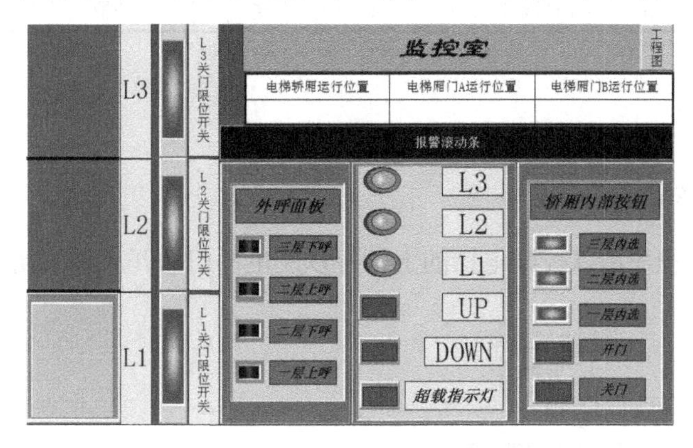

图 18-5　电梯监控室窗口

（三）实时数据库

实时数据库的建立，使楼宇电梯监控系统能够按照设定的顺序和条件，控制用户窗口的打开、关闭以及设备构件的工作状态，实现对电梯工作过程的精确控制及有序调度管理。实时数据库中定义了各种开关型或数值型变量，用以将监控画面中相应的按钮和指示灯等相连接。实时数据库变量表如表 18-1 所示。

表 18-1　实时数据库变量表

名字	类型	注释	名字	类型	注释
超载	开关型	超载警报	楼层指示灯 1	开关型	一楼指示灯
电梯关门灯	开关型	电梯关门	楼层指示灯 2	开关型	二楼指示灯
电梯开门灯	开关型	电梯开门	楼层指示灯 3	开关型	三楼指示灯
电梯门	数值型	电梯开关门	三层电梯门	数值型	三楼电梯门
电梯上行灯	开关型	电梯上行灯	上行标志	开关型	电梯上行

续表

名字	类型	注释	名字	类型	注释
超载	开关型	超载警报	楼层指示灯 1	开关型	一楼指示灯
电梯升降	数值型	电梯轿厢上下行	停止标志	开关型	电梯停止
电梯下行灯	开关型	电梯下行灯	外呼上灯 1	开关型	一楼上外呼
电梯显示	数值型	显示电梯楼层	外呼上灯 2	开关型	二楼上外呼
二层电梯门	数值型	二层楼电梯门	外呼下灯 2	开关型	二楼下外呼
复位外上 2	开关型	复位	外呼下灯 3	开关型	三楼下外呼
复位外下 2	开关型	复位	下行标志	开关型	电梯下行
关门标志	开关型	关门标志	一层电梯门	数值型	一楼电梯门开关
轿厢内呼灯 1	开关型	轿厢内呼叫一楼	由一层到二层	开关型	一楼到二楼
轿厢内呼灯 2	开关型	轿厢内呼叫二楼	由一层到三层	开关型	一楼到三楼
轿厢内呼灯 3	开关型	轿厢内呼叫三楼	由二层到一层	开关型	二楼到一楼
开关门标志	开关型	电梯开关门标志	由二层到三层	开关型	二楼到三楼
开门标志	开关型	电梯开门	由三层到一层	开关型	三楼到一楼
开门延时	数值型	开门后延时关门	由三层到二层	开关型	三楼到二楼

（四）运行策略

1. 单机窗口循环策略

单机窗口的脚本程序用以控制电梯的上下行以及电梯门的开启和关闭。单机窗口控制流程如图 18-6 所示。

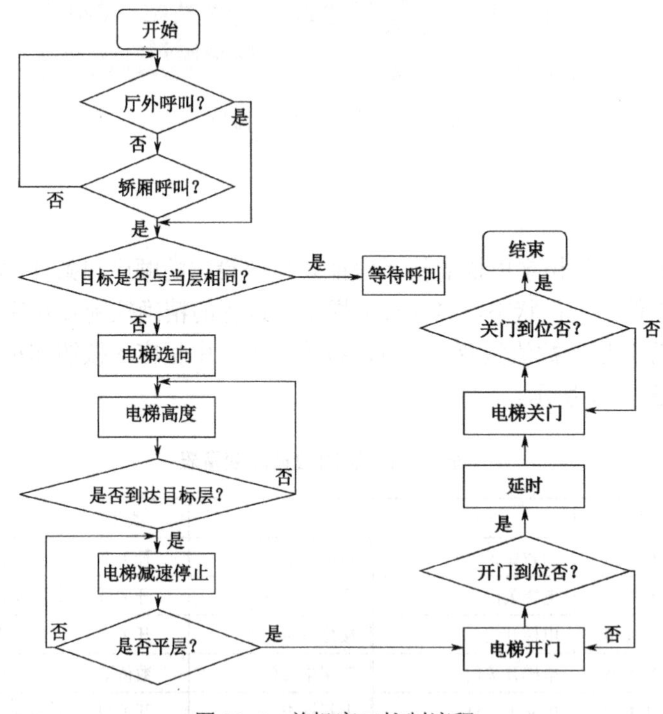

图 18-6　单机窗口控制流程

2. 联机窗口循环策略

联机窗口实现两台电梯的上下行控制功能。在组态窗口制作两个轿厢，每个轿厢都有各自的上下行按钮来分开控制，并配备三个传感器反馈所到楼层的信息，同时两台电梯都有各自的上下行指示灯。联机窗口控制流程如图 18-7 所示。

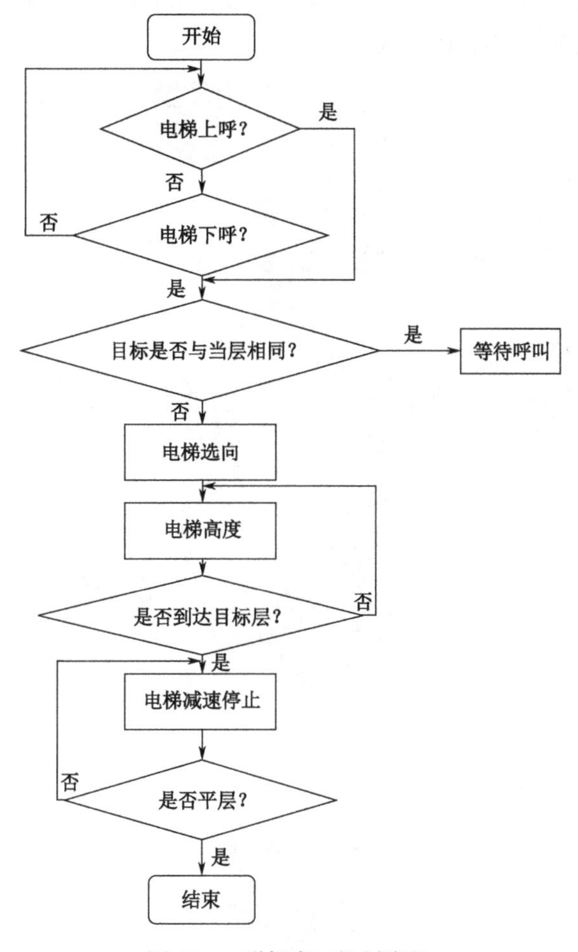

图 18-7　联机窗口控制流程

本项目组态程序请扫二维码 18-3，PLC 程序请扫二维码 18-4。

二维码 18-3　　二维码 18-4

四、测试与结果

反复对 PLC 程序进行在线与联机调试，直至达到楼宇电梯监控系统的控制要求为止。对组态工程进行仿真模拟调试，进入组态软件模拟运行环境，观察楼宇电梯监控系统的运行是否符合控制要求。如果不符合要求，需检查窗口变量连接设置与循环脚本程序。将触摸屏与 PLC 联机调试，观察楼宇电梯监控系统窗口与 PLC 硬件是否达到控制要求。将触摸屏窗口的单机/联机切换按钮置于单机方式，观察触摸屏与 PLC 外围的 I/O 值与传感器是否正常显示，检查硬件接线及设备工作状态是否正常。然后将触摸屏窗口手动/自动切换按钮置于自动方式，观察电梯的联机控制效果是否达到控制要求。触摸屏和实际电路的运行时间、运行状态和运行动作应保持一致。实物效果图如图 18-8 所示。

图 18-8　实物效果图

本项目测试视频讲解请扫二维码 18-5。

二维码 18-5

项目 19　工厂液体混合监控系统组态工程实例

学习目标

- 应用组态软件建立工厂液体混合监控系统的整个过程；
- 掌握组态软件实现对工厂液体混合监控系统的控制模拟方式；
- 熟悉组态软件控制流程的设计、脚本程序的编写等。

能力目标

- 熟练掌握组态软件动态画面的设计方法；
- 掌握触摸屏组态图形构件的使用技能；
- 具备对工厂液体混合监控系统进行分析与设计的能力；
- 掌握组态软件的编程语言及使用技巧；
- 利用组态软件内部函数与脚本程序，完成组态动画功能的实现。

本项目课件请扫二维码 19-1，本项目视频讲解请扫二维码 19-2。

二维码 19-1

二维码 19-2

一、实训设备

计算机 1 台，MCGS 嵌入版组态软件 1 套，TP717B 型 MCGS 触摸屏 1 台，数据通信线 2 根，三菱 FX 系列 PLC 1 台，三菱 FX 系列 PLC 编程软件 1 套。

二、系统控制要求

工厂液体混合监控系统采用自动或手动调节控制方式，其控制过程分为混合过程和停止过程。

1. 混合过程

当总开关开启（按“总开”按钮）时，通过连锁控制将 A 阀门（阀 A）打开，水罐 A 内的液体流入混合水罐，同时液位传感器持续检测混合水罐内的液面位置。当混合水罐内的液面高度达到 SL 时，A 阀门关闭，同时 B 阀门（阀 B）打开，水罐 B 内的液体开始流入混合水罐。当液位传感器检测到液面高度达到 ML 时，B 阀门关闭并且 C 阀门（阀 C）打开，水罐 C 内的液体开始流入混合水罐。当传感器检测到液面高度达到 HL 时，C 阀门关闭，定时器开始计时，搅拌器进入搅拌工序。

2. 停止过程

当搅拌时间达到 10 s 时，搅拌器关闭，同时开启加热装置，定时器重新开始计时。当加热时间达到 5 s 时加热装置停止运行，水泵开关开启，混合水罐内的混合液体在水泵的作用下开始流出，直到混合水罐内的液面高度为 0。当混合水罐液面高度为 0 时，打开排泄阀，将混合液体残渣排放到混合水罐外部。

三、组态工程设计与制作

组态工程由 5 个用户窗口组成：液体混合自动化窗口、液体混合 PLC 窗口、液体混合配方功能窗口、封面窗口和配方窗口。

（一）主控窗口

根据工厂液体混合监控系统的要求，设置组态工程的菜单管理形式。在主控窗口内添加封面、菜单、权限设置和登录密码设置的功能。打开“主控窗口属性设置”对话框，单击“基本属性”选项卡，“菜单设置”选为“有菜单”，“封面窗口”选为“封面”，然后按“确认”按钮退出，完成主控窗口属性设置，如图 19-1 所示。双击“主控窗口”图标打开“菜单组态”窗口，将鼠标指针移至空白处右击一下，选择“新增菜单项”，新增 5 个菜单项。双击新增的菜单项，弹出“菜单属性设置”对话框，在“菜单名”中修改菜单的名字，“菜单操作”选为“打开用户窗口”，选择对应窗口名后按“确认”按钮，完成菜单组态设置，如图 19-2 所示。

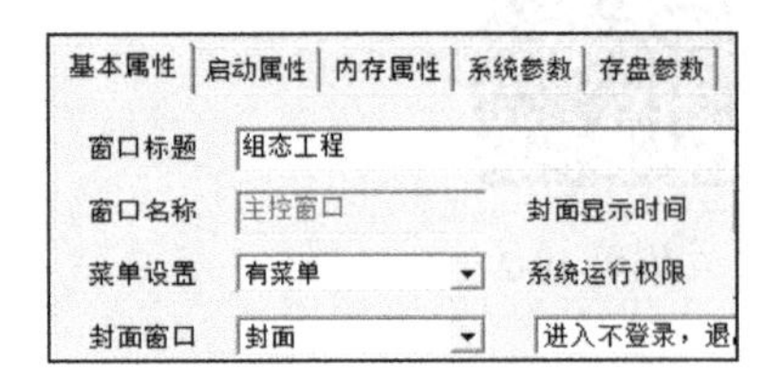

图 19-1 主控窗口属性设置

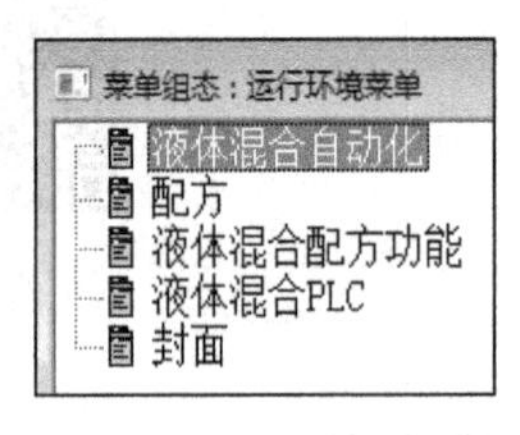

图 19-2 菜单组态设置

（二）设备窗口

设备窗口用来建立触摸屏与 PLC 外部硬件设备的连接关系。在设备管理窗口将“通用串口父设备”和相应的 PLC 设备拖放到设备窗口内，在设备编辑窗口增加 PLC 设备，并设置通道类型与数据类型，如图 19-3 所示。通过设备窗口完成触摸屏组态工程与 PLC 控制器的程序输出变量、输入变量与组态控制变量的相互连接，如图 19-4 所示。

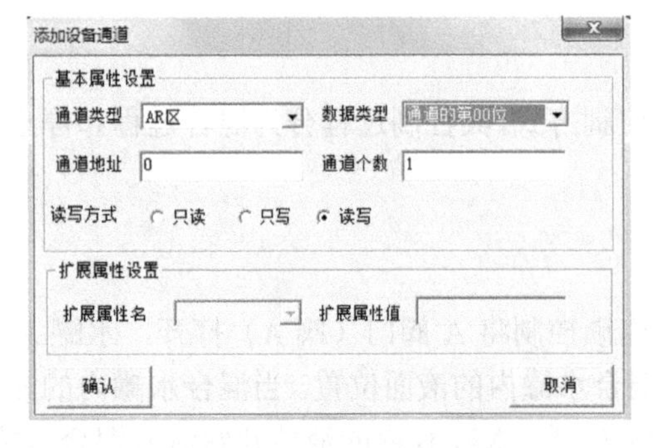

图 19-3 设备通道属性设置

（三）用户窗口

在 MCGS 嵌入版组态软件工作台“用户窗口”选项卡中单击“新建窗口”按钮，添加 5 个用户窗口，分别为“液体混合自动化”“液体混合 PLC”“液体混合配方功能”“封面”和“配方”，如图 19-5 所示。

索引	连接变量	通道名称	通道处理
0000	设备0_通信状态	通信状态	
0001	设备0_读写...	读写AR0000.00	
0002	设备0_读写...	读写AR0000.01	
0003	设备0_读写...	读写AR0000.02	
0004	设备0_读写...	读写AR0000.03	
0005	设备0_读写...	读写AR0000.04	
0006	设备0_读写...	读写AR0000.05	

增加设备通道　删除设备通道　删除全部通道　快速连接变量　删除连接变量　删除全部连接

图 19-4　设备变量连接的设置

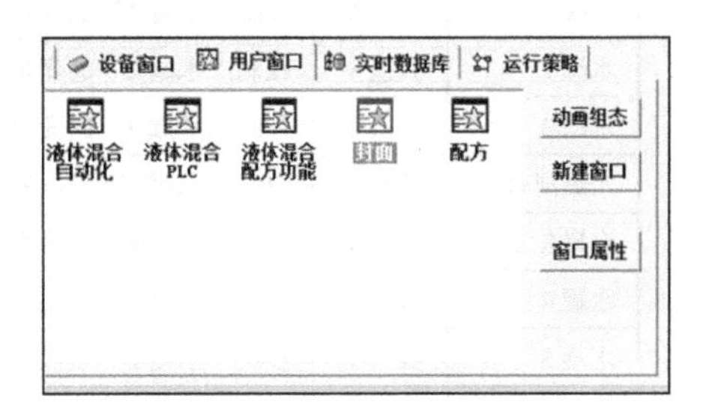

图 19-5　新建用户窗口

在液体混合自动化窗口内插入所需的元件，组态构件包括储藏罐、阀、泵、指示灯、按钮、流动块、搅拌器以及根据工艺流程需要设计的组合构件。通过这些元件的动画组态，可实现工厂液体混合监控系统的动画显示。窗口内的元件根据工艺流程摆放，完成所有设备的变量连接关系。工厂液体混合监控系统组态画面如图 19-6 所示。液体混合配方功能图如图 19-7 所示。

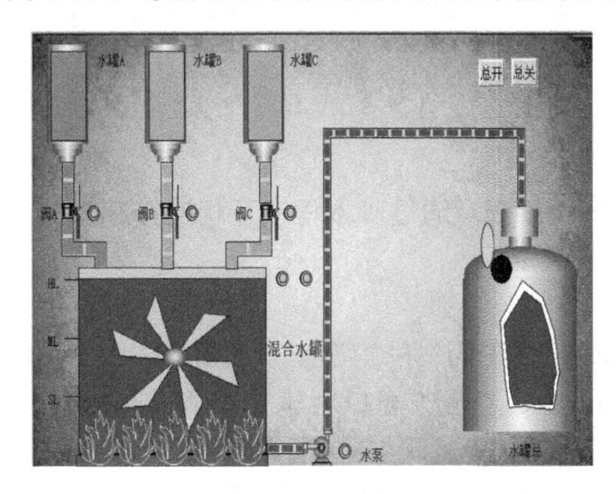

图 19-6　工厂液体混合监控系统组态画面

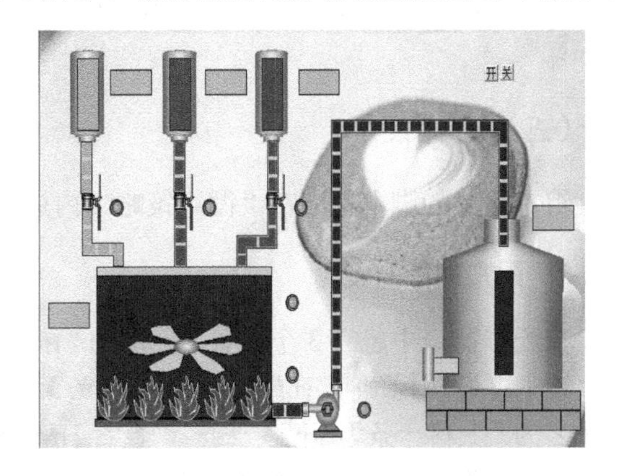

图 19-7　液体混合配方功能图

（四）数据对象

数据对象是构成实时数据库的基本单元，建立实时数据库的过程就是创建数据对象的过程。在组态软件工作台的“实时数据库”选项卡中，单击“新增对象”按钮，分别添加表 19-1 所示的变量并进行属性设置。

表 19-1　实时数据库变量表

变量名	类型	注　释	变量名	类型	注　释
水罐 A	数值型	“水罐 A”的变量	输出 1	数值型	控制“输出 1”的变量
水泵 2	开关型	水泵 2“启动、停止”变量	输出 2	数值型	控制“输出 2”的变量
水罐 B	数值型	控制“水罐 B”的变量	输出 3	数值型	控制“输出 3”的变量

续表

变量名	类型	注　释	变量名	类型	注　释
水罐 C	数值型	控制“水罐 C”的变量	输出 4	数值型	控制“输出 4”的变量
水罐混合	数值型	控制“水罐混合”的变量	输出 5	数值型	控制“输出 5”的变量
水罐总	数值型	控制“水罐总”的变量	浓缩咖啡	数值型	控制“浓缩咖啡”的变量
水罐 1	数值型	控制“水罐 1”的变量	牛奶	数值型	控制“牛奶”的变量
水罐 2	数值型	控制“水罐 2”的变量	奶泡	数值型	控制“奶泡”的变量
水罐 3	数值型	控制“水罐 3”的变量	原料组	组对象	“浓缩咖啡、牛奶、奶泡”
水罐混合 1	数值型	控制“水罐混合 1”的变量	总开关 1	开关型	控制“总开关 1”的变量
水罐总 1	数值型	控制“水罐总 1”的变量	阀 A 开关	开关型	控制“阀 A 开关”的变量
水罐 4	数值型	控制“水罐 A”的变量	阀 B 开关	开关型	控制“阀 B 开关”的变量
水罐 5	数值型	控制“水罐 B”的变量	阀 C 开关	开关型	控制“阀 C 开关”的变量
水罐 6	数值型	控制“水罐 C”的变量	水泵开关	开关型	控制“水泵开关”的变量
水罐混合 2	数值型	控制“水罐混合”的变量	搅拌器 3	开关型	控制“搅拌器 3”的变量
水罐总 2	数值型	控制“水罐总”的变量	搅拌器灯	开关型	控制“搅拌器灯”的变量
时间	数值型	控制“时间”的变量	加热带	开关型	控制“加热带”的变量
时间 1	数值型	控制“时间”的变量	加热带灯	开关型	控制“加热带灯”的变量
时间 2	数值型	控制“时间 2”的变量	液位 3	数值型	控制 3#水罐水位的变量
液位组	组对象	历史数据等功能构件	液位 4	数值型	控制 4#水罐水位的变量

（五）运行策略

组态软件的脚本程序在“循环策略”内进行编辑，变量通过脚本程序互相连接起来。

1. 配方功能的设置

在配方窗口中建立 3 个标签，分别为“浓缩咖啡”“牛奶”和“奶泡”，然后单击“工具箱”上“输入框”图标 abl，在配方窗口中建立 3 个输入框。在配方窗口内建立 4 个标准按钮，分别命名为“上移一条”“下移一条”“查看 HMI 配方数据”“编辑 HMI 配方数据”。单击菜单栏里的“工具”，选择“配方组态设计”，打开配方组态设计窗口。单击图标 ，增加一个配方组，单击菜单栏图标 增加配方组变量。在“配方组变量名称”内输入相应的变量，分别为“浓缩咖啡”“牛奶”和“奶泡”。单击图标 使用变量名作列标题名，建立变量名称和列标题名相对应的连接，双击“配方组 0”打开“配方修改”窗口，如图 19-8 所示。

配方修改

配方编号	0	1	2	3	4
配方名称	浓...	玛奇朵	卡...	拿铁	白咖啡
浓缩咖啡	100	75	40	40	50
牛奶	0	25	30	50	50
奶泡	0	0	30	10	0

图 19-8　“配方修改”窗口

进入“配方”功能菜单，双击“上移一条”按钮，打开该按钮的属性设置对话框，在该按钮的“脚本程序”内输入“!Recipe Move Prev("配方组 0") !Recipe Set Value To("配方组 0",原料组)”。在“下移一条”按钮的脚本程序内输入“!Recipe Move Next("配方组 0")/ !Recipe Set Value To("配方组 0",原料组)”。在“查看 HMI 配方数据”按钮的脚本程序内输入“!Recipe Load By Dialog("配方组 0","请选择一个配方")”。在“编辑 HMI 配方数据”按钮的脚本程序内输入“!Recipe Modify By Dialog("配方组 0")”。

2. 策略属性设置和运行流程

进入脚本程序“策略属性设置”对话框，将“循环时间”修改为 20 ms。工厂液体混合监控系统运行流程如图 19-9 所示。

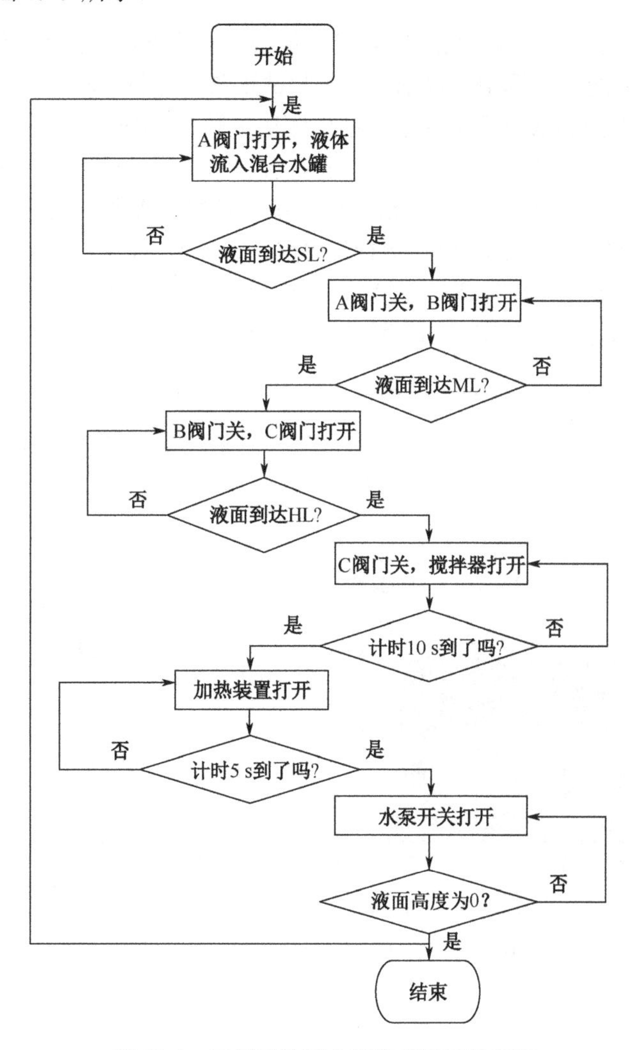

图 19-9　工厂液体混合监控系统运行流程

本项目组态程序请扫二维码 19-3，PLC 程序请扫二维码 19-4。

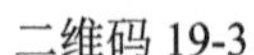

二维码 19-3　　二维码 19-4

四、工程综合测试

打开“下载配置”窗口，选择“模拟运行”，单击“通信测试”按钮，测试通信是否成功。如果通信成功，在返回的信息框中将提示“通信测试正常”，同时弹出“模拟运行环境”窗口。如果通信失败，则在返回的信息框中提示“通信测试失败”。单击“工程下载”按钮，将工程下载到模拟运行环境中。如果工程正常下载，将提示：“工程下载成功！”下载成功后与触摸屏进行联机运行，单击“启动运行”按钮，启动模拟运行环境，实现对工厂液体混合系统的监控功能。单击“下载配置”窗口中的“停止运行”按钮，或者单击模拟运行环境窗口中的“停止”按钮，工程停止运行；单击“模拟运行环境”窗口中的“关闭”按钮，使窗口关闭。工厂液体混合监控系统组态的总体画面如图 19-10 所示。

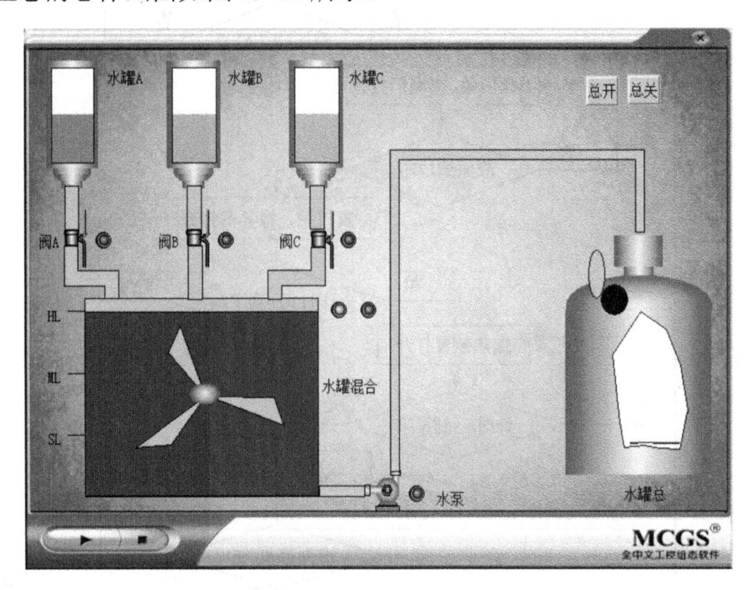

图 19-10　工厂液体混合监控系统组态的总体画面

项目 20　自动药片装瓶机监控系统组态工程实例

学习目标

- ▶ 熟悉组态软件绘图工具箱的使用；
- ▶ 掌握动态画面设计方法，学习数值型数据对象的使用；
- ▶ 掌握定时器构件的基本知识、策略组态方法和脚本程序的设计方法；
- ▶ 熟悉触摸屏组态软件的组态过程、操作方法和实现的功能。

能力目标

- ▶ 掌握组态软件图形构件的使用技能；
- ▶ 具备自动药片装瓶机监控系统的组态分析能力；
- ▶ 掌握策略工具箱使用方法，具备编写脚本程序的能力；
- ▶ 熟练利用组态软件内部函数与脚本程序的结合来实现组态动画功能。

本项目课件请扫二维码 20-1，本项目视频说明请扫二维码 20-2。

二维码 20-1

二维码 20-2

一、实训设备

计算机 1 台，MCGS 嵌入版组态软件 1 套，MCGS 触摸屏 1 台及相应的数据通信线，三菱 FX 系列 PLC 1 台，三菱 FX 系列 PLC 编程软件 1 套。

二、工作过程及控制要求

（1）以触摸屏为控制核心，采用传感器实现药瓶位置的检测；
（2）设计自动药片装瓶机监控系统动画窗口，实现对系统工作过程的动画演示；
（3）在触摸屏上显示入罐药粒数量，要求入罐药粒数量可预先设置与调节；
（4）自动药片装瓶机传送机构采用直流减速电动机提供动力，完成对药瓶传送的模拟。

三、组态工程设计与制作

自动药片装瓶系统监控系统画面由光电传感器、直流减速电动机、传送带、药管、传感器、药瓶、药片数量数码管、确认装药数码管和控制面板组成。联机窗口的控制面板由“自动”按钮、“药片增加”按钮、“药片减少”按钮、“药片=3”按钮、“药片=6”按钮、“药片=9”按钮、“药管移动”按钮、“药瓶移动”按钮、“装药”按钮、“确认装药”按钮、“停止循环”按钮、“单机窗口”按钮和 11 个运行状态指示灯组成。操作流程：工作人员输入装入药瓶的药片数量，电动机启动，带动药管和传送带移动；当传感器检测到药瓶后电动机停止工作，此时药管停在药瓶的正上方；延时 2 s 后，将药片装入药瓶；装完药后传送带重新启动，带动药瓶移动到下一个工位进行装盖。单机窗口的控制面板中没有“确认装药”“停止循环”和“单机窗口”按钮，而是代之以“复位”和“联机窗口”按钮。

自动药片装瓶机监控系统画面（联机窗口）如图 20-1 所示。

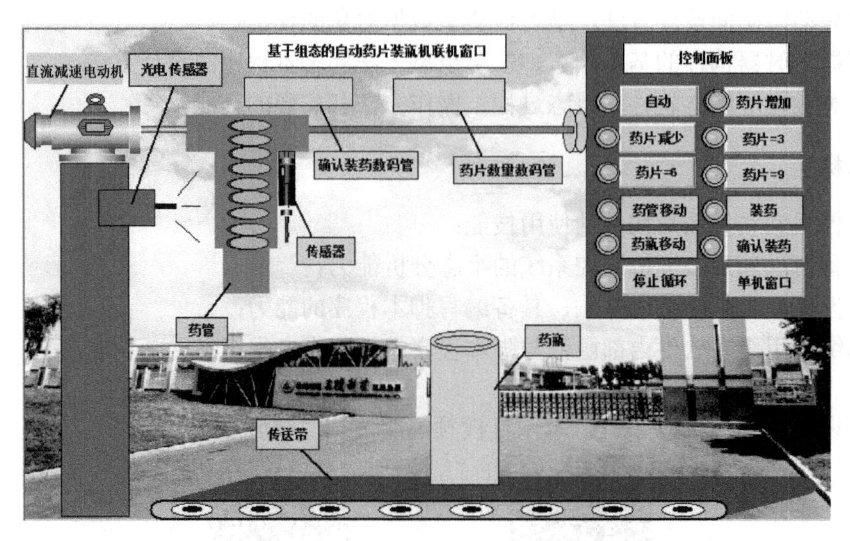

图 20-1 自动药片装瓶机监控系统画面（联机窗口）

（一）设备窗口

打开组态软件，建立通用串口父设备并连接三菱 FX 系列 PLC 编程口。在 PLC 编程口添加 8 个 M 类辅助寄存器，实现触摸屏对 PLC 的“启动”“停止循环”“药片加 1”“药片减 1”“药片为 3”“药片为 6”“药片为 9”“确认装药”8 个变量的连接。添加 7 个 Y 类寄存器，分别用于“电动机正转”“电动机反转”“药片数量为 3 灯”“药片数量为 6 灯”“药片数量为 9 灯”“装盖灯”和“蜂鸣器”变量。另外，建立 4 个 X 类寄存器来关联 PLC 程序中的移动变量，以及 2 个计数器变量。设备窗口变量设置如图 20-2 所示。

索引	连接变量	通道名称
0000		通信状态
0001	光电传感器	只读X0002
0002	传感器2	只读X0003
0003	当前值3	只读X0004
0004	传感器1	只读X0012
0005	电动机正转	读写Y0000
0006	电动机反转	读写Y0001
0007	药片数量为3灯	读写Y0004
0008	药片数量为6灯	读写Y0005
0009	药片数量为9灯	读写Y0006
0010	蜂鸣器	读写Y0020
0011	装盖灯	读写Y0021
0012	启动	读写M0000
0013	停止循环	读写M0001
0014	药片加1	读写M0002
0015	药片减1	读写M0003
0016	药片为3	读写M0004
0017	药片为6	读写M0005
0018	药片为9	读写M0006
0019	确认装药	读写M0007
0020	药片数量	读写DWUB0000
0021	装药片粒数	读写CNWUB001

图 20-2 设备窗口变量设置

（二）用户窗口

自动药片装瓶机监控系统的用户窗口有 3 个，分别为封面窗口、单机窗口和联机窗口，并设置切换按钮实现单机窗口和联机窗口之间的切换。

1. 单机窗口

单机窗口显示药片装瓶调试模拟的画面，在单机窗口中设有自动控制方式和手动控制方式两部分。

自动控制方式：工作人员按“自动”按钮，自动药片装瓶机监控系统传送带自动启动，带动药片装瓶机移动；当传感器检测到药瓶后传送带停止工作，延时 2 s 后药片装瓶机开始装药；药瓶装好药后，重新启动传送带，带动药瓶移动到下一个工位去装盖；最后延时 2 s，系统复位。

手动控制方式：工作人员先按“药管移动”按钮，传送带启动，带动药片装瓶机移动，当传感器检测到药瓶时药片装瓶机停止移动。此时工作人员选择装药数量，启动药瓶装药，装完药后工作人员按“药瓶移动”按钮开启传送带，将药瓶移动到下一个工位进行装盖；工作人员按“复位”按钮，系统变量清零，完成一个工作周期。单机窗口如图 20-3 所示。

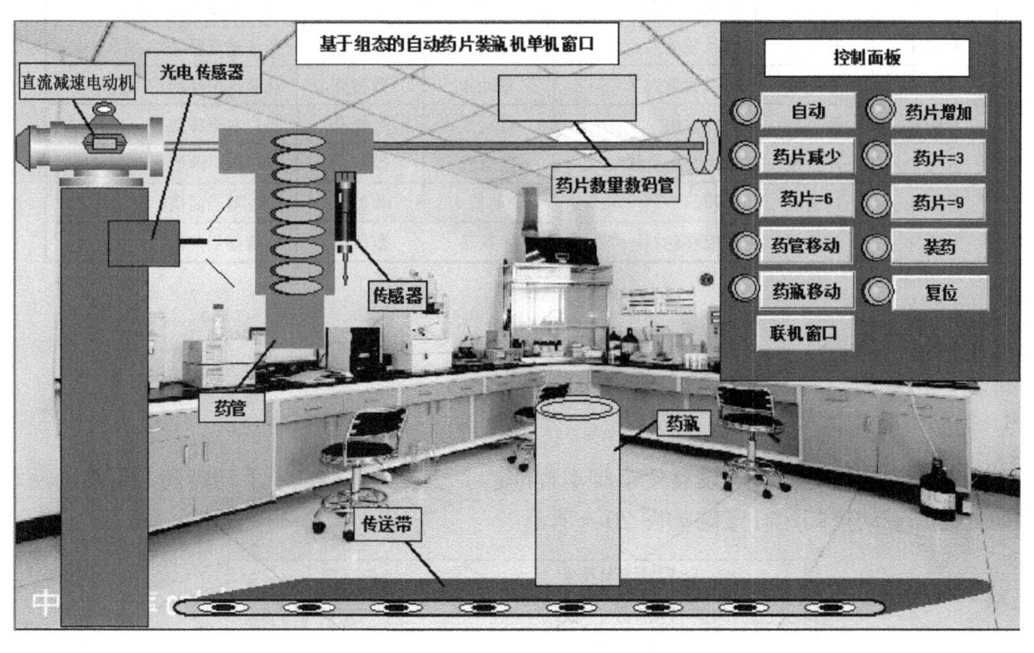

图 20-3　单机窗口

2. 联机窗口

联机窗口显示触摸屏监控窗口和 PLC 程序的联动控制，通过触摸屏控制按钮来实现窗口动画与实物设备同步动作。联机窗口操作流程：工作人员按“药片增加”或“药片减少”按钮来选择装瓶药片的数量，同时数码管输出框中显示药片数量。当分别按控制面板上的“药片=3”“药片=6”“药片=9”按钮时，数码管输出框分别显示药片的数量为 3、6、9。设置药片数量后按“启动”按钮，联机窗口的传送带和药管同步移动。当传感器检测到药瓶时按“确认装药”按钮，此时装药片粒数累加，同时数码管显示装瓶药片数量，药片装瓶机开始装药；装完药后延时 2 s，药瓶移动到下一个工位装盖；装盖完成后延时 2 s，系统复位，完成药片装瓶所有工序。联机窗口参见图 20-1。

（三）实时数据库

在实时数据库中创建组态工程所需的变量。开关型变量用于控制药片数量的按钮或程序分步控制的开关，或者用于控制系统运行的启动或停止。数值型变量用于控制药片装瓶机、药片、药瓶的水平和垂直移动的数值量，或者作为定时器或计数器所需的变量。实时数据库变量表如表 20-1 所示。

表 20-1 实时数据库变量表

变量名	类型	注 释	变量名	类型	注 释
开始	开关型	程序自动运行	减速电动机	开关型	直流减速电动机运动
开关 1	开关型	药品数量加 1	计时状态	开关型	计时器的工作状态
开关 2	开关型	药品数量减 1	移动	数值型	药片装瓶机水平移动
开关 3	开关型	药品数量为 3	移动 1	数值型	药片装瓶机垂直移动
开关 4	开关型	药品数量为 6	移动 2	数值型	药片垂直移动
开关 5	开关型	药品数量为 9	移动 4	数值型	药瓶水平移动
开关 6	开关型	复位按钮	移动 5	数值型	药片水平移动
开关 7	开关型	药片装瓶机移动	当前值	数值型	定时器当前值
开关 8	开关型	装药	当前值 1	数值型	定时器当前值
开关 9	开关型	药瓶移动	计数器	数值型	计数器当前值

（四）运行策略

1. 手动控制运行策略

对于手动控制运行方式，设置 4 个脚本程序：手动装药机移动、手动装药、手动药瓶移动和手动复位。手动控制运行策略如图 20-4 所示。

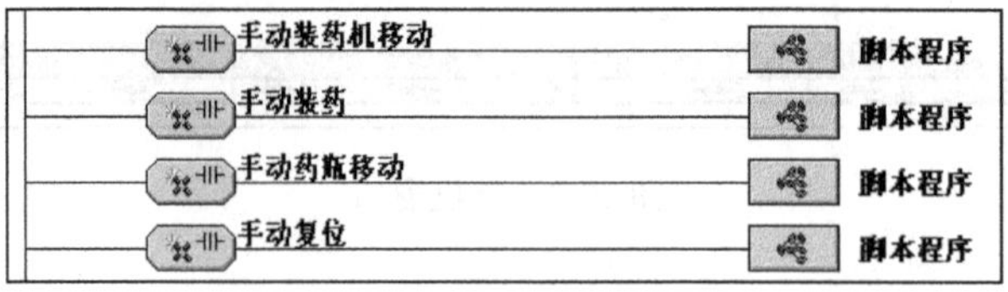

图 20-4 手动控制运行策略

手动控制流程如图 20-5 所示。

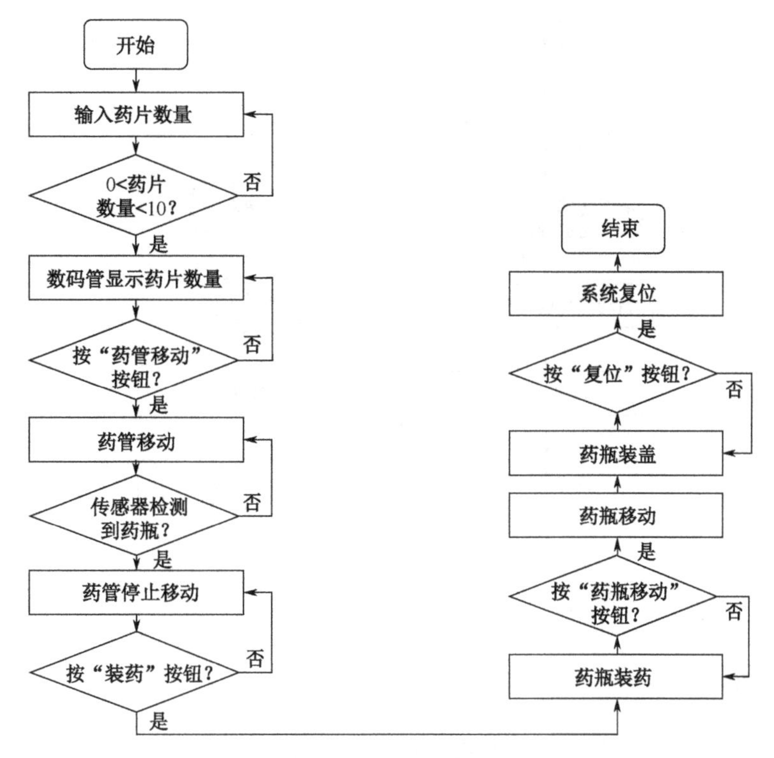

图 20-5　手动控制流程

2. 自动控制运行策略

对于自动控制运行方式，设置 2 个定时器和 4 个脚本程序，分别为装药计时定时器、复位计时定时器、自动装药机移动脚本程序、自动装药脚本程序、自动药瓶移动脚本程序和自动复位脚本程序，如图 20-6 所示。

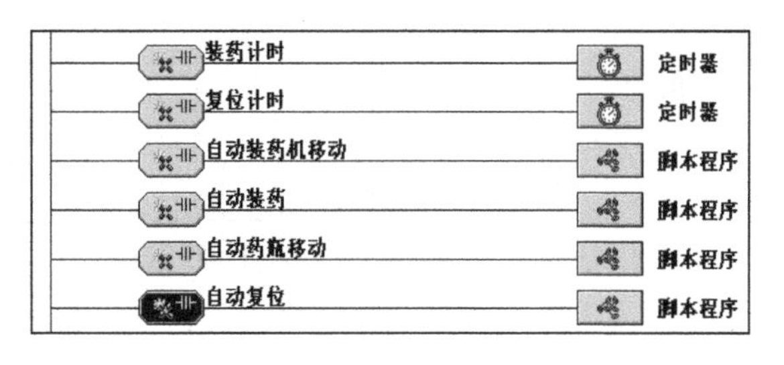

图 20-6　自动控制运行策略

自动控制流程如图 20-7 所示。

本项目组态程序请扫二维码 20-3。

二维码 20-3

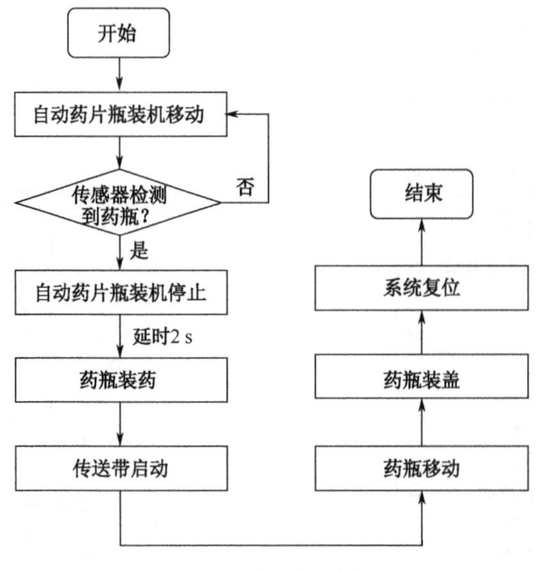

图 20-7 自动控制流程

四、PLC 接线

自动药片装瓶机监控系统的 PLC 接线电路图如图 20-8 所示。

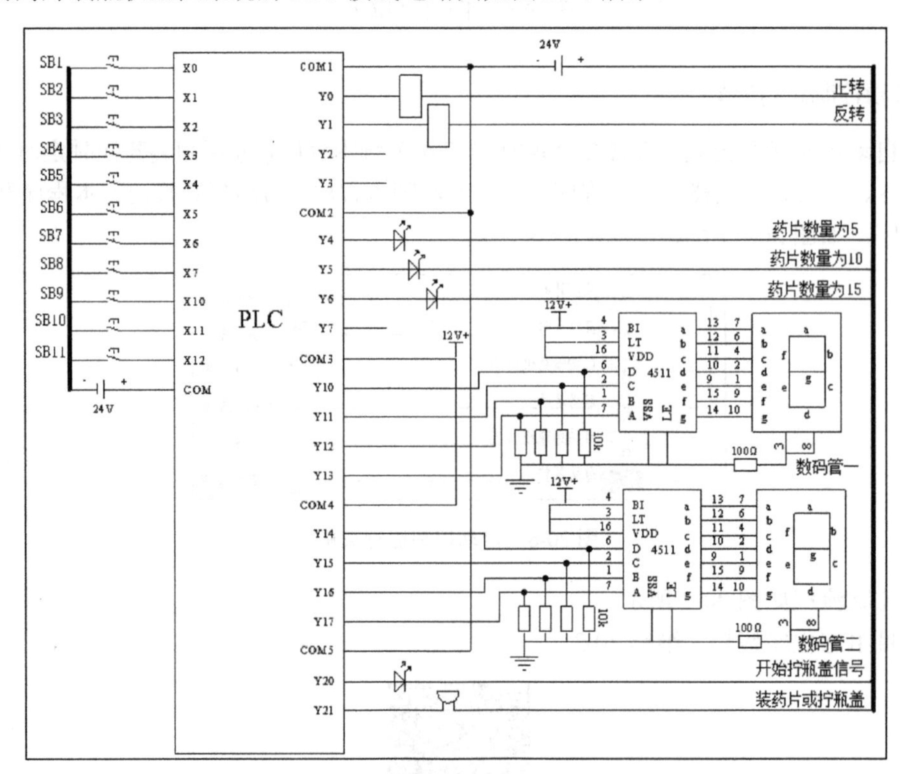

图 20-8 自动药片装瓶机监控系统的 PLC 接线电路图

五、PLC 的 SFC 程序

自动药片装瓶机监控系统的 PLC 程序采用 SFC 步进语言编写。PLC 的输入/输出（I/O）分配表如表 20-2 所示，PLC 的 SFC 程序图如图 20-9 所示，具体的 PLC 程序请扫二维码 20-4。

表 20-2　PLC 的 I/O 分配表

输入			输出		
SB1	启动按钮	X0	直流减速电动机 M	电动机正转	Y0
SB2	停止按钮	X1	直流减速电动机 M	电动机反转	Y1
SB3	光电传感器信号	X2	LED 灯 1	药片数量为 5	Y4
SB4	接近开关 2 信号	X3	LED 灯 2	药片数量为 10	Y5
SB5	接近开关 3 信号	X4	LED 灯 3	药片数量为 15	Y6
SB6	设置药片数量 5 按钮	X5	个位 CD4511	A 段	Y10
SB7	设置药片数量 10 按钮	X6	个位 CD4511	B 段	Y11
SB8	设置药片数量 15 按钮	X7	个位 CD4511	C 段	Y12
SB9	设置药片加 1 按钮	X10	个位 CD4511	D 段	Y13
SB10	设置药片减 1 按钮	X11	十位 CD4511	A 段	Y14
SB11	接近开关 1 信号	X12	十位 CD4511	B 段	Y15
LED 灯 4	拧瓶盖信号	Y20	十位 CD4511	C 段	Y15
蜂鸣器	装药片或拧瓶盖	Y21	十位 CD4511	D 段	Y16

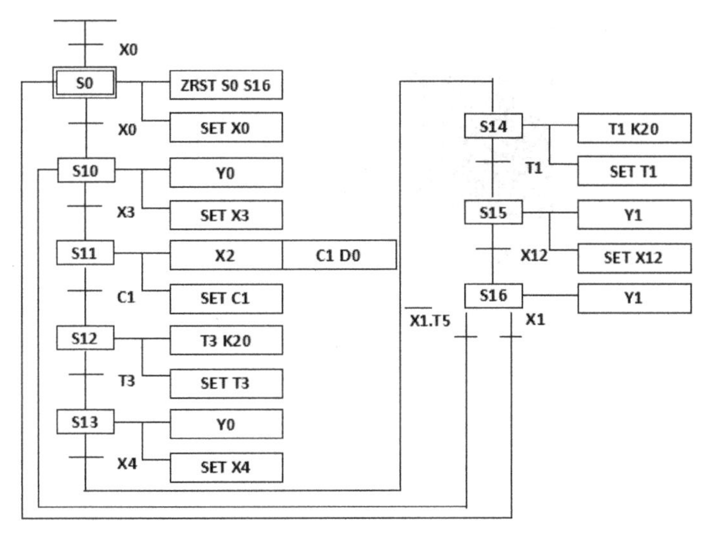

图 20-9　PLC 的 SFC 程序图

二维码 20-4

六、测试与结果

自动药片装瓶机监控系统 PLC 程序调试：反复对 PLC 程序进行在线和联机调试，使之达到自动药片装瓶机监控系统的控制要求为止。组态工程模拟调试：进入组态软件模拟运行环境，观察自动药片装瓶机监控系统的运行是否符合控制要求；如果不符合控制要求，需检查窗口变量连接设置与循环脚本程序，反复修改组态工程，直到达到控制要求为止。

触摸屏与 PLC 联机调试：进入触摸屏联机运行环境，观察自动药片装瓶机监控系统窗口与 PLC 硬件是否达到控制要求。将触摸屏窗口的单机/联机切换按钮置于单机方式，观察触摸屏与 PLC 外围的 I/O 值与传感器是否正常显示，检查硬件接线及设备工作状态是否正常。将触摸屏窗口手动/自动切换按钮置于自动方式，观察自动药片装瓶机的联机控制效果是否达到控制要求。系统实物效果图如图 20-10 所示。

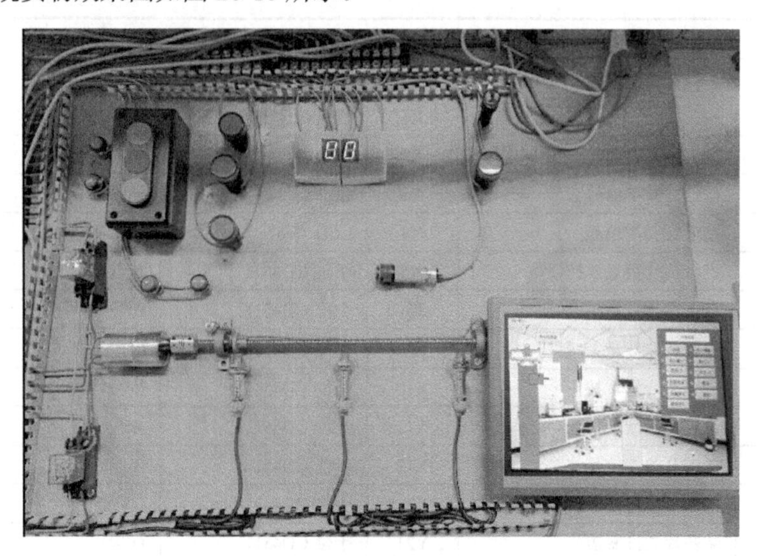

图 20-10　系统实物效果图

本项目的测试视频讲解请扫二维码 20-5。

二维码 20-5

参 考 文 献

［1］李庆海，王成安．触摸屏组态控制技术［M］．北京：电子工业出版社．2015．

［2］李江全．计算机控制技术（MCGS 实现）［M］．北京：机械工业出版社，2018．

［3］李江全．组态控制技术实训教程［M］．北京：机械工业出版社，2017．

［4］李江全．组态软件 MCGS 从入门到监控应用 35 例［M］．北京：电子工业出版社，2015．

［5］朱益江．MCGS 工控组态技术及应用［M］． 武汉：华中科技大学出版社，2017．

［6］曾劲松．组态控制技术项目化教程［M］．北京：电子工业出版社，2018．

［7］李红萍．工控组态技术及应用——MCGS（第 2 版）［M］．西安：西安电子科技大学出版社，2018．

［8］王传艳，陈婧．MCGS 触摸屏组态控制技术［M］．北京：北京师范大学出版社，2018．

［9］刘长国，黄俊强．MCGS 嵌入版组态应用技术［M］．北京：机械工业出版社，2017．

参考文献

[1] [illegible] 2015
[2] [illegible] MOOCS [illegible] [M]. [illegible] 2014
[3] [illegible] [M]. [illegible] 2017.
[4] [illegible] MOOC [illegible] [M]. [illegible] 2015.
[5] [illegible] MOOC [illegible] [M]. [illegible]
[6] [illegible] [M]. [illegible] 2018.
[7] [illegible] MOOC [illegible] [M]. [illegible] 2016.
[8] [illegible] [M]. [illegible] 2018.
[9] [illegible] MOOCS [illegible] [M]. [illegible] 2015.